国内外二氧化碳捕集储运技术现状

王建平　张　英　主编

U0808372

中国石化出版社
·北京·

内 容 提 要

二氧化碳捕集、利用与封存（CCUS）作为一项有望实现化石能源大规模低碳利用的新兴技术，是未来减少二氧化碳排放、保障能源安全和实现可持续发展的重要手段。全书分两篇，共15章，阐述了国内外二氧化碳捕集与储运技术，系统总结了国内外碳捕集技术的原理及应用研究进展，对主要二氧化碳捕集工艺进行了对比分析并提出建议，以期推动石化行业在碳捕集技术创新和推广方面处于领先地位，助力我国实现“双碳”目标。

本书可供从事碳捕集、利用与封存技术的管理人员及工程技术人员使用，也可作为石化企业培训用书、石油院校相关专业师生参考用书。

图书在版编目（CIP）数据

国内外二氧化碳捕集储运技术现状 / 王建平，张英主编. —北京：中国石化出版社，2023.12
ISBN 978-7-5114-6940-3

Ⅰ. ①国… Ⅱ. ①王… ②张… Ⅲ. ①二氧化碳—收集②二氧化碳—贮运 Ⅳ. ①O613.71

中国国家版本馆CIP数据核字(2023)第254372号

未经本社书面授权，本书任何部分不得被复制、抄袭，
或者以任何形式或任何方式传播。版权所有，侵权必究。

中国石化出版社出版发行
地址：北京市东城区安定门外大街58号
邮编：100011　电话：（010）57512500
发行部电话：（010）57512575
http://www.sinopec-press.com
E-mail：press@sinopec.com
北京艾普海德印刷有限公司印刷
全国各地新华书店经销
*
710毫米×1000毫米　16开本　18 印张　278千字
2024年2月第1版　2024年2月第1次印刷
定价：88.00元

前　言

全球变暖和气候变化已成为人类面临的共同问题，随着全球以二氧化碳（CO_2）为代表的温室气体排放进一步增加，生态系统的可持续发展受到巨大威胁。如何有效解决 CO_2 排放问题已成为当今国际社会关注的热点。二氧化碳捕集、利用与封存（CCUS）作为一项有望实现化石能源大规模低碳利用的新兴技术，是未来减少二氧化碳排放、保障能源安全和实现可持续发展的重要手段，更是实现碳中和目标不可或缺的关键性技术之一。在 CCUS 全流程系统中，碳捕集是全链条的核心环节，也是成本最高的一个环节，而 CO_2 输送是碳捕集与封存之间的重要环节，近年来，人们对碳捕集技术和 CO_2 输送技术的关注度大幅提升，并取得显著进展。

作为一项具有战略意义的新兴温室气体控制技术，CO_2 捕集储运技术总体上仍处于研发与示范阶段，目前仍存在许多制约其发展的突出问题，主要包括能耗高、成本高、可持续发展效益不显著、指导性的政策和法规缺失等。大规模推广应用，还需要在技术、成本、政策和法规等方面做好准备。

有鉴于此，石化盈科信息技术有限责任公司过程控制事业部、中石化（大连）石油化工研究院有限公司长期从事工艺流程模拟技术研究、碳足迹核算、碳捕集技术、CO_2 输送技术的科研团队编写了本书。全书分两篇，共 15 章，阐述了国内外 CO_2 捕集与储运技术。上篇共 6 章，第 1 章和第 2 章分别介绍了国内外碳捕集技术发展现状，系统总结了国内外碳捕集技术的原理及应用研究进展，并对主要CO_2捕集工艺进行了对比分析；第3章和第4章分别介绍了国内外典型公司碳捕集技术最新进展；第5章系统介绍了国外典型国家双碳政策法规；第6章通过借鉴国外CCUS技术发展路径，根据碳捕集技术成熟度，并结合石化行业发展现状，提出了碳捕集技术发展路线图，并提出九方面建议，以期推动石化行业在碳捕集技术创新和推广方面处于领先地位，助力我国实现“双碳”目标。下篇共9章，第1章重点阐述了CO_2输送的前景和面临的挑战；第2章详细介绍了CO_2输送技术的原理及输送方式的选择；第3章和第4章分别介绍了国内外典型CO_2输送示范工程；第5章、第6章和第7章分别对CO_2管道输送所需设备、管道的运行和维护、风险评估和完整性管理进行了说明和分析；第8章系统梳理了国内外CO_2管道设计、建设、运行规范、标准；第9章对CO_2管道源汇匹配进行了展望，旨在为我国CO_2安全高效储运提供系统、实用、扎实的理论和技术基础。本书可供从事碳捕集、利用与封存技术的管理人员及工程技术人员使用，也可作为石化企业培训用书、石油院校相关专业师生参考用书。

本书由王建平、张英主编，陈玉石、张力婕、邱艳丽、李峰、黎晓璇、李德飞、杨彩娟、麻羽嘉参加编写。编写过程中，中国石化科技部卢衍波教授级高工对全书的撰写进行了规划和指导；中国石化科技部王乐教授级高工对全书进行了审核。本书的编写还得到了陈建兵、陈若石、高明等同志的大力帮助，他们提出了许多宝贵的建议，在此一并表示感谢。

CCUS是一个多环节、跨领域、众路线的多技术融合产业，是涉及多学科、综合性很强的新兴领域。在本书编写过程中，由于编者专业水平和能力有限，不妥及疏漏之处恳请各位专家、学者批评指正。希望通过本书，使广大读者充分认识到CO_2捕集储运技术的地位和作用，共同推动我国碳达峰碳中和目标的实现。

目录

Contents

上篇　国内外二氧化碳捕集技术现状

第1章　国内碳捕集技术

第2章　国外碳捕集技术

第 3 章 国内碳捕集技术最新进展

第 4 章 国外典型公司碳捕集技术最新进展

第 5 章 国外典型国家双碳方面政策法规及借鉴意义

第 6 章 二氧化碳捕集技术开发的相关问题与建议

下篇 国内外二氧化碳储运技术现状

第 1 章 CO_2 输送概况与挑战

第 2 章 CO_2 输送技术

第 3 章 国内典型 CO_2 项目概况及输送方式选择

第 4 章 国外典型 CO_2 管道输送示范工程

第 5 章 CO_2 管道相关设备

第 6 章 管道运行维护

第7章 管道风险评估与完整性管理

第8章 国内外 CO_2 管道设计、建设、运行规范、标准

第9章 基于源汇匹配的 CO_2 管道展望

上篇

国内外二氧化碳捕集技术现状

第 1 章　国内碳捕集技术

CO_2 捕集技术是指利用吸收、吸附、膜分离、低温分馏、富氧燃烧等方式将不同排放源的 CO_2 进行分离和富集的过程，是 CCUS（Carbon Capture，Utilization and Storage）（碳捕集、利用与封存）技术发展的基础和前提。按碳捕集与燃烧的先后顺序进行分类，主要分为燃烧前捕集、燃烧后捕集、富氧燃烧捕集和化学链捕集[1]。适合捕集的 CO_2 排放源包括发电厂、钢铁厂、水泥厂、冶炼厂、化肥厂、合成燃料厂以及基于化石原料的制氢工厂等，其中化石燃料发电厂是最主要的 CO_2 排放源。

1.1 直接空气捕集

1.1.1 DAC 技术分析

直接空气捕集（Direct Air Capture，DAC）指的是直接从大气中提取 CO_2 的技术。CO_2 可以永久储存在深层地质构造中（从而实现负排放或碳清除），也可以用于食品加工或与氢气结合生产合成燃料。按吸附材料可分为两大类：碱性溶液吸收工艺、固体吸附工艺。DAC 技术的优势主要在于可以对数以百万计的小型化石燃料燃烧装置以及数以亿计的交通工具等分布源的二氧化碳进行捕集处理。缺点是其成本相对更高。

自 Keith 提出如图 1.1 碱性溶液法所示的 NaOH 溶液作为吸收剂的DAC工艺后，后续学者从不同方向提出了该工艺的改进方案。研究人员对 DAC 工艺涉及相关材料的研究主要集中在碱性溶液、分子筛及金属有机框架、胺类吸附材料等。碱性溶液用于 DAC 的优势在于反应原料成本低，但再生阶段需要反应温度较高，能耗较大。研究人员希望寻找一种结构稳定且能在较低温度范围内再生的材料，从而降低 DAC 成本。

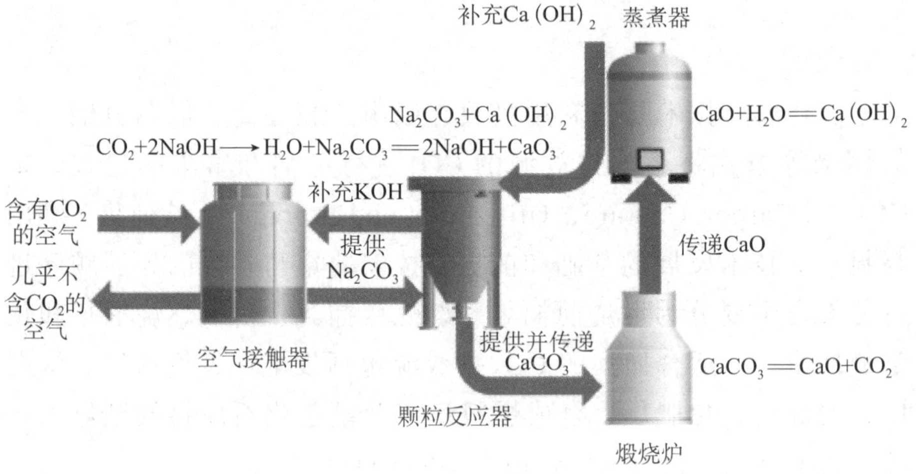

图 1.1　碱性溶液法[2]

沸石分子筛较好的结构稳定性在 DAC 领域受到关注，但面临的主要挑战是有水分存在时 CO_2 吸收能力下降。为此需要对空气进行干燥，这将增加系统的复杂性和运行成本。由此，部分研究人员提出将金属有机骨架化合物（Metal Organic Framework，MOF）用于 DAC 技术。目前主要有 2 种方式来提高 MOF 材料对 CO_2 的吸附能力：一种是通过负载胺类化合物提高吸附部位与 CO_2 分子的亲和能力；另一种是通过调整孔径以及活性位点的分布构建特殊的几何通道吸附更多的 CO_2。但现有 MOF 以及其他物理吸附材料对于空气中 CO_2 的吸附选择性不高，难以满足DAC的要求。

未来还需要进一步开发不同的 MOF 材料提高对空气中 CO_2 的吸附选择性。部分常见的沸石分子筛吸附剂吸收 CO_2 性能见表 1.1，它们都表现出了良好的吸附容量和较低的吸附热。沸石分子筛作为一种极性吸附剂，不仅对极性强的分子有较强的吸附能力，而且也极易吸附极化率较大的易极化分子，这导致采用沸石分子筛作为吸附剂时，对空气中 CO_2 选择性仍需提升。金属有机框架有比表面积大、孔隙率高、结构多样等特点，对 CO_2 的吸附表现出很好的性能，但也面临吸附选择性表现较差的挑战。

表 1.1　沸石分子筛吸附剂的吸附表现 [3]

吸附剂	最大吸收量 /（mmol/g）	吸附热 /（kJ/mol）
Li-LSX	1.340	−51
K-LSX	0.670	−43
NaX	0.419	−40

目前，固体胺类吸附剂制备可以分为以下 3 类：第 1 类基于物理浸渍法制备，第 2 类通过硅烷键共价束缚，第 3 类通过原位聚合直接共价束缚。

第 1 类胺吸附剂通常是将固体材料浸渍于有机胺溶液中，活性组分储存在材料孔道内部，经过蒸发溶剂、干燥活化制得。由于 DAC 多采用变温吸附工艺，需要一种相对挥发度较低的胺类物质来减少吸附剂再生期间吸附剂的降解以及胺的损失。低相对分子质量的聚乙烯亚胺（Polyethyleneimine，PEI）在变温吸附中具有较高的胺基密度且再生时耗能低，是用于 DAC 性能研究的主要含胺聚合物。

第 2 类胺吸附剂是通过化学接枝法使胺基连接到载体表面，一般利用氨基硅烷偶联剂的硅烷键和 SiO_2 基固体表面上的硅羟基间的硅烷反应实现。相比于第 1 类吸附剂，第 2 类吸附剂可以将氨基更加均匀分散在载体表面，且由于化学键不易破坏，通过化学接枝法制得的吸附剂一般具有更高的耐热性，不仅增加了单位

面积上的 CO_2 吸附活性，还延长了高温下吸附剂的使用寿命。但由于材料表面的硅羟基数目有限，使得接枝氨基的数量减少，CO_2 吸附容量低于第 1 类吸附剂。

第 3 类胺吸附剂是将共价结合的聚合胺整合到固体载体上，这类吸附剂富含胺，相比于前 2 类胺吸附剂具有更好的吸附能力。同时胺基团的共价束缚使其具有更好的再生性。

总体而言，碱性溶液吸附 CO_2 时反应原料成本相对低廉，但碱性溶液再生过程中耗能较高。分子筛及金属有机框架吸附剂虽然再生耗能较低，但对空气中 CO_2 的吸附容量和吸附选择性表现一般，导致其难以满足 DAC 要求。胺类吸附剂不仅展现出较好的吸附能力，而且由于其再生温度较低，可使用工业废热或少量热能为系统供能。使用胺类吸附剂时吸附和解吸在一个单元中逐步发生，将吸附或解吸集中在一个单元中，具有更高的效率和操作时间，有望降低系统成本。

除以上 3 种吸附材料外，以季铵型阴离子交换树脂为吸附剂的湿法再生吸附也颇受关注。该方法依赖于吸附剂的强碱性和亲水性，主要通过改变环境水汽压力，在干燥态对 CO_2 进行吸附，湿润态对 CO_2 进行脱附。相比于其他方法，湿法再生在热力学方面突破了常规变温 / 变压吸附的高能耗限制等问题，但目前仍缺乏吸附容量良好的吸附剂，吸附动力学也有待进一步研究。

1.1.2 DAC 技术关键

DAC 技术关键之一在于高效低成本吸收 / 吸附材料的开发设计。物理吸附依赖于分子间作用力来吸附 CO_2，通常发生在吸附剂表面。吸附材料需要吸附剂具有高表面积，如以高孔隙率或纳米尺寸的材料作吸附剂。物理吸附剂易再生，但由于从空气中吸收 CO_2 一般在常温下进行反应，所以物理吸附剂的吸附性和选择性较差。化学吸附依赖于化学键力吸附，化学吸附剂吸附性较强，但由于化学键力使得分子结合紧密，在 CO_2 脱附时耗能较大。通过化学反应实现吸收操作，但工艺复杂，吸收效率不高。因此如何开发兼具高吸附容量和高选择性的吸附材料是 DAC 技术未来商业化应用的关键。

此外，从吸附剂中解吸 CO_2 过程也必须简单、高效、耗能少，吸收 / 吸附材料能经历多次循环使用。DAC 技术另一关键是高效低成本设备的开发。DAC 技术涉及的装置主要有捕集装置、吸附或吸收装置、脱附或再生装置。就捕集装置而言，燃煤电厂等固定点源的 CO_2 排放浓度在 10%～20%，而大气中 CO_2 浓度在 410μL/L 左右，远低于固定点源 CO_2 排放量。所以改进空气捕集装置提高 CO_2 捕集率是降低成本的关键。目前 DAC 在工业领域涉及较少，所以相关 DAC 设备研究报道较少。总体而言，对 DAC 技术进行过程强化以及对工艺系统进行整合优化是降低成本的关键。

1.1.3　DAC 技术的经济性分析

目前 DAC 是处于商业初期的相对较新的创新技术，进行大规模应用的经济性评估尤为重要。基于高温水溶液吸收和低温固体吸附的不同路线的 DAC 资本支出几乎处于同一水平，但低温固体吸附由于对热量需求低，有利用废热降低成本的潜力，被认为是更有应用前景的选择。在 DAC 早期开发阶段时，Keith 等基于 DAC 所需能源以及土地面积，预估了氢氧化钠水溶液进行 CO_2 捕获的成本在 500 美元 /t 以下。美国物理学会（APS）对 DAC 技术进行评估，以 NaOH 水溶液为吸收剂估算了每年从空气中捕获 100 万 t CO_2 技术的成本约为 610 美元 /t。Zeman 等基于 APS 的评估报告进行研究，发现减少发电过程中煤炭的使用并在空气接触器上减少塑料包装材料可能对降低 DAC 成本有重要影响，碳捕获成本将从 610 美元 /t 降至 309 美元 /t。Keith 等以 KOH 为吸收剂，对 DAC 工艺涉及的原有装置进行改进，碳捕获成本降至 94 ～ 232 美元 /t。由于 DAC 系统复杂，影响成本因素过多，不同经济评估方法成本不同。总体而言公司成本估算值通常低于文献中成本估算值 [5]。

1.2 燃烧前捕集

1.2.1 燃烧前脱碳工艺技术

1.2.1.1 低温甲醇洗工艺

低温甲醇洗工艺，也称 Rectisol 工艺，由德国林德（Linde）和鲁奇（Lurgi）公司联合开发，也是最早应用于合成气洗涤净化的工艺。低温甲醇洗工艺主要是利用甲醇在低温下对酸性气体溶解度高的特性，对原料气中的各酸性组分实现选择性分段吸收，如图 1.2 所示，已被广泛应用于以重油和煤为原料合成氨工业中的气体净化。在工艺操作条件下，低温甲醇对 CO_2、H_2S 的溶解度高，选择性强，传质及传热性能好，但由于操作温度较低（通常为 -40 ～ -62℃），捕集系统对设备的材料要求就比较严格，造成设备投资费用偏高。此外，由于 Rectisol 工艺流程复杂，甲醇溶剂毒性也较大，且需额外制冷设备来冷却溶剂，在经济上并不可取。

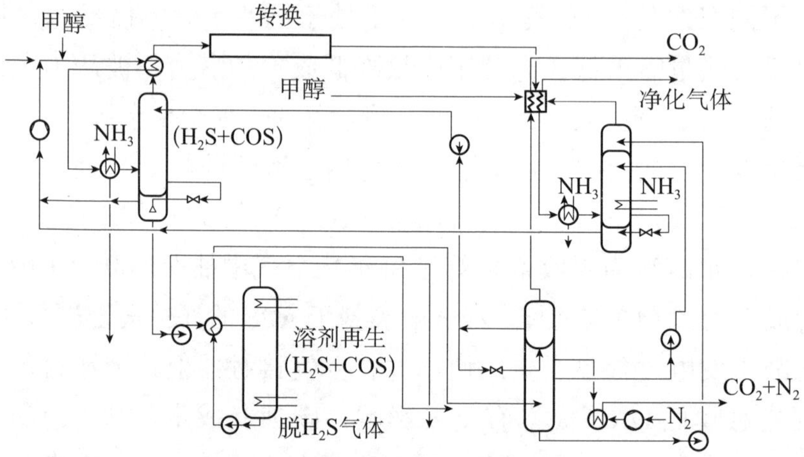

图 1.2 Rectisol 脱硫、脱碳工艺 [6]

1.2.1.2 碳酸丙烯酯工艺

碳酸丙烯酯工艺，也称 Flour 或 PC 法，是一种以碳酸丙烯酯为吸收剂的脱碳方法，适用于含少量 H_2S 混合气中 CO_2 的脱除，工艺流程如图 1.3 所示。碳酸丙烯酯溶剂对混合气中的 CO_2 具有很好的选择性，而对其他组分气体溶解性能极差，故当 CO_2 被充分吸收后，吸收塔顶出来的脱碳气体压强变化较小，无须大量压缩功就可循环利用脱碳气，溶剂再生后也能获得较为纯净的 CO_2 气体。为满足不同的脱碳要求，同时保证经济性，需对现有流程进行改进，如改造塔设备、降低溶剂温度都能提高气体的净化度。碳酸丙烯酯工艺成熟，溶剂性能稳定，流程也相对简单，CO_2 回收率也高，但由于溶剂损耗较大，腐蚀问题也比较严重，主要用于合成氨厂中 CO_2 的脱除。

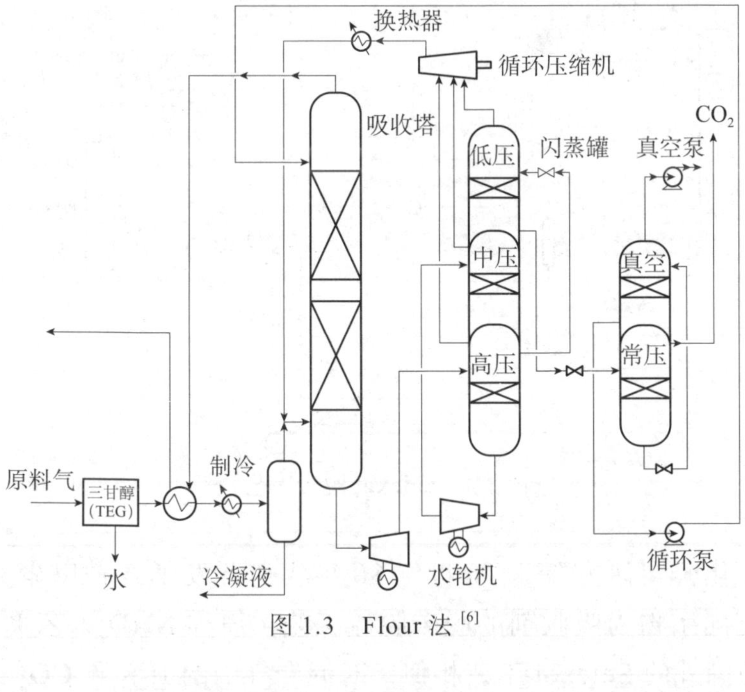

图 1.3　Flour 法 [6]

1.2.1.3　聚乙二醇二甲醚工艺

聚乙二醇二甲醚工艺，也称 Slexol 或 DEPG 工艺，是以聚乙二醇二甲醚［$CH_3O(C_2H_4O)_nCH_3$，n=2 ～ 9］混合物为吸收剂的一种气体净化工艺，在脱除 H_2S、CO_2 以及硫醇等酸性气体方面具有良好的分离效果。但脱硫和脱碳过程必须分开进行，典型的 Selexol 脱碳工艺流程如图 1.4 所示，溶剂再生可通过汽提或加热的方式来实现。聚乙二醇二甲醚对 CO_2 和 H_2S 酸性气体分离效果好，对设备腐蚀性小，但流程复杂，溶剂成本也比较高。此外，由于聚乙二醇二甲醚黏度较大，在低温条件下操作时，会降低吸收过程中的传质速率和塔板效率，需加大溶剂循环量，造成操作费用高。

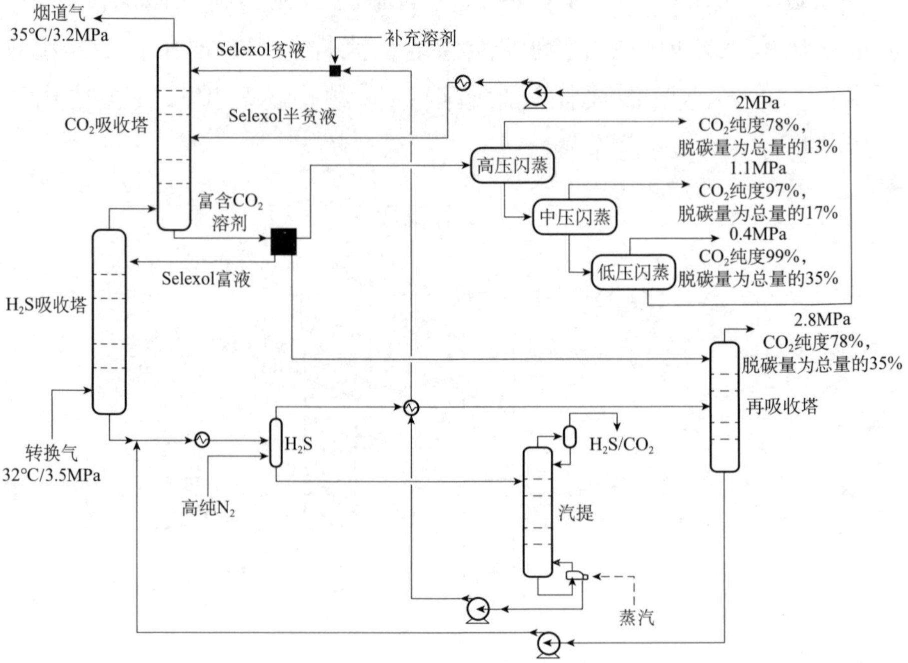

图 1.4 Selexol 脱碳工艺 [6]

南化公司研究院于 20 世纪 80 年代初开发了一种以聚乙二醇二甲醚同系物为吸收剂的脱碳脱硫工艺（简称 NHD 工艺）。NHD 工艺与国外的 Selexol 工艺相似，对混合气中的 H_2S 和 CO_2 都有较强的溶解能力，均属于物理净化过程，但二者所用的溶剂有所不同。目前，NHD 工艺已广泛用于天然气、炼厂气等工业过程中酸性气体的脱除。NHD 溶剂具有良好的稳定性，溶剂蒸气压低，溶剂损失小等优点，但仍然存在设备投资大、溶剂成本高等问题。

1.2.1.4　*N*- 甲基吡咯烷酮工艺

N- 甲基吡咯烷酮工艺，简称 Purisol 或 NMP 工艺，是以 *N*- 甲基吡咯烷酮作为物理吸收溶剂，从混合气中脱除酸性气体的方法，如图 1.5 所示。Purisol 工艺与 Selexol 工艺流程相似，通常在 -15℃条件下操作。相对于聚乙二醇二甲醚和碳酸丙烯酯，*N*- 甲基吡咯烷酮溶剂具有更高的沸点，溶剂损失极少，溶剂再生系统简单，对 CO_2 和 H_2S 的溶解能力极强，特别适合于高压混合气中 H_2S 和 CO_2 等酸性组分的脱除。但 *N*- 甲基吡咯烷酮溶剂价格昂贵，因此 Purisol 工艺的大规模应用受到限制 [6]。

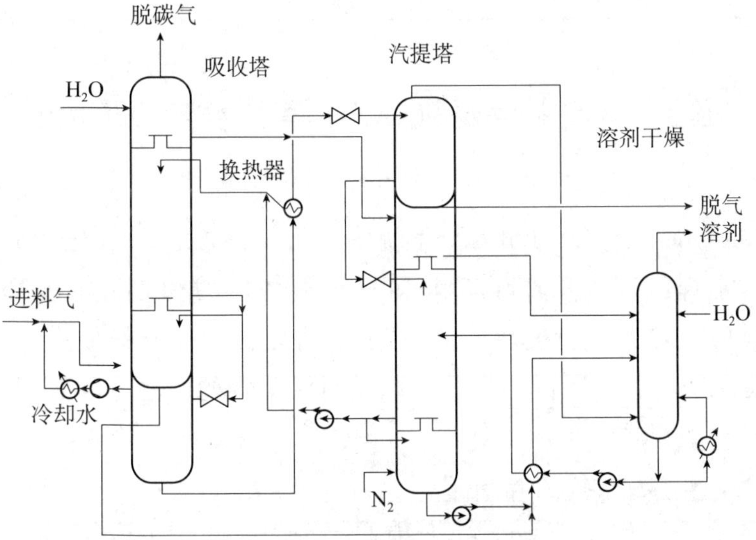

图 1.5　Purisol 脱碳工艺 [6]

1.2.2　物理溶剂吸收工艺对比

以脱碳过程中所需的实际操作条件、设备要求、热公用工程、冷公用工程以及溶剂损失等作为考察工艺运行费用和经济性的重要指标，汇总见表 1.2，以寻求脱碳成本最低的工艺线路，这在一定程度上为 CO_2 捕集新工艺的开发提供了依据。

表 1.2 物理溶剂脱碳工艺对比[6]

项目	脱碳工艺			
	低温甲醇洗	聚乙二醇二甲醚	碳酸丙烯酯	*N*- 甲基吡咯烷酮
操作温度 /℃	-40	0	10	-15
溶剂循环量	适中	大（低温下传质受黏度影响较大）	大	大
CO_2 脱除效果	高	高	较高	较高
设备要求	高（低温碳钢）	一般	一般	一般
溶剂损失	严重（沸点较低）	严重（高温易发生分子聚合）	一般	一般

1.2.3 基于 IGCC 的燃烧前 CO_2 捕集技术与工程示范

燃烧前捕集主要运用于整体煤气化联合循环（Integrated Gasification Combined Cycle，IGCC）系统中，将煤高压富氧气化变成煤气，再经过水煤气变换后产生 CO_2 和 H_2，气体压力和 CO_2 浓度都很高，将很容易对 CO_2 进行捕集。剩下的 H_2 可以被当作燃料使用。该技术的捕集系统小、能耗低，在效率以及对污染物的控制方面有很大的潜力，因此受到广泛关注。然而，IGCC 发电技术仍面临着投资成本太高、可靠性还有待提高等问题。

国家“十二五”863 重大项目“基于 IGCC 的 CO_2 捕集、利用与封存技术研究和示范”，实现了我国煤基发电燃烧前 CO_2 捕集项目零的突破。2010 年，项目立项初期，国内外尚无基于 IGCC 的燃烧前 CO_2 捕集的示范系统。化工工艺和动力系统之间的整合技术尚需深入，如何设计化工工艺流程以符合动力系统节能减排的特殊需求是需要解决的技术难题之一。项目建成了世界上首个 10 万 t/a 的燃烧前二氧化碳捕集示范装置。捕集系统的单位能耗 1.907GJ/tCO_2，捕集后 CO_2 干基浓度 98.11%（体积百分比），CO_2 回收率 91.61%，捕集成本 164.3 元 /t CO_2；指标达到国际领先水平。完成 400MW 级基于 IGCC 全流量 CO_2 捕集、利用与封存系统工艺设计，形成工艺包。通过该项目的研究，掌握了燃烧前工业装置规模 CO_2 捕集系统设计、建设、运行、自动控制等成套技术，为我国 IGCC 全流量捕集 CO_2 技术奠定了基础。

该技术是未来化石燃料实现低成本捕集 CO_2 的关键技术，为煤基能源实现高效近零排放提供了一条重要的技术途径，对煤基能源的科技创新、可持续发展和应对气候变化都具有重要意义。该项目整体技术已应用于华能天津 IGCC 示范电站，经连续稳定运行取得了良好的环保效益。该技术得到国外政府和大型能源公司的认可，包括亚洲开发银行、美国杜克能源公司、澳大利亚 CSIRO 等，并应用于中美清洁能源联合研究中心项目“碳捕集、封存、利用的示范及新一代技术研发”“碳捕集利用封存产业技术能力的提升与创新”，中欧煤炭利用近零排放发电技术合作项目、中澳联合研究中心等项目，推动了洁净煤发电领域和能源化工学科的科技进步[7, 8]。

1.3 燃烧中捕集

1.3.1 富氧燃烧技术

1.3.1.1 富氧燃烧技术分析

富氧燃烧是指通过分离空气制取纯氧，以纯氧作为氧化剂进入燃烧系统，同时辅以烟气循环的燃烧技术，可视为燃烧中捕获技术。该技术捕获的 CO_2 浓度可达 90% 以上，只需简单冷凝便可实现 CO_2 的完全分离，因此 CO_2 捕获能耗和成本相对较低，但额外增加制氧系统的能耗，提高了系统的总投资。

其系统示意如图 1.6 所示，由空气分离装置（ASU）制取的高纯度 O_2（纯度 95% 以上），按一定的比例与循环回来的部分锅炉尾部烟气混合，完成与常规空气燃烧方式类似的燃烧过程，锅炉尾部排出的具有高浓度 CO_2 的烟气产物，经烟气净化系统（FGCD）净化处理后，再进入压缩纯化装置（CPU），最终得到高纯度的液态 CO_2，以备运输、利用和埋存[7, 8]。

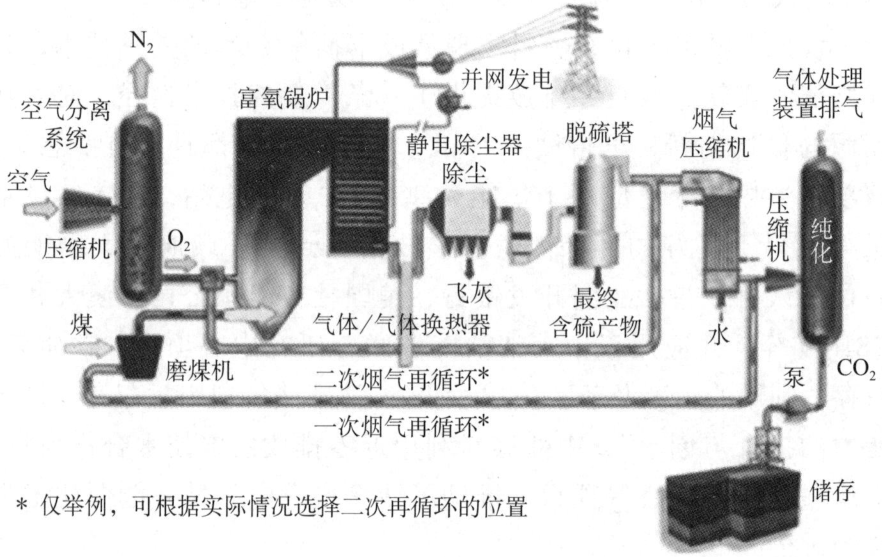

图 1.6　富氧燃烧技术系统示意[7]

1.3.1.2　富氧燃烧技术关键

（1）富氧气体的收集

富氧燃烧技术利用富氧气体收集系统来进行富氧气体的收集，并且这种气体收集系统对于正常生产不会产生任何影响。但是在应用富氧收集系统时，要充分考虑到常用的工艺配置、管道线路等问题，根据实际应用需要设计合适的气体收集装置。

（2）富氧气体浓度控制

在理论上认为富氧气体浓度同燃烧是呈正比例关系的，也就是说富氧气体浓度越高，燃烧越充分，相应的燃烧温度越高，那么获得的节能效果越明显。实际上富氧气体的浓度与节能效果是呈非线性关系的。富氧气体的浓度过高，就使燃烧的火焰变小，这对玻璃的融化效果是有负面影响的。另外富氧气体的浓度过高，也会造成富氧气体的浪费，因此，对富氧气体采用空气进行稀释，使富氧气体达到燃烧需要的恰当的浓度，并且恰当控制流量，避免资源浪费。需要注意的是，对富氧气体采用空气稀释的方式来控制浓度时一定要注意均匀的混合，这样才能保证混合后的气体在燃烧的过程中火焰燃烧稳定。

（3）富氧时降低 NO 的方法

当空气中氧浓度增高后，火焰温度升高，NO 量迅速增加。随着富氧程度的增加，达到峰值后，氮浓度开始降低，NO 的生成与氮浓度的关系呈正比例关系。为了有效地降低富氧燃烧时产生的 NO 量，可采用低 NO 燃烧嘴。此种燃烧嘴分别将燃料和氧气向炉内喷入，氧气与炉气迅速混合形成高温低氧炉气与燃料发生反应产生较低的火焰温度。因为低 NO 燃烧嘴采用纯氧助燃，没有氮的参与，达到了对过量氧气、氮、温度的同步控制，有效减少了 NO 的生成。另外还可通过将富氧燃烧技术结合烟气回流技术来降低火焰温度，达到降低 NO 生成的目的 [9]。

1.3.1.3 富氧燃烧技术应用研究进展

富氧燃烧碳捕集技术具有相对成本低、易规模化、适于存量机组改造等诸多优势，被认为是最可能大规模推广和商业化应用的 CCUS 技术之一。目前国内富氧燃烧技术研发方面，华中科技大学主导实施了中国富氧燃烧“0.3MW—3MW—35MW—200MW”的研发和示范路线。经历由小型实验台架发展至国内唯一、规模最大的 35MW 富氧燃烧示范平台，发展了富氧燃烧系统的集成设计、运行控制和性能试验方法，工程示范和放大应用成果引领了国内富氧燃烧技术的发展。对比国际同类富氧燃烧装置（见表 1.3），我国富氧燃烧装置具有空气 / 富氧燃烧兼容运行、干 / 湿双循环设计、低能耗三塔空分流程、烟气中高达 82.7%（体积分数）CO_2 浓度富集等特点。目前该技术最大难题主要在于制氧投资大和能耗问题 [9]。

表 1.3　我国富氧燃烧装置与国际同类装置对比[9]

项目名称	规模	容量/MW	新建/改造	启动时间/年	燃烧器数量/个	烟气循环方式	是否发电	是否含压缩纯化装置	CO_2体积分数/%	烟气净化方式
黑泵 30MW·h 煤粉富氧项目	试验	30	新建	2008	1	湿	否	是	75～80	ESP、WFGD
Calide30MW(e)煤粉富氧项目	工业	30	改造	2010	6	湿	是	是	72～77	FF
CIUDEN 富氧燃烧项目	试验	20	新建	2010	4	湿	否	是	67～72	SCR、FF
5MW·h 富氧燃烧示范工程（湖北应城）	工业	35	改造	2011	3	干湿	是	否	78～82（干）、68～72（湿）	ESP、WFGD

注：ESP 表示静电除尘，WFGD 表示湿法脱硫，FF 表示袋式除尘，SCR 表示选择性催化还原。

1.3.2　化学链燃烧技术

1.3.2.1　化学链燃烧技术分析

化学链燃烧（Chemical Looping Combustion，CLC）是一种新型无火焰燃烧技术，其最大特点为：通过载氧体在氧化-还原反应器间连续循环，将空气中的氧传递给燃料，避免空气和燃料的直接接触，使燃烧产生的 CO_2 不被 N_2 所稀释，实现低能耗捕集 CO_2。化学链燃烧原理如图 1.7 所示[10-12]。

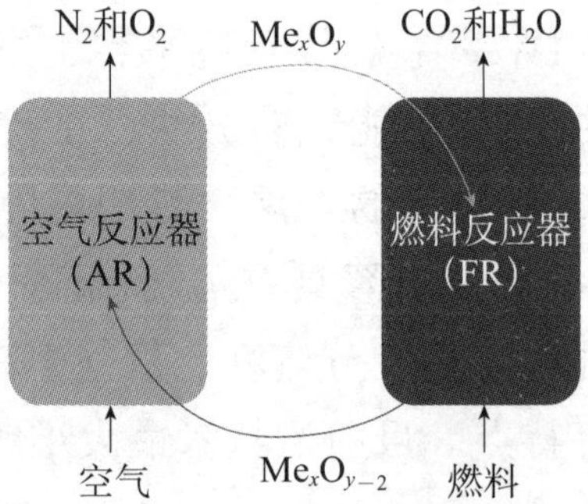

图 1.7　化学链燃烧原理[10]

化学链燃烧反应器系统由空气反应器（Air Reactor，AR）和燃料反应器（Fuel Reactor，FR）组成，而载氧体则在 2 个反应器之间来回循环，实现连续不断的氧传输。在空气反应器中，低价态载氧体被空气中的氧气氧化，生成高价态载氧体并伴随着大量热量释放，如反应式（1）所示，出口烟气主要由空气中的 N_2 和剩余 O_2 组成。在燃料反应器中，燃料被载氧体氧化成 CO_2 和水蒸气，同时载氧体从高价态被还原成低价态，如反应式（2）所示。燃料反应器出口尾气主要含有 CO_2 和水蒸气，通过冷凝去除 H_2O 后，就可以获得高纯度的 CO_2，该过程无须额外耗能。低价态载氧体则再次回到空气反应器中进行氧化反应，如此不断循环。在化学链燃烧反应器内发生的总反应与传统燃烧反应一致，如反应式（3）所示。

$$\mathrm{Me}_x\mathrm{O}_{y-2} + \mathrm{O}_2 \longrightarrow \mathrm{Me}_x\mathrm{O}_y \tag{1}$$

$$(n + m/2)\mathrm{Me}_x\mathrm{O}_y + \mathrm{C}_n\mathrm{H}_{2m} \longrightarrow (n + m/2)\mathrm{Me}_x\mathrm{O}_{y-2} + m\mathrm{H}_2\mathrm{O} + n\mathrm{CO}_2 \tag{2}$$

$$(n + m/2)\mathrm{O}_2 + \mathrm{C}_n\mathrm{H}_{2m} \longrightarrow m\mathrm{H}_2\mathrm{O} + n\mathrm{CO}_2 \tag{3}$$

与富氧燃烧过程中采用深冷分离法制取 O_2 不同，化学链燃烧本质上是基于 O_2、N_2 与载氧体反应活性不同，通过化学反应手段实现在燃烧过程中制取高浓度氧，在这个过程中能耗极低。与传统燃烧相比，化学链燃烧温度更低，从而会降低热力型 NO_x 的生成，而且由于空气与燃料不会直接接触，故不会产生燃料型 NO_x。因此，化学链燃烧技术不仅具有低能耗和内分离 CO_2 等优点，还可以降低 NO_x 的生成 [10-12]。

1.3.2.2　化学链燃烧技术关键

载氧体的反应性能、循环稳定性能、耐磨性能、载氧能力以及经济性，均是决定其是否可用于化学链燃烧技术的重要参数 [10-12]。

（1）Ni 基载氧体

Ni 基载氧体具有非常好的反应性能，但 Ni 的污染是其应用的一个关键问题。已有学者通过计算反应动力学参数对载氧体的反应性能进行了评价，Ni 基载氧体具有比其他金属载氧体更好的反应性能，因此也是载氧体的重要研究对象。但是 Ni 易残留在灰分之中，不仅会磨损反应器，还会造成环境污染，为此对 Ni 基载氧体的研究在一些国家受到了限制。含有 Ni 基的双金属载体研究是避免 Ni 单质出现的一个研究方向，Ji-jiang Huang 等研究了 MgO 修饰 Ni 基载氧体（Al_2O_3 为惰性载体），经过 100 次循环反应之后，检测发现 MgO-NiO 和 $MgAl_2O_4$-$NiAl_2O_4$ 两种晶相。

（2）Cu 基载氧体

在化学链氧解耦燃烧中，由于 CuO 具有高氧运载能力、高氧产生速率且相当廉价的优点，但其烧结问题值得关注。为了增强其机械性能，主要添加的惰性载体有 ZrO_2、$MgAl_2O_4$。CuO 在释放的过程中，Cu_2O 为释氧后的一种形态，载氧体处于该形态不仅释氧速率将有所不同，释氧量方面也有很大差异。为此，在对 CuO 释放过程的研究中，都要考虑到氧分压的影响。由于 CuO 的熔点低、机械性能较差且易烧结，在反应温度和反应气氛选取时，载氧体的烧结和磨损情况是考虑的重要因素。

（3）Fe 基载氧体

Fe 基载氧体具有储量丰富且廉价等优点，是化学链技术推广的首选载氧体。天然铁矿石含有的主要成分是 Fe_2O_3，还含有一些 SiO_2 和 Al_2O_3，尽管比合成的 Fe 基载氧体具有更小的比表面积，但由于其具有廉价等优势，不少学者对其进行了可行性研究。为了证实铁矿石的循环稳定性能，沈来宏等通过实验研究表明，铁矿石较低的反应性能是其重要的缺陷，有必要通过对其进行修饰改进，以达到化学链燃烧技术中的要求。载氧体的载氧性能也是研究的重要内容。对于 Fe 基载氧体，在 CO_2 气氛下主要将 Fe_2O_3 还原为 Fe_3O_4，而在 H_2O 气氛下主要将 Fe_2O_3 还原为 FeO。

（4）Ca 基载氧体

Ca 基载氧体与气体反应能够转化为 CaS 展现了其巨大的传氧能力，如式（4）所示与 CO 的反应，但是 $CaSO_4$ 在高温下容易烧结是 Ca 基载氧体推广的瓶颈问题。在氧化反应器内，如式（5）

所示，CaS 表面形成的 $CaSO_4$ 能够阻塞质量的传递，进而阻止反应的进一步进行。提高温度虽然能降低阻塞作用，但也会导致烧结降低 $CaSO_4$ 的活性。为此，对 Ca 基载氧体的改进需要进一步研究。

$$4CO + CaSO_4 = 4CO_2 + CaS \tag{4}$$

$$CaS + 2O_2 = CaSO_4 \tag{5}$$

（5）载氧体的改性

如上所述，载氧体的改进是化学链燃烧技术推广的一个重要方向。有学者通过酸改性制备了 $CaSO_4$-CaO 复合载氧体，其还原活性得到了提升。目前对载氧体性能的改进不仅着重于修饰新的组分也涉及了从结构上的改进，甚至包括煅烧过程。顾海明等通过添加 K_2CO_3 来修饰 Fe 基载氧体，发现其能够对焦炭的气化起到催化作用，但是扫描电子显微镜（简称 SEM）测试表明，K 的存在能够导致载氧体的烧结，因此 K 的添加量不宜过高。王博等采用浸渍法制备了 CuO 修饰的赤泥载氧体，检测了对载氧体性能的改进，也验证了其循环反应性能。沈来宏等采用草木灰对 Fe 基载氧体进行修饰，并在流化床反应器上进行了气体燃料化学链燃烧实验。研究了草木灰修饰对提高 Fe 基载氧体还原活性的可行性，讨论了草木灰种类、草木灰的无机组分对载氧体活性的影响。结果表明，草木灰修饰能有效提高 Fe 基载氧体的反应活性，载氧体的还原活性由草木灰中 K 和 Si 的含量共同决定。

胡晓雨等在草木灰水溶液改性铁基载氧体的研究中着重关注了 K 元素的影响。牛欣采用水泥修饰赤铁矿来提高载氧体的反应活性。实验在 1kW 串行流化床上进行，研究了添加水泥对污泥化学链燃烧特性的影响，考察其长期运行的物化性能。结果表明，在实验工况下，赤铁矿添加水泥后，出口的未燃气体浓度明显下降。燃料反应器温度低于 870℃时，水泥的添加使污泥的碳转化率和燃烧效率显著升高。魏义杰等针对化学链制氧中使用的载氧体，采用自组装模板燃烧法制备了一种具有核壳结构的高性能铜基载氧体。该载氧体颗粒具有一种微观的分层结构，其中活性成分铜均匀地负载在纳米结构的核（Al_2O_3）壳（TiO_2）上，由于 TiO_2 层形成的壳阻止了 Al_2O_3 和 CuO 的接触，从而避免了 $CuAl_2O_4$ 的生成，减少了活性成分损失[10-12]。

1.3.2.3 化学链燃烧技术应用研究进展

化学链燃烧技术提出后，得到了世界各大研究机构的高度重视，一些国家和国际组织将其作为最为重要和最具前景的 CO_2 捕集技术战略选择。国际上有近 20 个国家投入大量的人力与物力开发化学链燃烧技术，如瑞典查尔姆斯科技大学、西班牙煤炭研究所、英国剑桥大学、德国达姆斯塔特工业大学、法国石油研究院、挪威科技大学、奥地利维也纳科技大学、美国俄亥俄州立大学和犹他州立大学、阿尔斯通公司、巴威公司、韩国能源科学研究院、日本煤炭能源中心等。国内方面，清华大学、东南大学、华中科技大学、中国科学院工程热物理研究所和广州能源研究所等都对化学链燃烧技术开展了研究。

在固体燃料化学链燃烧方面，国内外学者建立了不同规模的实验装置来进行研究。国内方面，东南大学沈来宏课题组于 2009 年设计建造了 10 kW 固体燃料化学链燃烧装置；肖睿课题组于 2012 年搭建了 50 kW 加压固体燃料化学链燃烧装置；华中科技大学赵海波课题组于 2017 年建立了 50 kW 固体燃料化学链燃烧装置；清华大学李振山课题组于 2017 年设计建造了 30 kW 固体燃料化学链燃烧装置。此外，国内研究者目前正在同时建造 2 种不同方案的 3 MW 固体燃料化学链燃烧中试示范装置。可以看出，近十年来，国内外建造了很多不同热输入规模的热态实验装置用于研究固体燃料化学链燃烧技术。

随着研究的深入，大部分学者发现由于受材料限制，绝大部分载氧体无法长期承受 1050℃以上的高温，而且燃气轮机对颗粒粉尘非常敏感，使气体化学链燃烧局限于蒸汽循环发电，理论发电效率约为 40.7%，与常规电站的发电效率相近。然而，目前技术成熟的燃气–蒸汽联合循环技术（Natural Gas Combined Cycle，NGCC）的发电效率已达到 50.8%，即使考虑 CO_2 捕集能耗，其净电效率也约为 43.0%。发电效率越高，说明其经济性越好，因此，气体燃料化学链燃烧技术在经济性方面无法与燃气–蒸汽联合循环技术相竞争。但是，与常规燃煤发电相比较，固体燃料化学链燃烧具有较强竞争优势，因为其具备 CO_2 内分离特性且不会带来额外的能耗增加。正因如此，近十年来，国内外众多学者开始从研究气体燃料转向固体燃料的化学链燃烧技术。

1.4 燃烧后二氧化碳捕集技术与应用进展

1.4.1　吸收法

1.4.1.1 化学吸收法

（1）化学吸收法技术分析

化学吸收法是利用混合气中酸性的 CO_2 气体和弱碱性物质溶剂在吸收塔内发生化学反应，在吸收塔内 CO_2 通过反应进入溶剂中形成富液；而后富液进入吸收塔经过加热分解出 CO_2，吸收与脱吸交替进行过程中分离出混合气中的 CO_2，并实现回收。吸收塔和脱吸塔在操作温度和操作压力方面的调节是实现上述过程的关键。

在化学吸收法中使用的化学溶剂一般为 K_2CO_3 水溶液或乙醇胺类水溶液。使用 K_2CO_3 水溶液热钾碱工艺中的高压吸收和常压脱吸时，这 2 个阶段的温度相近；而提高再生效率可以通过降温来实现，增加再生流程支路并赋予冷条件，可有效提升再生效率并降低混合气中的 CO_2 的含量。热钾碱工艺因使用吸收溶剂的具体成分不同，可以细分为本菲尔德法、砷碱法、卡苏尔法和改良热碳酸钾法等。使用乙醇胺类水溶液作为吸收剂的方法，即醇胺法包括 MEA（一乙醇胺）吸收法、DEA（二乙醇胺）吸收法及 MDEA（甲基二乙醇胺）吸收法等。

（2）化学吸收法技术关键

化学吸收法具有可选择性好、吸收效率高、耗能及运营成本低等优势。但工艺较复杂，吸收液需要再次处理，否则会造成水污染。对于化学吸收法，吸收剂的选择直接关系吸收效率的高低，成为决定吸收操作效果是否良好的关键。因此在选择吸收剂时应考虑以下几个方面的问题：①提高吸收速度和吸收效率；② 减少吸收液用量与设备尺寸；③ 对有害物组分的溶解度要大，其他组分尽量小；④为了减小吸收液的损失，其蒸气压应尽量低；⑤为了减少设备投资，尽量不采用腐蚀性介质；⑥黏度要低，比热不大，不起泡；⑦尽可能无毒、难燃，并且化学稳定性好，冰点要低；⑧来源充足，价格低廉，就地取材，易再生重复使用；⑨使用中有利于有害组分的回收利用；⑩吸收碱性气体常用酸性吸收剂，如 NH_3 常用浓硫酸，还可用 $CaCl_2$ 来吸收；对于酸性气体，常用碱性溶液吸收，如常用：氢氧化钠、氢氧化钙、氨水、碳酸钠；轻烃、焦化类气体（苯、甲苯、二甲苯、萘）多用洗油作吸收剂，如洗油吸收苯、沥青烟、焦化废气；聚乙醇醚、冷甲醇、二乙醇胺等作吸收剂吸收硫化氢、二氧化碳等[14]。

（3）醇胺法

MEA 是一种吸收 CO_2 性能良好的溶剂，可在吸收 CO_2 后与其反应生成碳酸盐（MEA 法 CO_2 捕集流程如图 1.8 所示）。其不足之处是 MEA 与 CO_2 间为可逆反应，温度高达 104℃时 CO_2 才会从溶液中解吸出来，因此，用该方法分离 CO_2 需要提供很大的能量，造成较高的费用支出。MEA 在反应过程中的副产物氨基甲酸盐，对设备具有强腐蚀性。

我国利用 MEA 吸收技术也有相关的工业应用。2008 年，中国华能集团有限公司在高碑店热电厂建成并运行了 1 套 3000 ～ 5000t/a 的烟气 CO_2 捕集示范装置；2010 年，西安热工研究院有限公司在上海石洞口电厂建成并投运了 CO_2 捕集量为 12 万 t/a 的超临界燃煤机组烟气 CO_2 捕集示范装置，实现了大规模捕集示范工程关键

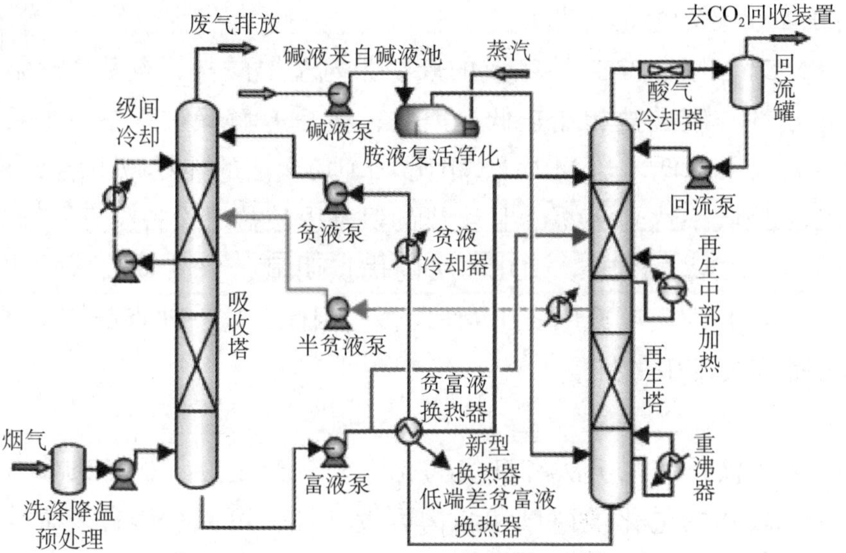

图 1.8　MEA 法 CO_2 捕集流程 [14]

技术研发、工艺设计、关键设备和控制系统的自主研制，在国际上产生了积极广泛的影响。此外，清华大学、华中科技大学、国家电站燃烧中心和哈尔滨工业大学等高校和科研院所也对 CO_2 捕集进行了深入的研究。其中，清华大学搭建了 100 ～ 150t/a 的胺法模拟 CO_2 捕集试验平台。2014 年，中国华能集团设计、建造和运行了我国第 1 套燃气烟气 1000t/a CO_2 捕集中试系统。然而，当前 MEA 法最大的不足之处就是费用过高，其原因主要是解吸 CO_2 的能耗占捕集总能耗的 70%～ 80%，导致解吸成本占整个碳捕获与封存（Carbon Capture and Storage，CCS）成本的 60% 以上。因此，尽管部分示范装置已经建成，并且有高校和科研院所对该方法进行了深入的研究，但能耗过高的问题仍使得该 CO_2 捕集工艺的大规模推广受限。

MDEA 最初应用于天然气净化等领域的脱硫过程。20 世纪 80 年代，德国的 BASF 公司首次将 MDEA 用于 CO_2 脱除领域。目前，我国的长庆气田、普光气田、西南油气田均采用 MDEA 技术进行脱硫脱碳。20 世纪 80 年代末期，南京化工研究院研发出活化

MDEA 捕集 CO_2 的工艺。

MDEA 吸收 CO_2 后生成的产物为氨基甲酸盐，氨基甲酸盐的热稳定性与碳酸盐相比较低，因此，在 CO_2 解吸过程中所消耗的能量就大大降低。与 MEA 法相比，MDEA 法的能耗减少约 50%，而 CO_2 回收率达到 99%，且生成的氨基甲酸盐对设备没有腐蚀性。尽管与 MEA 法相比，MDEA 法的优点明显，但其叔胺属性决定了其与 CO_2 的反应速率要比 MEA 慢。因此，这一缺点制约了其在 CO_2 捕集技术中的推广。

（4）离子液体法

离子液体（IL）法有良好的化学及热稳定性、极低的饱和蒸气压、较宽的电化学窗口和结构可设计性，可减少因挥发而产生的环境污染，且极易与其他物质分离，便于循环利用。目前通过离子液体捕集 CO_2 的主要途径是利用其碱性基团直接捕集 CO_2。还有一些新型的组合技术，例如离子液体与吸附相结合捕集 CO_2、离子液体与膜分离相结合捕集 CO_2，应用场景主要针对天然气中的酸性气体脱除 [15]。

1）离子液体直接用于捕集 CO_2

1999 年，Blanchard 等研究发现 CO_2 在 [BMIM][BF_6] 离子液体中具有高溶解度，由此探讨了离子液体用于 CO_2 吸收的可能性。如图 1.9 所示，离子液体上的氨基可与 CO_2 发生相互作用，实现 CO_2 捕集。通过氨基官能团与 CO_2 之间的物理或化学相互作用，制备基于咪唑或吡啶的离子液体，其 CO_2 捕集能力高于常规 MEA 溶液。

$$\underset{\text{酸碱相互作用}}{-NH_2 + CO_2} \rightleftharpoons \underset{\text{氨基甲酸}}{-NHCOOH + -NH_2} \rightleftharpoons \underset{\text{氨基甲酸酯}}{-NHCOO^- + -NH_3}$$

图 1.9 氨基功能化离子液体 CO_2 捕集机理 [15]

烷基链长度和阴离子对离子液体的 CO_2 捕集性能有显著影响。Huang 等通过在多个反应点引入阴离子，使 CO_2 与阴离子中具有给电子基团的活性中心之间的协同作用增强，使得 CO_2 捕集能力提升 2 倍。在 CO_2 捕集过程中，使用离子液体作为常规吸收剂的替代品具有显著优势，有效解决了溶剂损失问题。然而，氨基功能化离子液体通常具有较高的黏度，导致吸收过程较长。虽然离子液体的高黏度问题可以通过增加含水量来解决，但会不可避免地增加相应的体积，烦琐的制备过程也限制了其大规模应用。虽然氨基酸被用作离子液体的一种成分，以取代咪唑等有毒物质，在一定程度可被视为绿色材料，但制备过程仍然不够环保。

2）离子液体与吸附相结合捕集 CO_2

吸附作为一种常见的 CO_2 捕集技术，已广泛应用于 CO_2 捕集领域，吸附剂容易再生，运行能耗低。将离子液体与吸附剂复合可以减少离子液体的使用量并降低成本。当离子液体与吸附剂混合时，可降低流动性，克服了离子液体黏度高的缺点，且离子液体对 CO_2 的高亲和力可以提高吸附剂的性能。离子液体复合吸附剂主要有两种类型：第一种是通过浸渍将离子液体引入吸附剂中；第二种是通过接枝将离子液体连接到吸附剂上。Zhang 等通过在 SBA-15（一种介孔分子筛）表面浸渍四亚乙基五铵硝酸盐 [TEPA][NO_3] 制备了介孔二氧化硅负载多胺基离子液体吸附剂，吸附容量提高了 2.15 倍。通过 DFT（密度泛函理论）计算揭示了吸附剂上 CO_2 和离子液体之间的相互作用，表明仲胺基团发挥了重要作用，循环吸附 / 再生实验表明，在 373℃时解吸，可使吸附剂的 CO_2 吸附容量恢复近 90%。Wan 等通过浸渍法制备了一系列基于不同介孔材料（氧化铝和二氧化硅）的 CO_2 吸附剂，发现介孔载体通过与离子液体之间的静电相互作用可有效促进 CO_2 吸附。载体 ζ 电位对离子液体的性能存在促进作用，使离子液体达到良好的定向分散状态，提高了离子液体在高温下吸附 CO_2 的效率。Cheng 等通过浸渍法将离子液体负载到分子筛 MCM-41 上，与未负载离子液体的吸附剂性能进行比较，证明杂化复合具有显著优势。Zhu 等也发现了类似的现象，接枝使离子液体在吸附过程中具有稳定的 CO_2 吸附选择性，但牺牲了 CO_2 吸附容量和扩散率。Yuan 等将胺官能化离子液体接枝到钛酸盐纳米管上，接枝之后吸附能力高达 2.43mmol/g，未接枝的为 1.28mmol/g。将离子液体制备成固体材料也可用于 CO_2 吸附。RAN 等通过溶液自由基聚合，合成了一种季铵盐聚合物离子液体 P[VBTHEA]Cl 和 3 种咪唑类聚离子液体 P[VEIm]Br、P[VEIm]BF_4 和 P[VEIm]PF_6。由于铵阳离子上的正电荷密度高于咪唑阳离子上的正电荷密度，季铵盐类比咪唑类聚离子液体具有更高的 CO_2 吸附容量，且其吸附性能优于单体离子液体 [15]。

3）离子液体与膜分离相结合捕集 CO_2

膜分离是一种比较成熟的分离技术，广泛应用于 CO_2 分离。渗透性和选择性是膜分离中两个关键且相互对立的因素。许多研究集中于开发新材料或改性膜材料，以超越罗宾逊上限（Robeson upper bound）。尽管离子液体在 CO_2 溶解度方面明显优于传统的胺溶液，但高黏度和缓慢传质的缺点很难克服。将离子液体与膜复合有多个优势：①由于离子液体对 CO_2 的选择性吸收，膜材料的选择性将显著提高；②离子液体的作用不再是吸收储存 CO_2，而是将其扩散到另一侧，从而大大减少了整个过程中离子液体的用量，在一定程度上削弱了离子液体制备复杂、成本昂贵的问题；③膜材料一般较薄，浓度差是 CO_2 转移的驱动力，从而克服了 CO_2 在离子液体中扩散缓慢的缺点。根据膜材料中离子液体的存在形式，具有 3 种复合方式，即负载型离子液体膜、聚离子液体膜和离子液体混合基质膜。

①负载型离子液体膜

负载型离子液体膜是一种将离子液体覆盖在固体支撑层（如氧化铝膜、聚碳酸酯膜和聚丙烯腈膜）上以实现 CO_2 捕集的膜技术。CO_2 的捕集过程大致分为 3 个步骤：首先 CO_2 分子被表层液体吸收；然后在浓度梯度的作用下，捕集的 CO_2 在液体层内扩散到另一侧；最后 CO_2 在靠近支撑层的一侧解吸，通过支撑层的孔隙到达膜的另一侧。这样不仅可以同时实现捕集和解吸，而且溶剂的使用量也大大减少。因此，负载型离子液体膜具有良好的应用前景。负载型离子液体膜制备过程中，多孔材料可作为添加剂与离子液体形成选择性层，不仅有助于提升膜分离性能，而且在固定离子液体方面也发挥了重要作用。在离子液体中掺杂多孔材料可以显著提高离子液体的渗透性。Lan 等使用中空纤维膜作为载体来制备用于 CO_2 分离的膜材料，通过浸泡和真空处理的负载型离子液体膜的稳定性显著提高。此外，还可以通过其他方法改善负载型离子液体膜的分离性能。Hwang 等发现施加额外的电场可以进一步提高离子液体复合膜的性能（提高 2 ～ 5 倍），外力的作用使离子液体的结构发生重组，从而改变离子液体的吸附 / 解吸自由能、自由体积和相互作用。

②聚离子液体膜

尽管负载型离子液体膜在捕集 CO_2 方面具有明显优势，但其较差的机械性能在一定程度上影响了大规模应用，负载型离子液体膜在高压下的稳定性较差。除了将离子液体结合到纳米通道中，还可以制备聚离子液体膜。聚离子液体膜结合了离子液体的高 CO_2 亲和力和稳定性，以及聚合物材料的物理和机械性能。聚离子液体膜的加工通常通过浇铸实现，这与支撑型膜完全不同。首先聚离子液体在挥发性溶剂中完全溶解，然后当溶剂蒸发时，离子液体分子自组装形成薄膜。

③离子液体混合基质膜

通过将少量离子液体与其他聚合物混合制备膜材料，可以有效提高膜的选择性。离子液体混合基质膜是以离子液体为添加剂，以聚合物为基质制备的，具有良好的机械性能和分离性能。二氧化硅、氧化石墨烯、沸石、分子筛和 MOF 等无机多孔材料常作为聚合物基质的填料，保证膜分离效果。Hao 等制备了用于天然气 CO_2 捕集的室温离子液体 /ZIF-8 混合基质膜，在 35℃和 350kPa 的条件下，CO_2 通量为 906.4Barrer［$1\text{Barrer} = 0.33 \times 10^{-15}\text{kmol} \cdot \text{m}/(\text{m}^2 \cdot \text{s} \cdot \text{kPa})$］，$CO_2/N_2$ 选择性为 21。Huang 等使用离子液体改性氧化石墨烯（GO）作为填料，使用聚醚嵌段聚酰胺（Pebax）作为聚合物基质制备复合膜，离子液体和Pebax之间的氢键使得体系更加均匀，有利于GO的分散，离子液体的氢键化也改善了界面缺陷。表1.4总结了上述3种离子液体捕集CO_2技术的优缺点，相关技术距工业化应用仍有距离。目前中国科学院过程工程研究所在该方面的研究比较领先，开发了离子液体多级闪蒸工艺，比传统的醇胺工艺节能60%以上。基于该技术，有望建成全球首套离子液体法CO_2捕集工业示范装置。届时将实现CO_2捕集率大于90%，CO_2纯度大于99%，投资及捕集成本较传统MEA工艺降低30%[15]。

表1.4 离子液体捕集CO_2技术优缺点对比[15]

<table>
<tr><th colspan="2">技术类型</th><th>优点</th><th>缺点</th></tr>
<tr><td colspan="2">离子液体直接用于捕集CO_2</td><td>结构灵活、可修饰性强、避免了溶剂损失问题</td><td>制备过程复杂、吸收流程长、设备占地大</td></tr>
<tr><td colspan="2">离子液体与吸附相结合捕集CO_2</td><td>能耗低、捕集效率高</td><td>吸附容量和吸附选择性存在竞争关系</td></tr>
<tr><td rowspan="3">离子液体与膜分离相结合捕集CO_2</td><td>负载型离子液体膜</td><td>捕集和解吸同步进行、溶剂使用量少</td><td>机械强度差、难以实际应用</td></tr>
<tr><td>聚离子液体膜</td><td>热稳定性好</td><td>制备效率低</td></tr>
<tr><td>离子液体混合基质膜</td><td>机械强度高、选择性强</td><td>存在界面效应</td></tr>
</table>

1.4.1.2 相变溶剂法

2009年，相变溶剂的概念首次被提出，相变溶剂通常可被分为液液相变溶剂和液固相变溶剂。其中，液液相变溶剂是指溶剂吸收CO_2后形成两个不互溶的液相层（见图1.10），根据两个液相层负载CO_2量的不同，将其分为富液层和贫液层，后续只需将富液层进行再生，与传统胺液法相比，大大减少了再生能耗。液固相变溶剂则是当溶液吸收CO_2后，会有包含CO_2的固体析出物产生，然后将固体析出物分离、热解，释放出 CO_2 完成再生[15]。

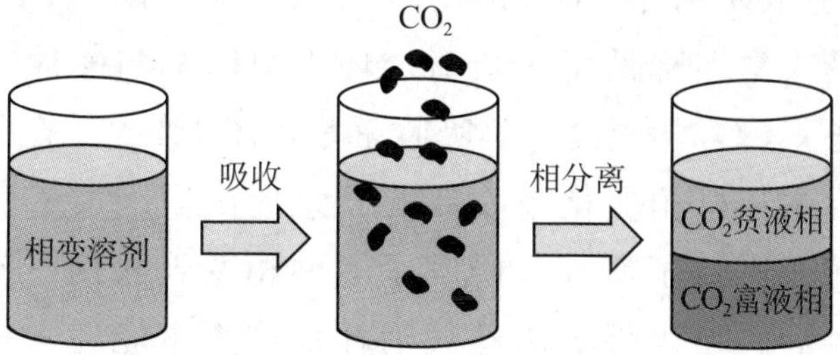

图 1.10　相变溶剂法吸收 CO_2 示意[15]

（1）液液相变

在液液相变体系中，吸收 CO_2 超过 90% 的富液层要被分离再生，而贫液层则直接进入吸收塔完成循环使用。Ye 等通过高通量筛选，选出用于 CO_2 吸收的约 50 种胺基水溶液混合物。Zhou 等报道了包含主吸收剂（多胺）和分相剂（2-二乙基氨基乙醇）的双相溶剂，均为非常有应用前景的相变溶剂。

（2）液固相变

在液固相变体系中，溶液吸收 CO_2 后有固相产物析出，形成液固两相，只需将富集 CO_2 的固相进行再生。目前，液固相变吸收剂主要包括氨基酸盐溶液、冷氨溶液、碳酸钾溶液等水性溶剂。以 K_2CO_3 溶液为例，吸收 CO_2 后生成 $KHCO_3$ 晶体，将 $KHCO_3$ 晶体热解再生释放出 CO_2 后完成 K_2CO_3 的再利用。在此过程中，通常会加入哌嗪等活化剂以提升反应速率，并且哌嗪的加入使得其能耗降低了 20%～30%，相较传统的单乙醇胺法，能耗降低了 37%。但液固相变过程存在堵塞、热效率低以及吸收效率低等问题。

（3）砜胺法相变

除以上两种典型的相变溶液外，还有砜胺法相变溶液。醇胺是应用最广的酸气吸收剂，具有吸收速率快、负载大、价格低等优势，但也存在再生能耗过高的不足。因此，研发基于醇胺的相变溶液具有非常重要的工业应用价值。

将环丁砜加入醇胺溶液进行 CO_2 捕集时可出现相变。2020 年，Wang 等报道了使用环丁砜和单乙醇胺吸收技术用于 CO_2 捕集，同时提高了吸收率，降低了热负荷。环丁砜因其与酸性气体的强亲和力而促进了 CO_2 的吸收，其吸收率是传统 MEA 工艺的 2.7 倍。

综上所述，自相变化吸收剂的概念提出后，大量科研人员对多种相变溶剂进行了研究，研发了多种相变吸收剂，该技术通过减少再生溶剂的量来降低水蒸气消耗量和再生能耗，具有较好的经济性。因此，相变溶剂法在替代传统醇胺溶剂方面展现出更有潜力的应用前景。

1.4.1.3 物理吸收法

1.4.1.3.1 物理吸收法技术分析

物理吸收法的原理是 CO_2 在吸收剂中的溶解度随着压力和温度的变化而变化，因此通过交替改变 CO_2 与吸收剂之间的操作压力及操作温度，使 CO_2 更易被溶剂吸收和解析，进而分离出较高纯度的 CO_2。该过程中没有化学反应发生，因此消耗的能量也相对较少。多数情况下，有机溶剂中 CO_2 的溶解度随着压力增加和温度下降而增大，反之则减小。性能优异的吸收剂是物理吸收法的关键，评价吸收剂性能的主要指标为 CO_2 的溶解度大小、选择性高低、沸点高低、腐蚀性及毒性强弱、化学性能的稳定性等。工业中经常应用的吸收剂有丙烯酸酯、*N*- 甲基 -2-D 吡咯烷酮、甲醇、乙醇、聚乙二醇及噻吩烷等，均为高沸点有机溶剂，目的是减少溶液损耗和蒸汽的外泄[13]。

1.4.1.3.2 物理吸收法技术关键

物理吸收法的技术关键是选用的吸收剂必须对 CO_2 的溶解度大、选择性好、无腐蚀、性能稳定。

1.4.1.4 吸收法应用研究进展

液胺吸收法作为最成熟的碳捕集工艺，已实现商业化应用。目前，市面上主要的商用胺吸收工艺有美国 Kerr-McGee 公司和 ABB-Lummus Crest 公司的 Kerr-McGee/ABB Lummus Crest（KMALC）工艺、美国 Fluor 公司的 Econamine FG Plus（EFG+）工艺、日本三菱重工的 Kansai Mitsubishi Carbon Dioxide Recovery（KM-CDR）工艺和荷兰皇家壳牌集团的 Cansolv 工艺。

中国也相继开展了燃煤电厂的碳捕集工业示范项目，如南化集团研究院在胜利电厂 4 万 t/a 的碳捕集装置上测试了新型混合胺吸收剂，再生能耗相比 MEA 法降低了 30% 以上，并成功应用于多套工业装置；2020 年 9 月由中国华能集团清洁能源技术研究院有限公司（简称华能清洁能源研究院）自主研发的国内首套 1000t/a 相变型 CO_2 捕集工业装置在长春热电厂实现了连续稳定运行，再生热耗低于 2.3GJ/t CO_2，相比 MEA 法降低 45% 以上。

化学吸收法由于其二氧化碳处理能力高、可靠性强以及前期在工程应用中积累了大量的经验，被认为是最成熟和最具商业可行性的碳捕集技术之一。然而，该技术仍然面临着巨大的挑战，例如：溶剂再生能耗高、热稳定性差、腐蚀性高等。目前，还没有任何一种溶剂能够同时兼顾二氧化碳捕集的所有优良特性。因此，开发具有高二氧化碳捕获性能和低操作成本的新型吸收剂是未来研究的重点和热点。

此外，现有的研究还主要集中在提高吸收剂的二氧化碳吸收能力上，但在实际的工业烟气中还含有烟尘颗粒物、二氧化硫、氮氧化物、重金属、硫化氢等杂质，这些杂质的存在将可能影响溶剂的吸收性能。因此，在后续的研究和工业实践中，除了考虑吸收剂的溶解度、传质、再生、腐蚀等性能指标外，还应着重提高稳定性和抗杂质能力，使其能够承受真实烟气环境下长期存在的多种杂质成分，延长使用寿命。

1.4.2　吸附法

吸附法利用具有选择性吸附能力的多孔介质完成 CO_2 的选择

性吸附，再通过解吸的方式分离得到CO_2。该类方法在吸附CO_2的过程中没有污染物产生，且CO_2回收率高，在应用中存在的缺点就是再生能耗需求很高。根据吸附、解吸方法的差异，工业上将吸附工艺分为变压吸附（Pressure Swing Adsorption，PSA）、变温吸附（Temperature Swing Adsorption，TSA）和变电吸附（Electric Swing Adsorption，ESA）等。

吸附法吸附CO_2的吸附剂需要具备以下3个条件：①吸附剂优先选择吸附CO_2；②吸附剂有较高的CO_2吸附容量；③吸附剂的使用寿命较长，有较高的商业价值。CO_2的吸附剂可分为物理吸附剂和化学吸附剂。

1.4.2.1 吸附法技术分析

吸附分离是基于气体或液体吸附质与吸附剂表面活性位点的分子间相互作用来实现的。在吸附过程中流动气体或液体中的1种以上成分被吸附在吸附剂表面由此实现成分的分离。相较于其他分离方法而言，变压吸附法脱除CO_2工艺过程简单、易于操作、能耗低、再生性强、无腐蚀、无污染，具有明显的大规模工业化应用优势。主要问题是吸附剂吸附容量有限，吸附解吸频繁。吸附剂对吸附质的吸附分离机理是：①立体效果。在吸附剂内部限制细孔的形状和大小，只允许尺寸小于孔径的气体分子吸附在细孔内，不吸附大于孔径的气体分子。②动力效果。吸附剂对混合气体中各组分的吸附速率不同，吸附速率大的可以快速吸附，反之则吸附慢。③平衡效应。吸附剂对各组分的平衡吸附量是不同的，吸附量小的先达到饱和。

1.4.2.2 吸附法技术关键

吸附剂作为整个反应的核心，根据种类的不同，可分为物理吸附材料和化学吸附材料吸附剂。活性炭、沸石分子筛等物理吸附剂通过它们特有的笼状孔结构将CO_2吸附在吸附剂表面，这些吸附剂具有无毒、比表面积大、相对廉价且容易获得的优点。但是这种吸附剂多应用于常温或低温吸附，吸附选择性低，吸附过程受 H_2O 的影响较大，再生能耗较大。化学吸附剂利用吸附剂表面化学基团与 CO_2 分子反应结合，从而达到吸附分离 CO_2 的目的，目前研究较多的是多孔材料的表面改性。活性炭、碳纳米管、X 型沸石分子筛、硅胶、金属氧化物、聚酯系多孔材料及分子筛（MCM 系列、SBA 系列及 KIT 系列）等适用于中高分压和中浓度气源。

1.4.2.3　变压吸附

变压吸附于 1942 年由 H. kahle 在德国申请的专利中提出，是通过改变压力使得气体组分在吸附剂上完成吸附和解吸的一种技术。目前，PSA 技术在工业上应用较广，其工艺流程如图 1.11 所示。

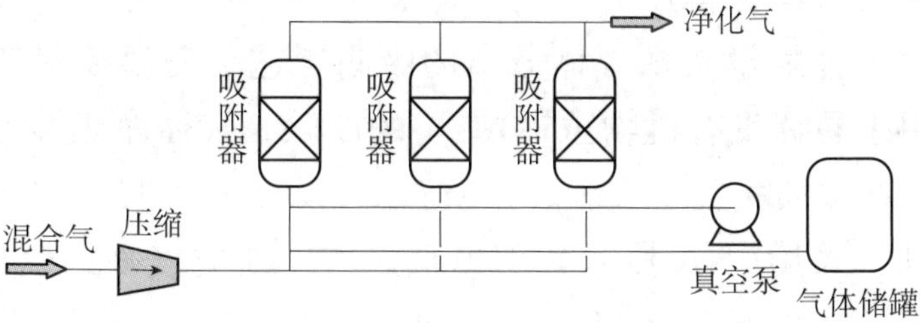

图 1.11　变压吸附工艺流程 [18]

作为一种干法技术，PSA 对于不同类型的原料气适应性广，工艺流程简单，没有腐蚀与污染问题，且能耗低，消除了湿法分离技术的周期性升温、降温问题，节省了溶液再生的能耗。但 PSA 也存在一定的技术瓶颈，如吸附容量低导致 CO_2 回收率低。因此，在使用该技术时需要大量的吸附剂，造成吸附、解吸过程频繁等。

国内的变压吸附技术首先由西南化工研究设计院开发获得。首套从石灰窑气中提纯 CO_2 的装置于 1987 年在四川眉山氮肥厂投入运行；1995 年，宁波化肥厂建成变压吸附装置，用于从合

成氨变换气中回收 CO_2；2005 年，四川开元科技有限责任公司改进了变压吸附脱碳技术工艺流程，优化了设备配置，并在自动控制系统方面取得了较大的进步[17]。2021 年，朱荣教授主持完成的“二氧化碳绿色洁净炼钢技术及应用”项目技术先后应用于首钢京唐钢铁联合有限责任公司（以下简称首钢京唐公司）、甘肃酒钢集团宏兴钢铁股份有限公司等多家钢铁单位。在首钢京唐公司建成了世界首条钢铁工业 CO_2 循环利用示范产线，该产线采用变压吸附技术回收石灰窑尾气中 CO_2 气体，年回收量 5 万 t，并通过 CO_2-O_2 混合喷吹技术应用于 300t 转炉，吨钢回收减排 30kg 二氧化碳、减低能耗 6kgce（kgce，1kg 标准煤的能量），取得了显著的经济及社会效益，是低碳技术的成功范例。

1.4.2.4 变温吸附

变温吸附是保持压力不变、低温吸附、高温解吸的气体分离技术，是一种最早实现气体分离的吸附工艺。变温吸附在工业上主要应用于易挥发有机物（VOCs）的脱除、气体净化等方面，在 CO_2 捕集领域的相关研究较少。Merel 等以 5A 和 13X 沸石分子筛为吸附剂，采用 TSA 技术处理模拟烟气。研究发现，以 5A 沸石分子筛为吸附剂时的 CO_2 回收率为 83%，纯度为 98%（体积分数），而 13X 沸石分子筛则由于和 CO_2 的强相互作用，导致其吸附容量低于 5A 沸石分子筛。此外，Lively 等研发出一种利用中空纤维分离 CO_2 和 N_2 的快速变温吸附工艺，该工艺由于中空纤维的孔道特性，可将循环时间大大缩短。

1.4.2.5 变电吸附

变电吸附利用电流通过吸附床时的焦耳效应加热吸附材料完成其再生，本质上也属于变温吸附的一种。目前，使用 ESA 技术脱除 CO_2 的相关研究较少。

通常认为 PSA 技术应用于烟气中 CO_2 体积分数大于 10% 时才

具有经济性。与此同时，ESA 则在处理体积分数为 1.1% 的 CO_2 时就有显著的经济优势。基于多孔碳材料优良的导电性能，其通常被用作 ESA 法的吸附剂，但存在对 CO_2 选择性低和吸附容量差的问题，导致分离效果达不到预期。除此之外，当以不良导体如沸石分子筛等材料为吸附剂时，需要在吸附床加入导电介质，这一过程也会降低吸附床的利用率。综上可知，持续开发具有 CO_2 吸附量高、导电性好的吸附剂是 ESA 法脱碳未来发展的重点方向与挑战 [17]。

1.4.2.6　吸附法应用研究进展

不同种类的吸附剂具有不同的结构、组成、吸附机理和性能。近年来，人们对高性能的吸附剂开展了大量研究。Cao 等采用水热法合成了锆金属有机框架 UiO-66 和 GO 的新型复合材料 UiO-66@GO，并在室温下测试了其对 CO_2 的吸附性能。结果表明，复合材料的吸附能力明显高于 UiO-66 样品，在 298K 和 100kPa 时吸附容量为 3.37mmol/g，比 UiO-66 增加了 48%。Ma 等分别采用硅藻土、固体 SiO_2 和气相 SiO_2 作为硅前驱体合成了 3 种 Li_4SiO_4 粉末，筛选得到气相 SiO_2 制备的 Li_4SiO_4 粉末在 20 次循环反应中的平均吸附容量为 8.4mmol/g，具有较高的吸附性能；同时采用气相 SiO_2 制备的 Li_4SiO_4 粉末，以聚乙烯为造孔剂，通过挤出滚圆技术制备了球形 Li_4SiO_4 颗粒。结果表明，球形颗粒在 40 个实验循环中的 CO_2 吸附能力基本稳定在 7.0mmol/g，并具有出色的抗压强度（煅烧后 27.5MPa）和优异的耐磨性（10h 磨损实验中质量损失率仅为 1.01%）。

目前，对于固体吸附分离技术的放大应用还主要处于中试研究阶段。Zhang 等采用固体胺吸附剂（聚乙烯亚胺浸渍介孔二氧化硅载体），在鼓泡流化床反应器上采用模拟烟道气进行了连续脱碳实验。结果表明，制备的吸附剂的再生热为 2360J/gCO_2，远低于典型的 MEA 吸收工艺。因此，固体吸附分离技术是最有可能实现低能耗碳捕集的有效方法之一。但同时有研究表明，与液胺吸收法相比，只有当固体吸附剂的工作吸附量≥3mmol/g时，吸附剂捕集系统才可将捕集能耗降低30%～50%。

综上，对比化学吸收法，固体吸附分离技术是一种具有较大潜力和应用前景的低能耗碳捕集技术。目前，固体吸附剂的研究重点主要基于新型高效复合吸附剂的开发，离真正实现工业应用还有较大差距，依然面临着较多的技术挑战，如：对于大型排放源的燃烧后捕集，还存在捕集能力或选择性较低，成本较高、动力学较慢和对水分敏感等问题。因此，在固体吸附剂分离技术工业化之前，还需要对固体吸附剂的性能提升和工艺设计进行更多的研究，探索新的、廉价的、能够在真实的烟气环境中可靠的、大量循环运行的高效吸附剂和工艺技术，以满足经济高效的碳捕集需求。

1.4.3 膜分离法

1.4.3.1 膜材料分类

膜材料根据材质可分为聚合物膜、无机膜及混合基质膜。聚合物膜种类繁多，具有优异的成膜能力和可加工性，易大面积制造，是目前发展较快、使用较为广泛的膜分离材料之一。聚合物膜材料又可进一步分为橡胶态（高于玻璃化转变温度的聚合物）聚合物膜和玻璃态（低于玻璃化转变温度的聚合物）聚合物膜。橡胶态聚合物膜以有机硅橡胶为代表，常见的有天然橡胶、聚4-甲基-1-戊烷、聚二甲基硅氧烷等，其优点是分子链较为柔软灵活，气体渗透性能较好，但缺点是CO_2分离选择性较低，单独使用时分离效果较差，且在高压下容易形变膨胀；玻璃态聚合物膜因分子链堆砌紧密、移动性差，使材料成膜后对于气体的选择性较高，被广泛应用于商用膜系统。常见的聚合物材料包括聚丙烯酸酯、聚碳酸酯、聚酰亚胺和聚砜等，其渗透性与选择性见表1.5。

表 1.5　常见聚合物膜的渗透性与选择性[18]

类别	CO_2 渗透性 /bar	CO_2/N_2 选择性
聚丙烯酸酯膜	5 ～ 85	10 ～ 30
聚碳酸酯膜	5 ～ 110	15 ～ 26
聚酰亚胺膜	5 ～ 450	5 ～ 55
聚砜膜	5 ～ 110	10 ～ 33

其中，聚酰亚胺膜材料的综合性能最为优异，但还存在气体渗透通量较低、溶解性较差等问题。无机膜是指利用沸石、二氧化硅、金属等无机材料加工而成的固态膜。无机膜的优势在于可在高温、高压条件下使用，具有机械强度高、热稳定性好、化学性质稳定、使用寿命长等特点。沸石膜是无机膜中较为常见的一类，由于具有孔径均匀、硅铝比及表面性质可调的优点，可制备出不同结构、孔径和表面性质的沸石膜。但无机膜还存在加工性能差的问题，在大规模生产中难以制备出均匀、无缺陷的无机膜，因此，制造成本昂贵，成本约为相同面积聚合物膜的 10 倍。鉴于聚合物膜渗透性和选择性相互制约、易塑化老化，无机膜生产成本高、加工性能差，一种新型的混合基质膜（MMMs）受到广泛的关注和研究，其结构示意如图 1.12 所示，是无机填料以微粒或纳米粒子（离散相）的形式分散在聚合物基体（连续相）中，由于无机填料均匀分散在聚合物的分子链之间，增加了自由体积，为气体传输提供了通道，从而极大地提升了混合基质膜的渗透分离性能。

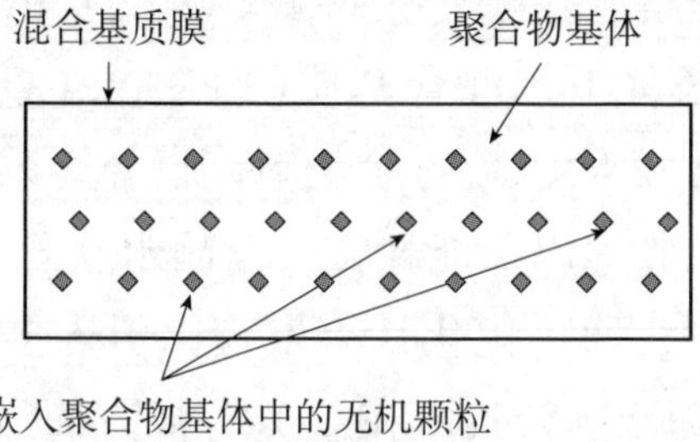

图 1.12　混合基质膜结构示意[18]

Chen 等开发了一种含有 MOF-801/ 离子液体的 PIM（自具微孔聚合物）基混合基质膜，该膜与纯 PIM-1 膜相比，CO_2 渗透率和 CO_2/N_2 选择性分别提高了 129% 和 45%（CO_2 渗透性为 9420bar，CO_2/N_2 选择性为 29），表现出良好的气体分离性能；此外，该膜材料经 90d 的老化实验后，渗透率仍保持在 70% 以上，且连续运行 120h 渗透率保持稳定，具有优异的抗老化、抗塑化性能和连续工作稳定性。Zhang 等将沸石咪唑盐骨架（ZIF-8）和羧基化碳纳米管（CNT）复合，并嵌入 Pebax 基质，制备了一种复合混合基质膜。结果表明，ZIF-8 与 CNT 的复合增加了混合基质膜的自由体积，提高了 CO_2 吸附性能（CO_2 渗透性为 225.5bar，CO_2/N_2 选择性为 48.9）。此外，CNT 和 ZIF-8 之间的相互作用为 CO_2 提供了快速的传输通道，并改善了混合基质膜的力学性能。

在工业中聚合物膜的应用最为广泛，膜材料的不同导致气体的分离机理和效果的不同。对气体有良好的选择性和渗透性是理想膜材料的改进目标。张卫风等借助于聚丙烯中空纤维膜（PP 膜）研究混合醇胺的 CO_2 传质速率，试验结果表明，当膜润湿程度增大时，CO_2 的传质速率减小，混合醇胺对 PP 膜的浸润性是 CO_2 传质性能的主要影响因素。Ma 等用小分子胺修饰聚合物聚乙烯胺（PVAm）制备载体膜，发现该载体膜对 CO_2 有良好的选择性，经过 300h 的稳定测试发现改性复合膜对 CO_2 吸附效果良好。

Cao 等将高度兼容的共价有机骨架（Covalent Organic Frameworks，COF）加入 PVAm 中并分散到聚砜超滤膜上制备混合基质膜 PVAm/COF，增加膜上孔隙，提高了 CO_2 的扩散系数，试验发现在压强为 0.15MPa 条件下，混合基质膜 PVAm/COF 对 CO_2 的渗透率高于单纯的 PVAm 膜对 CO_2 的渗透率。膜分离系统的优化主要体现在 CO_2 的纯度、回收率以及能耗方面。胡永欣等构建了膜–深冷耦合分离的超结构模型，通过优化计算发现，引入多段膜分离可有效避免能量损失，膜–深冷耦合技术在 CO_2 分离方面潜力巨大。由于高性能膜材料成本较高，其相关研究多处于实验室研究阶段，因此，与

其他捕集 CO_2 的方法相比，膜分离法距离工业化应用尚有距离。

1.4.3.2　膜分离法技术分析

膜分离法主要是根据膜材料对不同气体分子的溶解度和扩散速率不同，导致相对渗透率的差异，进而对某种特定气体进行分离。在膜分离过程中，分离膜两侧的气压差是推动气体分离的主要驱动力，当两侧压力差达到一定程度时，相对渗透率大的气体会从高压力侧优先通过分离膜到达低压力侧，而渗透率低的气体则会滞留在高压力侧。

1.4.3.3　膜分离法技术关键

膜分离法技术的核心是膜，膜的性能主要取决于膜材料和成膜技术。优质膜材料应具有较大的气体渗透系数和较高的选择性，既具有高分离性能还具有良好的化学稳定性、物理稳定性、耐微生物侵蚀和抗氧化等性能。这些性能都取决于膜材料的化学性质、组成和结构。

1.4.3.4　膜分离法应用研究进展

膜分离法具有环境友好、操作简单、设备投资少、占地面积小、分离纯度高等优点，在 CO_2 捕集领域具有广阔的应用前景和发展潜力。表 1.6 为不同种类的膜在材料成本、分离性能和使用寿命方面的优、缺点对比。膜材料的分离性能主要取决于膜性能、原料气组成、流速、工艺操作条件和分离要求等关键因素，应按照特定的应用场景来选择合适的膜材料。

表 1.6　不同种类的膜优缺点对比 [18]

膜种类	优点	缺点
聚合物膜	易制造，低生产成本，良好的机械稳定性，易实现规模扩大	热稳定性和化学稳定性的下降，易塑化，孔径不可控，渗透性和选择性相互制约

续表

膜种类	优点	缺点
无机膜	更高的化学、热和机械稳定性，孔径可调，使用寿命长	成本高，加工性能差，难以扩大规模
混合基质膜	较高的机械和热稳定性，减少塑化，能耗较低，良好的分离性能	聚合物基质与填料之间的界面相容性差，填料成本较高，难以规模化生产

近年来，膜分离技术在国内也得到了充分的研究，取得了阶段性进展。天津大学、中石化南京化工研究院有限公司和中国科学院大连化学物理研究所设计并建造了一个多功能中试规模的两级膜装置，用于从不同的模拟烟气中捕获二氧化碳。根据初始原料气中 CO_2 体积分数（分别为 14%、25%、35%）的不同，详细研究了不同条件下的捕集效率，CO_2 捕集率分别为 61.3%、60.7%、53.9% 时，产品气体 CO_2 纯度分别可达 78.5%、87.2% 和 96.3%。

此外，由天津大学、山东九章膜技术有限公司等多家单位承担的"膜法捕集 CO_2 技术及工业示范"项目，采用聚乙烯基胺膜材料对煤炭燃烧发电排出的烟道气进行二氧化碳的分离富集。目前，该示范装置正在南京建设，建成后将实现 CO_2 捕集率 $\geqslant$ 90%，产品纯度 $\geqslant$ 95%，日处理量达 50000Nm^3，年捕集量超 3000t 的烟道气碳捕集目标。膜分离技术是一种可以在燃煤电厂、水泥厂和钢铁厂等大型排放源中发挥重要作用的碳捕集技术，其在经济、安全、环境和技术方面具有一定竞争力，近年来已经得到了较快的发展。

然而，膜分离技术依然存在较多的技术难题需要攻克，如分离性能和成本等。尤其在较低的 CO_2 体积分数（$<$ 20%）下，由于膜内传递缺乏连续驱动力，须将气体进行压缩、多级分离等操作才能满足分离目标，因此增加了运行能耗，降低了捕集效率。此外，在目前的研究中还缺乏关于膜材料在长期工业条件下（气体组成、温度和压力）的有效性能参数信息，对 SO_x、NO_x、水、灰尘等常

见气体杂质的影响还未深入研究，限制了其工业推广进程。

因此，未来扩大膜分离技术在碳捕集中应用的重点研究方向应是开发具有更好选择性和渗透性平衡，易于加工、成本较低的膜材料；提高工艺效率，研究工业运行条件下的工艺性能，以加快实现在工业中的实际应用。

1.4.4　低温分离法

1.4.4.1　低温分离法技术分析

低温分离法是在低温条件下，通过相分离（物理）的手段将 CO_2 从烟气等混合气体中分离出来的一种方法，该法已用于天然气净化等领域。其优势在于分离过程无须化学试剂，无设备腐蚀风险，且 CO_2 能以液体形式回收，可极大地方便运输；此外，与其他分离技术相比，通过低温方法捕获的 CO_2 可获得更高的纯度（超过 99.9%）。高纯度 CO_2 产品可以通过催化或生物反应有效地转化为更有价值的化学品，也可用于工业食品、肥料等领域。因此，低温分离法捕集的 CO_2 产品可以免去额外的压缩处理。

1.4.4.2　低温分离法技术关键

低温分离是通过压缩、多阶段冷却气体混合物使得 CO_2 与其他气体组分发生相变，适用于气体组分沸点差异较大的混合气体。目前，低温分离法主要存在以下问题：①水蒸气、酸雾等存在干扰低温分离的过程；② CO_2 的相变过程比较复杂，相变过程中会形成固体导致设备堵塞，降低传质效率；③压缩、冷却单元的能耗较高。

1.4.4.3　低温分离法应用研究进展

2012 年，Song 等开发了一种基于斯特林制冷机系统的新型低温 CO_2 捕集工艺，并在实验室规模上通过模拟烟气进行了验证。

通过大量实验证明，该系统可以在没有溶剂和压降的条件下实现 CO_2 捕获。同时，可以从 3.4MJ/kg 的烟气中捕获 80% 以上的 CO_2。近年来，研究者们对低温分离法的研究主要集中在新型低温填充床系统和工艺等的开发，以获得连续、高效且低能耗的低温 CO_2 捕获系统。

目前，低温分离工艺在石油开采和天然气 CO_2 分离过程中应用较多，主要应用于高体积分数（通常超过 50%）和高压气体中的 CO_2 分离。但在燃烧后烟气的碳捕集中，低温分离法相比其他分离技术的劣势在于，其处理过程是在低温高压的条件下进行的，设备投资大、能耗高、成本高。据统计，分离 1t 液态 CO_2 需要消耗高达 650kW · h 的能量；且该法在水蒸气存在时易形成冰或固体 CO_2 笼形包合物，导致设备堵塞，因此，在分离前应尽量去除原料中的水，这带来了额外的成本和能耗。

然而，由于低温分离法可在压缩液体或固相中获得高纯度的 CO_2 产品，有利于运输、利用和存储，在环保方面又具有无化学试剂参与的优势，很多研究也建议与其他碳捕集方法结合形成混合捕集工艺（如低温吸附和低温膜等），从而达到高效节能的目的。未来，关于低温分离技术的研究将主要集中在通过改造设备和加强系统绝热来实现对低温 CO_2 捕获系统的改进，并设计、优化更高效的低温工艺[18]。

1.5 新型二氧化碳捕集技术

1.5.1 生物法

微藻利用被认为是最有前途的生物固碳技术之一。微藻的光合作用以 CO_2 作为主要碳源。微藻的生长速度比陆生植物快 50 ～ 100 倍。将微藻应用于 CCUS 系统，既可减少碳排放，又可生成生物能源，对环境友好，但需解决微藻菌株驯化和微藻再利用问题。Li 等通过 UV（紫外线）诱变技术驯化斜生栅藻，使其可耐受实际烟道气中 CO_2 的浓度，同时烟道气中的 NO_x 和 SO_x 可以有效地作为微藻生长的养分，甚至驯化菌株可以直接利用废水作为养料，实现 CO_2 固化与废水处理的耦合。虽然微藻 CCUS 目前没有竞争力，但随着菌株驯化和技术改良，以及产业政策的支持，有望实现规模化应用。

1.5.2　矿化法

CO_2 气体呈酸性，理论上所有碱土金属氧化物均可与其反应，使 CO_2 矿化。地壳中钙、镁元素含量约占地壳质量的 2% ~ 3%，若按 50% 的转化率计算，利用地壳中 1% 的钙、镁离子进行 CO_2 矿化，可矿化约 2.56×10^{15}t CO_2。利用工业废料经济性上更有优势，如磷石膏、氯化钙等。我国磷石膏每年副产约 8000 万 t，利用其中的钙离子进行 CO_2 矿化，每年可消纳 CO_2 约 2000 万 t。磷石膏矿化 CO_2 在国内有较多研究应用，仍需解决氨逃逸等二次污染问题[20]。

1.5.3　电化学法二氧化碳捕集

电化学法捕集二氧化碳的原理是利用苯醌在合适的溶剂相（有机溶剂或离子液体）中作为载体，当苯醌被还原或处于荷电状态时 CO_2 极易与之结合，而当载体被氧化时 CO_2 可以轻易地被释放。由于避免了再生的巨大能耗，因此电化学法是一种极具潜力的新型二氧化碳捕集方法。进一步研究和开发适用于此种氧化还原机制的载体材料是很有必要的。

1.5.4　生物酶法二氧化碳捕集

目前，已有较多关于生物酶催化转化 CO_2 的研究，利用碳酸酐酶将 CO_2 水合生成 HCO_3^-，可进一步在 Ca^{2+} 的参与下将其

以 $CaCO_3$ 的形式固定下来，或以甲酸脱氢酶（FDH）为催化剂将 CO_2 还原为甲酸，或通过液膜分离使 CO_2 富集。生物酶法是一种有前景的 CO_2 捕集方法，但游离的 Ca 价格昂贵、酶活稳定性差、难以重复回收利用使得该技术还不能工业化应用。

1.6 碳捕集技术对比与适用场景分析

1.6.1 碳捕集技术的对比分析与应用

CO_2 捕集技术成熟程度差异较大，目前燃烧前物理吸收法已经处于商业应用阶段，燃烧后化学吸附法尚处于中试阶段，其他大部分捕集技术处于工业示范阶段。燃烧后捕集技术是目前最成熟的捕集技术，可用于大部分火电厂的脱碳改造，国华锦界电厂开展的 15 万 t/a 碳捕集与封存示范项目正在建设，是目前中国规模最大的燃煤电厂燃烧后碳捕集与封存全流程示范项目。燃烧前捕集系统相对复杂，IGCC 技术是典型的可进行燃烧前碳捕集的系统。国内的 IGCC 项目有华能天津 IGCC 示范项目以及连云港清洁能源动力系统研究设施。富氧燃烧技术是最具潜力的燃煤电厂大规模碳捕集技术，产生的 CO_2 浓度较高（约 90% ～ 95%），更易于捕获。

富氧燃烧技术发展迅速，可用于新建燃煤电厂和部分改造后的火电厂。当前第一代碳捕集技术（燃烧后捕集、燃烧前捕集、富氧燃烧）发展渐趋成熟，主要瓶颈为成本和能耗偏高、缺乏广泛的大规模示范工程经验；而第二代碳捕集技术（如新型膜分离、新型吸收、新型吸附、增压富氧燃烧等）仍处于实验室研发或小试阶段，技术成熟后其能耗和成本会比成熟的第一代技术降低 30% 以上，2035 年前后有望大规模推广应用[21]。

主要 CO_2 捕集工艺见表 1.7。

表 1.7 主要 CO_2 捕集工艺 [21]

工艺	分类	吸收剂 / 其他	主要特点	成熟度	应用范围	适用
化学吸收法	醇胺法	一乙醇胺法、*N*- 甲基二乙醇胺法、空间位阻胺法、混合胺	吸收性能优异、CO_2 回收率高、适用范围广、运行稳定，但解吸能耗高、有腐蚀、有降解	工业应用，大规模示范	天然气、合成气、炼厂气、烟道气 CO_2 脱除	燃烧前及燃烧后
	热碳酸钾法	热碳酸钾溶液（氨基乙酸、硼酸、有机胺等为活化剂）	吸收能力强，性质稳定，但活化剂易损失，能耗高	工业应用	制氢、合成气、化工反应循环气 CO_2 脱除	
	离子液体法	咪唑基离子液体等、功能化离子液体等、离子液体与醇胺等、其他溶剂复配	性质稳定，不易挥发降解，但离子液体成本高、黏度大	中试设计建设阶段		
	氨基酸盐溶液法	氨基酸盐溶液	吸收能力强，性质稳定，不易挥发降解，但再生能耗高	中试阶段		
	液氨法	氨水、冷冻氨	吸收能力强，再生能耗低，不易降解，但挥发性强，易泄漏，易腐蚀	中试阶段		
	相变溶剂吸收法	相变吸收剂，富液和贫液分相，富液相再生	再生能耗低，溶剂价格高	中试阶段		
	钙基吸收剂法	石灰石等含有钙基的吸收剂	成本低，吸收容量高，吸收效果好，耐高温且钙源广	在试验过程中仍存在一些问题有待进一步探讨和研究		

续表

工艺	分类	吸收剂 / 其他	主要特点	成熟度	应用范围	适用
物理吸收法	碳酸丙烯酯法	碳酸丙烯酯	流程简单，能耗低，常温吸收再生，但溶剂易挥发，加压低温条件下更合适	工业应用	天然气、合成气等原料气 CO_2 脱除	燃烧前
	聚乙二醇二甲醚法	聚乙二醇二甲醚	性质稳定，低温吸收，吸收能力强，但溶剂价格高	工业应用	合成气等原料气 CO_2 脱除	
	低温甲醇洗法	甲醇	性质稳定，低温吸收，吸收能力强，净化度高，但溶剂有毒，流程复杂，对设备材质等要求高	工业应用	新型煤化工原料气 CO_2 脱除	
吸附法	变压吸附、变温吸附	物理吸附剂：多孔固体材料（活性炭、活性炭分子筛、活性炭纤维、分子筛、活性氧化铝、硅胶等）；化学吸附剂：金属氧化物类、类水滑石类、表面改性多孔材料	能够解决水蒸气耗热及捕集溶剂降解腐蚀等问题，但吸附剂的容量和 CO_2 选择性较低，成本偏高	工业应用，对于大规模的 CO_2 分离，吸附法还未能引起相应的关注	变换气中 CO_2 脱除	燃烧后
膜法	扩散、溶解、反应以及分子筛选择膜	多孔无机膜、钯膜、聚合物膜和沸石	通常不能实现深度的分离，须进行多个阶段和 / 或循环利用，导致复杂性、能耗和成本的增加	大规模 CO_2 捕集处于实验室研发阶段	天然气中 CO_2 脱除	燃烧后

1.6.2 国内碳捕集示范项目

在基础研究和技术开发的基础上，我国 CCUS 示范工程也取得了积极进展。从示范数量和技术类型来看，我国 CCUS 技术的工业示范过程经历了 3 个发展阶段：2004—2006 年是我国 CCUS 示范工程的起步阶段。2004 年，“中联煤层气驱替项目”在山西省沁水县投运，总计注入二氧化碳 1000t，成为我国第一个 CCUS 相关技术的示范项目。

2007 年，我国 CCUS 示范工程进入稳步发展期。2007—2015 年，示范工程数量以每年 1 ～ 2 项的速度递增，建成项目以捕集类和驱油驱气类项目为主，很多代表性示范工程在此期间投运。2008 年，北京华能热电厂碳捕集工程投入使用，成为我国第一个碳捕集类示范项目。同年投运的“中国石油吉林油田二氧化碳强化石油开采研究与示范”和次年投运的“中国石化中原油田二氧化碳埋存驱油示范工程”规模分别达到 64 万 t/a 和 50 万 t/a，前者是目前亚洲最大的运行中的二氧化碳驱油设施。2011 年，我国 CCUS 示范项目类型扩展到封存类技术项目，国家能源集团 10 万 t/a 的深层咸水层封存项目作为第一个全流程项目在鄂尔多斯市投运。该项目于 2016 年完成注入，总计封存二氧化碳 30 余万 t，目前仍在监测中。

从 2016 年开始，我国 CCUS 示范工程数量大幅增加，开始进入快速发展阶段。2016 年至今，几乎每年都有 4 ～ 5 个示范工程落成，示范技术类型也呈现多样化的发展趋势：捕集类项目的捕集源从电力和煤化工行业扩展到水泥、钢铁行业；利用类项目技术类型也从驱油驱气类拓展到微藻、矿化等生物、化工类。2016 年投运的北京市房山水泥厂烟气碳捕集项目是我国第一个水泥行业碳捕集示范工程。同年，在山东省烟台市、江苏省盐城市和内蒙古自治区鄂尔多斯市，同期开展了 3 项微藻固定二氧化碳示范项目，成为我国最早的生物利用类技术示范工程。2019 年，第一项化工利用类示范项目“钢铁渣综合利用实验室项目（一期）”在内蒙古自治区包头市开始实施。2020 年，四川大学开展的二氧化碳矿化脱硫渣关键技术与万吨级工业试验进一步将捕集源延伸到钢铁行业。

截至 2021 年 6 月，我国已投运和建设中的 CCUS 示范项目达

49个，已投运的项目有38个，15个属于捕集类示范项目，9个属于生物、化工利用类示范项目，14个属于地质利用与封存类示范项目。已投运的项目具备296万t/a的捕集能力和121万t/a的注入能力。与此同时，多项大规模示范项目正在规划中。中国石化胜利油田CCUS全流程示范项目在2022年投运，可实现年捕集封存二氧化碳百万吨以上；国家能源集团泰州电厂“二氧化碳捕集与资源化能源化利用技术研究及示范”项目，计划建设50万吨级燃煤电厂碳捕集装置，拟于2023年建成投产；中国石油新疆CCUS产业促进中心作为全球首批5个产业促进中心入选“CCUS撬动者计划”，预计2023年建设完成百万吨级项目，2030年项目规模将提升到千万吨级。国内已运营的万吨级CCUS示范项目见表1.8。

在取得积极进展的同时，还应该注意到以下问题：我国目前CCUS技术水平和项目规模还远不能满足实现碳中和目标的减排需求；我国CCUS示范还缺少大规模、全流程项目，难减排行业技术示范相对滞后，在海底封存、DAC和生物质能碳捕集与封存（Bio-Energy with Carbon Capture and Storage，BECCS）等方面的技术示范还存在空白[22-27]。

表1.8　国内已运营的万吨级CCUS示范项目[22]

项目	地址	规模	捕集类型	捕集技术	封存/利用	投运年份	现状
大庆油田EOR示范项目	黑龙江大庆	20万t/a	天然气处理	燃烧前（伴生气分离）	强化采油（EOR）	2003	运行中
中国石化华东油气田CCUS全流程示范项目	江苏东台	4万t/a	化工厂	燃烧前	强化采油	2005	运行中
中联煤驱煤层气项目(柿庄)	山西沁水	0.1万t/a			提高煤层气采收率（ECBM）	2004	运行中

续表

项目	地址	规模	捕集类型	捕集技术	封存 / 利用	投运年份	现状
中联煤驱煤层气项目（柳林）	山西柳林	0.1 万 t/a			提高煤层气采收率	2012	运行中
中国石油吉林油田 EOR 示范项目	吉林松原	一阶段 15 万 t/a，二阶段 50 万 t/a，实际注入 30 万 t/a	天然气处理	燃烧前 MEA 吸收（伴生气分离）	强化采油	2008/2017	运行中
华能高碑店电厂捕集试验项目	北京	0.3 万 t/a	燃煤电厂	燃烧后（化学吸收）	食品行业利用	2008	运行中
华能石洞口电厂碳捕集项目	上海	12 万 t/a	燃煤电厂	燃烧后（化学吸收）	工业利用与食品行业利用	2009	间歇式运行
中国石化胜利油田 EOR 项目	山东东营	一阶段 4 万 t/a，二阶段（20 ～ 100）万 t/a	燃煤电厂	燃烧后胺吸收（南化研究院复合胺捕集溶剂）	强化采油	一阶段 2010	运行中
中电投重庆双槐电厂碳捕集示范项目	重庆	1 万 t/a	燃煤电厂	燃烧后（化学吸附）	工业利用	2010	运行中
国家能源集团鄂尔多斯咸水层封存项目	内蒙古鄂尔多斯	10 万 t/a	煤制油	燃烧前（低温甲醇洗）	咸水层封存	2011	
连云港清洁能源动力系统研究	江苏连云港	一期 3 万 t/a；二期 100 万 t/a，50 万 t/a 用于生产尿素和纯碱，50 万 t/a 进行咸水层封存	燃煤电厂	燃烧前	盐水层封存	一期 2011	一期运行中
国电集团 CO_2 捕集和利用示范工程	天津	2 万 t/a	燃煤电厂	燃烧后（化学吸附）	食品行业利用	2012	运行中

续表

项目	地址	规模	捕集类型	捕集技术	封存 / 利用	投运年份	现状
延长石油陕北煤化工 5 万 t/a CO_2 捕集与示范	陕西榆林	5 万 t/a	煤制气	燃烧前（低温甲醇洗）	强化采油	2013	运行中
华中科技大学 35MW 富氧燃烧示范	湖北武汉	10 万 t/a	燃煤电厂	富氧燃烧	市场销售、工业应用	2014	间歇式运行
华能绿色煤电 IGCC 电厂捕集利用和封存	天津	10 万 t/a	燃煤电厂	燃烧后（化学吸收）	EOR 及地质封存	2015	运行中
中国石化中原油田 CO_2-EOR 项目	河南濮阳	50 万 t/a，注入 10 万 t/a	化肥厂	燃烧前（化学吸收）	强化采油	2015	运行中
克拉玛依敦华石油 - 新疆油田 EOR 项目	新疆克拉玛依	10 万 t/a，注入 2 万 t/a	甲醇厂	燃烧前（化学吸收）	强化采油	2015	运行中
长庆油田 EOR 项目	陕西榆林	5 万 t/a	甲醇厂	燃烧前	强化采油	2017	运行中
海螺集团芜湖白马山水泥厂 5 万 t/a CO_2 捕集与纯化示范项目	安徽芜湖	5 万 t/a	水泥厂	燃烧前（化学吸收）	食品级和工业级 CO_2 产品	2018	运行中
华润电力海丰碳捕集测试平台	广东海丰	2 万 t/a	燃煤电厂	胺吸收法（荷兰壳牌）和膜分离法（美国 MTR 公司）测试	食品级液态 CO_2，未来利用 EOR 及地质封存	2019	运行中
华东油田江苏华扬液碳项目	江苏南京	10 万 t/a	CO_2 液化厂	燃烧后（低温甲醇洗）	CO_2-EOR	2020	运行中

1.7 小结

CO_2 捕集技术指利用吸收、吸附、膜分离、低温分离、富氧燃烧等方式将不同排放源的 CO_2 进行分离和富集的过程，是 CCUS 技术发展的基础和前提。现阶段，我国第一代捕集技术研究取得了显著进展，大部分技术已从概念或基础研究阶段发展到工业示范水平，部分技术已经具备商业化应用能力，但大规模系统集成优化缺乏工程经验；第二代捕集技术处于实验室研发或小试阶段 [27-30]。

我国燃烧前捕集技术发展比较成熟，整体上处于工业示范阶段，与国际先进水平同步；燃烧后捕集技术处于中试或工业示范阶段，相比国际先进水平发展有所滞后，特别是对于目前 CO_2 捕集潜力最大的燃烧后化学吸收法，国际上已经处于商业化应用阶段，我国仍停留在工业示范阶段。富氧燃烧技术方面国内外均处于中试阶段，整体发展较为缓慢，尤其是增压富氧燃烧技术仍处于基础研究阶段。随着第二代低成本捕集技术的不断发展成熟，成本与能耗将明显低于第一代捕集技术；为了进一步降低 CO_2 捕集成本，捕集技术的代际更替应加快推进。

参 考 文 献

[1] 中国环境报电子报 . 推进“1+N”政策体系落实，形成减污降碳激励约束机制 (cenews.com.cn)[EB/OL]. (2022-03-28).

[2]Keith D W, M Ha-Duong, J K Stolaroff. Climate Strategy with CO_2 Capture From the Air[J]. Climatic Change, 2006, 74(1-3): 17-45.

[3]Wilson S M W, F H Tezel. Direct Dry Air Capture of CO_2 Using VTSA with Faujasite Zeolites[J]. Industrial & Engineering Chemistry Research, 2020, 59(18): 8783-8794.

[4] 陈璐菡，徐金球，孙志国 . CO_2 捕集技术的研究进展 [J]. 上海第二工业大学学报，2020, 37(1): 8-16.

[5] 干涛，董昊，侯成龙，等 . 直接空气捕集 CO_2 吸附剂综述 [J]. 浙江大学学报：

工学版, 2022, 56(3): 462-475.
[6] 梓霞, 王陈魏, 云志, 等. 燃烧前 CO_2 捕集技术研究进展 [J]. 化工进展, 2014, 33(7): 1895-1901.
[7] 佚名. 基于 IGCC 的燃烧前 CO_2 捕集技术与工程示范 [J]. 高科技与产业化, 2021, 27(6): 44.
[8] 郑楚光, 赵永椿, 郭欣. 中国富氧燃烧技术研发进展 [J]. 中国电机工程学报, 2014, 34(23): 3856-3864.
[9] 王岩. 富氧燃烧技术应用关键问题探讨 [J]. 科技传播, 2014, 6(9): 92, 90.
[10] 鲁博文, 张立麒, 徐勇庆, 等. 碳捕集、利用与封存 (CCUS) 技术助力碳中和实现 [J]. 工业安全与环保, 2021, 47(增 1): 30-34.
[11] 李振山, 陈虎, 李维成, 等. 化学链燃烧中试系统的研究进展与展望 [J]. 发电技术, 2022, 43(4): 544-561.
[12] 王金星, 孙宇航. 化学链燃烧技术的研究进展综述 [J]. 华北电力大学学报 : 自然科学版, 2019, 46(5): 100-110.
[13] 李春雷. CO_2 捕集及其转化技术现状与煤化工产业碳减排路径探索 [J]. 中国煤炭, 2022, 48(8): 24-32.
[14] 王柯钦. 二氧化碳捕集、利用与封存技术应用研究 [J]. 新型工业化, 2022, 12(7): 212-215.
[15] 袁标, 沈鹏. 离子液体捕集 CO_2 的研究进展 [J]. 天然气化工—C1 化学与化工, 2022, 47(3): 1-7.
[16] 刘志刚. CO_2 捕集技术的研究现状与发展趋势 [J]. 石油与天然气化工, 2022, 51(4): 24-32.
[17] 温翯, 韩伟, 车春霞, 等. 燃烧后二氧化碳捕集技术与应用进展 [J]. 精细化工, 2022, 39(8): 1584-1595.
[18] 陆诗建, 张娟娟, 刘玲, 等. 工业源二氧化碳捕集技术进展与发展趋势 [J]. 现代化工, 2022, 42(11): 59-64.
[19] 惠武卫, 姬存民, 赵合楠, 等. 低浓度 CO_2 捕集技术研究进展 [J]. 天然气化工—C1 化学与化工, 2022, 47(4): 19-24, 98.
[20] 黄晶, 马乔, 史明威, 等. 碳中和视角下 CCUS 技术发展进程及对策建议 [J]. 环境影响评价, 2022, 44(1): 42-47.

[21] 马利海 , 张建利 , 郭庆杰 . 化学链燃烧 CO_2 捕集与活化耦合技术研究进展 [J]. 宁夏工程技术 , 2022, 21(1): 28-33.

[22] 阮并元 . CO_2 捕集技术之溶剂吸收技术 [J]. 石油石化绿色低碳 , 2021, 6(5): 75.

[23] 王栋 . CO_2 捕集与资源化利用技术研究进展 [J]. 化工环保 , 2021, 41(4): 481-484.

[24] 罗金妮 , 于庆波 , 韦梦祺 , 等 . 固体吸附剂在 CO_2 捕集中的应用 [J]. 粘接 , 2021, 46(5): 46-49.

[25] 杨远欣 . CO_2 捕集及利用技术的前景与挑战 [J]. 化工管理 , 2017(31): 114-115.

[26] 张帅 . CO_2 捕集封存技术的应用与安全发展研究 [J]. 当代化工研究 ,2022(20): 93-95.

[27] 樊强 , 许世森 , 刘沅 , 等 . 基于 IGCC 的燃烧前 CO_2 捕集技术应用与示范 [J]. 中国电力 , 2017, 50(5): 163-167, 184.

[28] 杨支秀 , 鲁博 , 郭丁丁 , 等 . CO_2 捕集及分离方法研究现状与进展 [J]. 山东化工 , 2020, 49(18): 62-64.

[29] 北京中研华泰信息技术研究院 . 中国 CCUS 技术发展现状及未来发展前景报告 2022—2027 年 [R]. 北京：北京中研华泰信息技术研究院 , 2022.

第2章　国外碳捕集技术

随着经济全球化的不断发展，人类对于能源的需求不断增加，大量化石燃料的燃烧造成 CO_2 大规模排放，其排放量占全球 CO_2 年排放量的95%，导致全球气温上升、极地冰层融化增加，从而引发一系列的气候变化。在当前能源结构中，化石能源仍占据主导地位，因此，CO_2 的捕集在“双碳”背景下就至关重要。

CO_2 捕集技术是指将工业过程中产生的 CO_2 进行分离和捕集，或者将氧气从空气中分离后用于富氧燃烧，提高烟气中 CO_2 浓度，继而降低其捕集难度及能耗的技术，以此实现 CO_2 的减排。根据 CO_2 从能源系统中分离的过程和集成方式的不同[1, 2]，国际上将 CO_2 捕集方式分为3大类：燃烧前捕集、燃烧后捕集和富氧燃烧，如图2.1所示。此外，直接空气捕集技术因其区别于上述3阶段的 CO_2 捕集技术，单列一节，便于分析和比较。下面将依次对各捕集技术进行介绍。

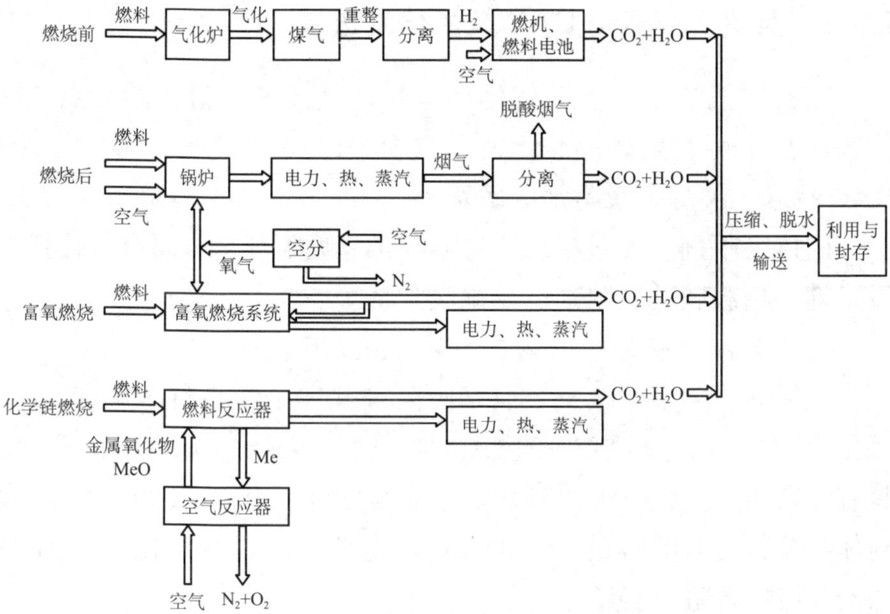

图 2.1　CO_2 捕集技术示意 [1]

2.1 直接空气捕集

2.1.1 DAC 技术特点

与烟气捕集 12kPa 的 CO_2 分压相比，空气仅 40Pa 的 CO_2 分压使膜分离、低温分离方法受到限制，由于溶液吸收与固体吸附对低分压 CO_2 具有较好的适应性，两者已成为 DAC 的主流方案 [3]。

以乙醇胺有机胺溶液为基础的化学吸收工艺已在烟气捕集领域得到广泛应用，但直接空气捕集的高气体处理量和低液气比，使得有机胺吸收技术存在胺液大量挥发、气相损失大、捕集成本显著增加等问题 [4]。较之化学吸收，固体吸附避免了吸收液加热的高额潜热，在减轻设备腐蚀性、抗降解方面优势明显。

2.1.2 典型研究机构 DAC 技术研发进展

直接空气捕集具有高气体处理量、气源相对清洁的特点，固体吸附技术可有效解决胺挥发、水损失的关键问题。因此，针对 DAC 技术，关键是吸附剂的研发。

固体吸附剂主要包括碱 / 碱土金属基吸附剂、金属有机框架类吸附剂、负载胺基吸附剂、变湿吸附剂等。

（1）苏黎世联邦理工学院 Nikulshina 团队

该团队针对碱 / 碱土金属基吸附剂开展了大量科学研究。碱 / 碱土金属的氧化物或氢氧化物，如 CaO、NaOH、$Ca(OH)_2$ 对 CO_2 具有强亲和力。该团队[5]利用热重实验分析了固体 $CaO/Ca(OH)_2$ 吸附体积分数为 0.05% 的 CO_2 的反应动力学，与 CaO 相比，$Ca(OH)_2$ 的产物层扩散阻力明显降低。

为了避免加热空气，Nikulshina 等[6]进一步探索 Na 基吸附剂在常温下碳酸化的可能性，4h 反应后固体 NaOH、Na_2CO_3 的转化率分别为 9%、3.5%，$Ca(OH)_2$ 反应 1h 后的转化率为 70%，但 Na 基材料的吸附速率降低 1 ～ 2 个数量级。由此，即便其捕集能耗与 Ca 基相比有大幅下降，仍很难在实际中得到应用。

（2）俄罗斯新西伯利亚州立大学节能技术中心 Veselovskaya 团队

该团队[7]提出，用多孔载体负载碱金属碳酸盐可有效提高吸附剂在超低 CO_2 分压下的吸附性能。在吸附温度为 25℃、解吸附温度为 150 ～ 250℃的循环中，负载质量分数为 6.8% ～ 14.8% K_2CO_3 的 γ-Al_2O_3、Y_2O_3 复合吸附剂捕吸附容量（定义为每克吸附剂吸附 CO_2 的饱和量，单位为 mmol/g）为 0.64 ～ 0.68mmol/g，介孔内碱性组分的均匀分布在一定程度上促进了 CO_2 气相传质与其界面反应，表明材料的解吸性能受多孔载体与碱性组分的共同影响。

该团队 2021 年研究了 K 基材料以介孔 ZrO_2 气凝胶为载体的

吸附剂，在 200℃以下实现完全解吸，再生温度的降低有助于捕集能耗的进一步下降[8]。

（3）美国加州大学伯克利分校 McDonald 团队

该团队主要研究 MOF 类吸附剂。MOF 具有超高比表面积、可调纳米孔道、不饱和金属位点等特性，使 MOF 仅依靠物理吸附和孔径筛分即可从空气中捕获 CO_2[9]。水汽的存在大幅削弱物理吸附作用，HKUST-1、Mg-MOF-74 系列 MOF 的载体在水汽作用下降解[10, 11]。

针对以上问题，采用将物理吸附 MOF 与化学吸附胺基耦合的方法，考虑到常用 MOF 如 M_2(dobdc) 的内部孔道过于狭窄，该团队[12]提出利用配体扩展的方法实现胺基修饰。结果表明，材料吸附容量为 2.05mmol/g 且经过 10 次变温再生循环后依然保持稳定，结构分析显示，胺基的引入造成 MOF 微孔特性的剧烈变化，如 *N*,*N*’- 二甲基乙二胺负载 M_2(dobdc) 的比表面积可由 3270m^2/g 减小至 70m^2/g。

（4）韩国高丽大学 Lee 团队

该团队从传质优化的角度出发，选用分子尺寸更小的乙二胺（en）进行胺基修饰[13]，产物 en-M_2(dobdc) 2.83mmol/g 的吸附容量为目前报道中的最高值，但 5 次变温再生循环后容量衰减 8%，反映出小分子嫁接的不稳定性。

（5）北京化工大学有机无机复合材料国家重点实验室密建国团队

该团队[14]报道了 Ni 基 MOF 复合聚丙烯酸酯的材料，通过在界面富集金属离子和有机配体以及非均相结晶，在大孔表面形成独特的双骨架结构，吸附速率较复合之前提高 2.42 倍，2000 次循环后降解率为 1.3%。

综上，关于 MOF 的研究尚处于起步阶段，其原材料成本存在不确定性（7 ～ 105 美元 /kg），虽然在短时间内实现规模生产存在一定难度，但是其发展潜力与可提升空间较大，未来应在官能团嫁接稳定性、金属基的选择、改善材料降解性等方面进行更为深入的研究。

（6）加拿大渥太华大学 Belmabkhout 团队

2002 年以来，越来越多的学者关注于将胺类作为 CO_2 吸附活性组分，并将其负载于多孔体以制成固态胺材料 [14]，即负载胺基吸附剂。

该团队 [15] 于 2010 年报道将聚乙烯亚胺有机胺负载于硅基多孔载体用于直接空气捕集，材料吸附容量达 0.98mmol/g 且在 150℃惰性气吹扫下实现完全再生。

与烟气 CO_2 捕集的醇胺溶液类似，固体胺基与 CO_2 反应的化学机理为在无水条件下，伯胺（RNH_2）与仲胺（R_1R_2NH）以物质的量比 2∶1 与 CO_2 反应，叔胺（$R_1R_2R_3N$）无 CO_2 反应活性；在有水条件下，伯胺、仲胺与叔胺均可以以物质的量比 1∶1 与 CO_2 反应 [16]。

普遍认可的负载胺基吸附剂分类方法，是根据胺基官能团与载体的结合方式将其分为 3 类：Ⅰ型为胺基以物理浸渍方式负载于载体，Ⅱ型为通过胺基与载体表面形成共价键将其化学嫁接于载体，Ⅲ型为胺单体以原位聚合方式嫁接于载体 [17]。

（7）美国哥伦比亚大学 Wang 团队

该团队主要研究变湿吸附剂。2009 年，Wang 等 [18] 报道了一类强碱性的季铵型离子交换薄膜，通过特殊的变湿吸附过程（Moisture Swing Adsorption，MSA）可实现 CO_2 直接空气捕集与再生。

与碱金属基或固态胺基吸附材料相比，变湿吸附全过程可在常温环境下进行，利用水的蒸发自由能作为 CO_2 再生的能量来源，主要优点是界面对 CO_2 具有较高的结合能力，且界面水对 CO_2 的吸附影响可控，通过改变环境中的水汽分压力可实现 CO_2 气体的吸附–脱附过程。图 2.2 所示为变湿吸附原理示意。图中，R 为 3 个甲基。

变湿吸附反应原理主要包括 3 个步骤：①在干燥环境下，吸附剂表面的碱性基团吸附 CO_2；②当吸附剂位于较高湿度环境下或水合度较高时 CO_2 释放；③解吸后的 CO_2 可利用或封存；湿润的吸附剂通过干燥再生，重新获得 CO_2 吸附能力。

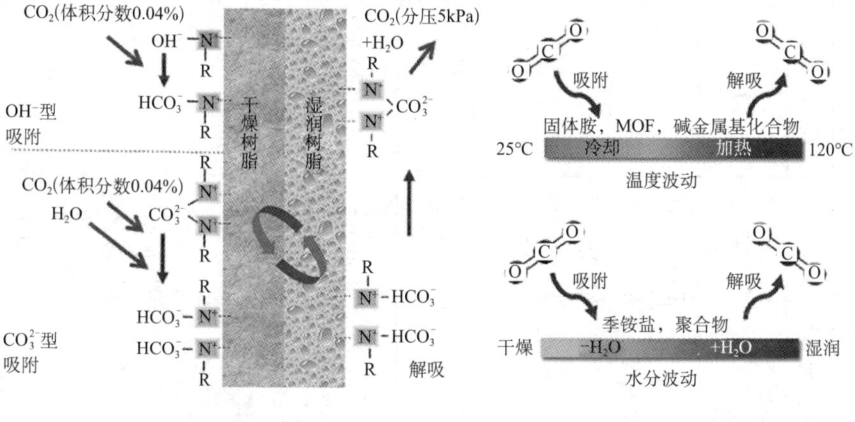

(a) 变湿吸附反应原理　　(b) 变湿再生与变温再生的比较

图 2.2　变湿吸附原理示意 [19]

与传统的烟气捕集不同，变湿吸附采用的材料、反应器结构及工艺流程是针对空气中超低 CO_2 分压、复杂湿度环境、移动式排放源等特性单独设计开发的。图 2.2（a）中 R 为季铵阳离子基团，其以共价键与骨架连接，并以离子键配对碱性阴离子如 CO_3^{2-}、OH^- 形成的聚合物通过独特的变湿吸附过程从空气中捕获 CO_2。

2.1.3　国外 DAC 技术应用案例

在 DAC 不断发展的 20 多年中，有诸多公司、高校的研究机构着眼于放大实验室成果，从小试、样机、中试逐步形成成型商业工厂的 DAC 示范规模。国外直接空气捕集示范项目的相关情况见表 2.1。表 2.1 中，E_{DAC} 为捕集能耗（以 CO_2 计）。

表 2.1 国外直接空气捕集示范项目相关情况[19]

研究机构	地点	年份	规模	循环过程	吸附 / 吸收剂	捕集量	E_{DAC}/(GJ/t)	费用 /（美元 /t）
Carbon Engineering	加拿大	2015	中试试点	TSA	高温溶液吸收（KOH）	1t/d	10	
Carbon Engineering	加拿大	2017	中试试点	TSA	高温溶液吸收（KOH）	捕获的 CO_2 用于生产液体燃料，产量为 1 桶 /d		
Carbon Engineering	加拿大	2023	商业工厂	TSA		1Mt/a		35 美元 /t 用于提高石油采收率，50 美元 /t 用于封存
特温特大学	荷兰	2019	样机	TSA	商业胺基聚合物 LewatitVPOC1065	0.004t/d	2.1 ～ 4.5	150 ～ 200
Climeworks	瑞士	2011	样机	变温真空吸附（TVSA）	氨丙基嫁接 NFC	2.47t/d		92
Climeworks	德国	2014	中试试点	TVSA	固体胺	80% 捕获的 CO_2 转化合成柴油		
Climeworks	瑞士	2017	商业装置	TVSA		900t/a		

续表

研究机构	地点	年份	规模	循环过程	吸附 / 吸收剂	捕集量	E_{DAC}/(GJ/t)	费用 /（美元 /t）
Oy Hydrocell	芬兰	2018	小试装置	TVSA	氨丙基嫁接 NFC	0.0038t/d		92
Carbfix	冰岛	2017	商业工厂	TVSA	世界上最大 DAC/增强风化耦合系统			
Climeworks + Carbfix	冰岛	2022	商业工厂	TVSA		4000t/a		
渥太华大学、莫纳什大学	澳大利亚	2020	样机	TVSA	MOF/ 聚合物纳米复合物涂敷	0.001t/d	5.76	35 ～ 350
Global Thermostat、佐治亚理工学院	美国	2018	商业工厂	S-TSA	胺基蜂窝陶瓷、MOF	10.96t/d	5.83 ～ 7.9	60 ～ 190
苏黎世联邦理工学院、莫纳什大学、上海交通大学		2020	实验室	S-TVSA	固态胺		2.3 ～ 7.6	
哥伦比亚大学、亚利桑那州立大学、浙江大学			样机	MSA	阴离子交换树脂			121.3

其中，瑞士 Climeworks 与加拿大 Carbon Engineering 公司起步较早，并均已建立商业示范级的工厂。

（1）瑞士 Climeworks

瑞士 Climeworks 是有史以来第一个以工业规模从空气中捕获 CO_2 并直接出售给买主的公司。该公司 2017 年建成的商业装置，每年可捕捉约 900t CO_2（近似于 200 辆汽车释放的 CO_2），按照这个速度，捕获全球 $CO_2$1% 的排放量，约需 25 座相当规模的工厂。美国麻省理工学院高级研究工程师 Howard Herzog 估计，这套空气捕捉系统的总成本约为每吨 $CO_2$1000 美元，大约是化石燃料工厂去除碳成本的 10 倍[20]。图 2.3 为 Climeworks 空气捕捉装置实物。

图 2.3　Climeworks 空气捕捉装置实物[20]

Climeworks 的直接空气捕捉装置，基于模块化的 CO_2 采集器系统。这些采集器可以以任何数量的配置组装起来，形成任何尺寸的设备，从环境空气中提取 CO_2。

其工作原理可初步分为以下几部分：①风扇将空气吸入设备

中，具有高选择性的过滤材料将 CO_2 与空气中的水分结合在一起。②当过滤器中充满 CO_2 后，它会被加热到大约 100℃。高温将 CO_2 释放出来，使其作为浓缩二氧化碳气体被收集。③除去 CO_2 的空气被释放回大气中。不断重复这个连续的循环，即达到 CO_2 直接空气捕集的作用。过滤器可以多次重复使用，持续数千次循环。

CO_2 随后可以进行出售，用于制造汽水、碳中和燃料或用作肥料。CO_2 还可以储存在地下，即将 CO_2 和水的混合物注入条件合适的岩层，通过碳固定流程进行的化学反应将 CO_2 转化为岩石。

（2）加拿大 Carbon Engineering 公司

加拿大 Carbon Engineering 所研制的工业生产方法能将 CO_2 从空气中提取出来，并率先将这种系统与氢气生产和燃料合成工艺整合起来，并与哈佛大学的研究人员合作，通过石灰石、氢气和空气，将处理 1t CO_2 排放所需的成本减少至 94 美元。这种技术可保护环境，同时可产生更多具有环保效益的液态燃料。

Carbon Engineering 与其合作公司 2023 年建立了第一个大型的商业工厂，每年捕获多达 1Mt CO_2 用于提高石油采收率[19, 20]。图 2.4 描述了 Carbon Engineering 空气捕捉技术的流程。图 2.5 展示了 Carbon Engineering 公司的中试装置。

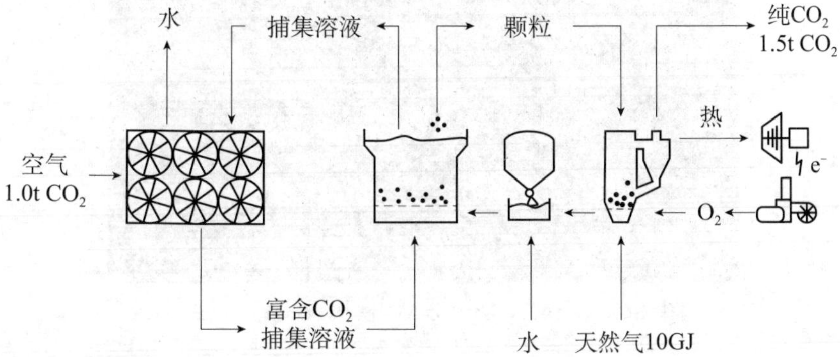

图 2.4　Carbon Engineering 空气捕捉技术流程[20]

图 2.5 Carbon Engineering 公司中试装置 [20]

（3）冰岛 Carbfix 公司

Carbfix 公司于 2017 年建立了世界上最大的 DAC/ 增强风化耦合系统，并与 Climeworks 公司达成突破性协议，将在冰岛的 ON POWER 地热园区建立年捕集量 4000t 的工厂。Carbfix 公司将捕捉的二氧化碳，依赖玄武岩的作用，使碳酸水能够与钙、镁、铁等元素在玄武岩中发生反应，形成填充地下岩石空隙的碳酸盐，从而封存二氧化碳。该公司的目标是在 2030 年永久储存 10 亿 t 二氧化碳。图 2.6 展示了 Carbfix 公司 DAC 模块及工作示意。

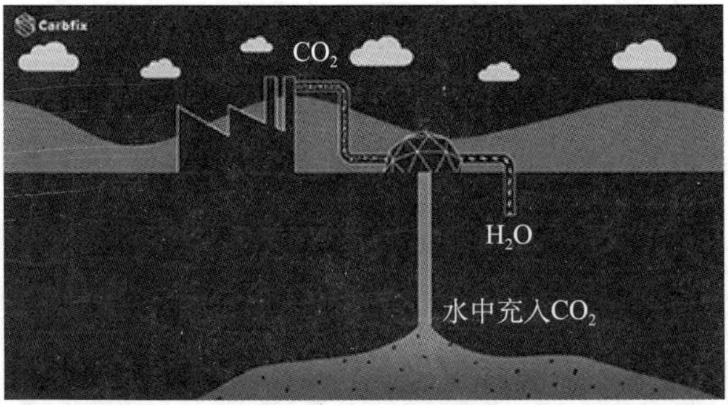

图 2.6 Carbfix 公司 DAC 模块及工作示意 [20]

（4）美国 Global Thermostat 公司

美国 Global Thermostat 公司则独辟蹊径，专注于所需的热量以及其穿过材料的速度，采用了更密致的设计，可以在很快的速率下释放和生产 CO_2，整体上成本更低[20]。

2.1.4　DAC 技术未来发展方向

自 1999 年 DAC 提出以来，研究者在吸附剂材料、吸附工艺设计优化研究中取得众多成果，其中以碱金属基吸收 / 吸附剂及有机胺负载吸附剂为代表的变温吸附技术发展至今仍未彻底解决高能耗、高成本问题。变湿吸附作为全新的再生机制，可以大幅降低碳捕集循环的理论能耗，但仍存在诸多不足。基于国内外学者的探索与研究，未来 DAC 技术（吸附剂）的发展需要关注以下几个方向。

①碱金属基的吸附剂受较高再生能耗的制约，虽然有一定数量的示范级规模，但是进一步的发展受限于传统的再生方式。可以考虑采用新兴的再生技术（如电化学再生），以期降低整套系统的能耗。负载胺类吸附剂虽然可选择的胺基材料和载体材料多样，但仍应从吸附容量、吸附动力学、低压降、再生方式、稳定性等方面综合考量，进一步开发高效的吸附剂。MOF 作为新兴的材料，具有较大的发展潜力，但相关研究仍处于起步阶段，未来仍应着眼于材料本身，在官能团嫁接稳定性、金属基的选择、改善材料降解性等方面进行深入研究。

②变湿吸附剂的相关研究长期受限于载体类型，材料的官能团密度和吸附容量普遍偏低，如何实现季铵官能团的高密度嫁接与活性位点的高效利用还有待探究；空气中 40Pa 的超低 CO_2 分压使得捕集过程中气相传质更为困难，传统的多孔构筑多聚焦于大孔，忽略介孔提供传质通道与微孔提供反应界面的作用，关于吸附剂的多孔构筑、表面官能团分布数量及形态等问题仍需进一步探索。

③在变湿吸附循环中，为了解决由于吸附材料亲水性造成的

再生过程高水耗及再生速率降低的问题，考虑从设计层面或工艺层面改善材料在复杂环境下的耐受性，调控材料的亲疏水性有待关注。

④对于 DAC 的经济性分析，研究者的方法各不相同，相关的成本考虑也不完全一致，为了统一和便于后续分析比较，建议采用生命周期评价（Life Cycle Assessment，LCA）、边学边做（Learning-by-doing）多种分析方法结合，对 DAC 系统进行完整的技术经济评价，分析其碳减排潜力，为碳中和的实现提供重要理论支撑。

2.2 燃烧前捕集

燃烧前捕集是在化石燃料燃烧前将 CO_2 进行分离的一种技术路线。该技术的主要原理是，在含碳化石燃料燃烧前先通过气化和重整等过程将其转化为以 CO 和 H_2 为主的混合气，再通过变换反应将 CO 转化为 CO_2，经过变换反应后 CO_2 的浓度得到提高，再通过相应的分离技术将富集后的 CO_2 分离和捕集出来。分离后，洁净的氢气进行燃烧发电。燃烧前分离捕集实质上是 H_2 和 CO_2 的分离 [20, 21]。

2.2.1 低温甲醇洗工艺

2.2.1.1 Rectisol 工艺技术特点

该工艺以冷甲醇作为酸性气体吸收液，利用甲醇在 -60℃左右的低温下对酸性气体溶解度极大的物理特性，同时分段选择性地吸收原料气中的 H_2S、CO_2 及各种有机硫等杂质 [22]。目前已成为酸性气体净化的一种极具发展前景的重要工艺技术。

①吸收能力大。甲醇在低温下，对 H_2S、CO_2 的溶解度较大，据计算，在 3.1MPa 的压力下，$1m^3$ 甲醇溶液能吸收 CO_2 160 ～ $180m^3$ [22]，而 $1m^3$ 聚乙二醇二甲醚（NHD）溶液仅能吸收

CO_2 40～180m^3，甲醇对 CO_2 的吸收能力是NHD溶液的4倍左右，在吸收等量酸性气体时低温甲醇洗的甲醇溶液循环量小，装置设备数量较少，总能耗较低。

②选择性好。低温甲醇洗能同时脱除 H_2S、CO_2 等杂质，特别是对 CO_2 和 H_2S 的选择吸收能力较强，而对 H_2S 的吸收速度和吸收能力又比 CO_2 大得多。酸性气体的脱硫脱碳可在两个吸收塔或同一个塔内分段选择性地进行，且回收的 CO_2 纯度能满足尿素生产的需要，从富含 H_2S 的尾气中可直接回收硫黄。

③净化度高。经低温甲醇洗脱硫脱碳后的净化气 CO_2 含量＜20μL/L，CO_2 产品纯度达99%以上，回收率≥63%，可有效地防止后续甲烷化、氨合成工序的催化剂中毒现象的发生，不需另外设置氧化锌脱硫槽等精脱硫设备。同时，在脱硫脱碳的过程中，H_2 等有效气体的损失也较少，仅为总 H_2 量的0.12%左右。

④操作费用低。甲醇溶液的化学稳定性和热稳定性好，黏度和腐蚀性小，不需加入消泡剂，在运行中不会被降解或分解，且使用补充量较少。低温甲醇洗装置虽然一次性投资费用较高，但由于生产运行中的能耗低，净化度高，因而在长期运行的总体经济性方面仍然优于NHD工艺，这也是目前有较多的新建装置选用该工艺的原因。

2.2.1.2　Rectisol 工艺适用场景

基于上节中总结的低温甲醇洗工艺技术特点，充分说明了低温甲醇洗工艺是一种节能型的成熟可靠的酸性气体净化工艺，具有吸收能力强、选择性好、净化度高、操作费用低等技术特点，特别适宜在氨合成、甲醇合成、羟基合成、工业制氢、城市煤气、天然气净化等大型工业化装置上使用。其中以煤和重油为原料的大型合成氨装置大多采用该净化工艺脱除酸性气体[23]。

目前，有为数不少的在建大型煤制合成氨、煤制甲醇-二甲醚等生产装置，通过对多种酸性气体净化工艺的分析比较，均选用了低温甲醇洗工艺，显示出该工艺良好的发展势头和广阔的应用前景。

2.2.1.3 典型国外 Rectisol 工艺应用案例及研究进展

（1）德国鲁奇公司

自 1954 年德国鲁奇（Lurgi）公司在南非 Sasol 公司的合成燃料厂建成世界上第一套工业化的低温甲醇洗示范装置以来，目前在国外已有近百套低温甲醇洗净化装置投入生产运行，特别是 20 世纪 70 年代开始，国外所建的以煤和重油为原料的大型合成氨装置大多采用该净化工艺脱除酸性气体。

林德低温甲醇洗工艺和鲁奇低温甲醇洗工艺的技术基础都是采用冷甲醇作为溶剂脱除酸性气体。但两个专利商在工艺流程设计、设备设计和工程实施上各有特点。鲁奇公司的低温甲醇洗工艺流程为谢（希）尔气化或鲁奇气化—脱硫—变换—脱碳，变换在脱硫和脱碳之间，而林德公司的低温甲醇洗工艺则是耐硫 CO 变换的下游，选择性的一步法脱硫、脱碳。

与林德低温甲醇洗相比，鲁奇低温甲醇洗在变换前脱硫，脱硫气量少、设备小；变换处于脱硫和脱碳之间，原料气热而复冷，换热次数多，能量损失大，设备数量多，流程较长，投资较高。

此外，鲁奇低温甲醇洗工艺由于没有中间循环甲醇提供系统所需冷量，而全部需要外部提供。甲醇溶液由于吸收温度低，其循环量相对较大，与林德工艺相比，能耗稍高，吸收塔的体积也较大。但系统冷量由外部供给，也使操作调节相对灵活，并通过新型塔板的设计，提高了塔的操作弹性。

为对现有流程进行改进，使流程不断优化，能量利用更加合理，鲁奇公司作出了以下优化改进：

①鲁奇公司新设计的低温甲醇洗装置将相关设备组合为一体，依靠液位和重力输送液体，减少了机泵和管道的数量和装置投资费用。

②由于低温甲醇洗工艺中，操作工况和介质的特殊性，要求气液接触好、操作弹性大、耐腐蚀，因此选用板式塔。鲁奇公司

最突出的改进是改用新型设计的塔板，包括 Thomann、Tunnel、Kettel 型塔板[24]等，大大提高了塔的操作弹性。

③鲁奇公司和林德公司对装置在运行中暴露的问题采取了相应的措施，包括：增大原料气分离器的容积、降低原料气进入系统的温度；设置预洗段以除去原料气中的 NH_3、HCN 等杂质；定期排放含 NH_3、HCN 等的富甲醇，在贫甲醇管线上增设过滤器；甲醇再生塔增设水提浓段以增强系统除水能力；在半贫液中注入原料气以抑制 FeS 和 NiS 的生成；通过提压等措施使 FeS 和 NiS 在特定部位生成并除去等。

（2）德国林德公司

林德低温甲醇洗配置在德士古气化流程耐硫 CO 变换的下游，为选择性的一步法脱硫、脱碳，采用林德专利设备高效绕管式换热器，提高换热效率，具有流程短、布置紧凑的特点。特别是多股物流的组合换热，节省占地，设备布置更为紧凑，能耗更省。

随着低温甲醇洗工艺的广泛应用，林德公司也对现有流程进行改进，使流程不断优化，能量利用更加合理。

①在满足工艺要求的前提下，为简化流程、装置投资得以降低，林德公司通过对流程的模拟优化和合理设计，寻找到装置投资和操作费用的最佳点，其新设计的低温甲醇洗装置的甲醇水分离部分的流程大大简化，至少可省去 3 台设备[24]。

②林德公司在 20 世纪 70 年代以齿形泡罩塔和扁平泡罩塔作为低温甲醇洗装置的主要塔型，目前则采用浮阀塔或筛板塔作为主要塔型。

③通过合理设计和选材，减少设备、材料费用。林德公司原设计的贫甲醇换热器采用整体不锈钢的绕管式换热器，换热面积约 2000m^2，绕管长，易堵塞。在新设计中，这一换热器被分为两部分：0℃以上采用普通的 TEMA 不锈钢换热器，耐腐蚀，易清洗；0℃以下因腐蚀小，采用碳钢材质的绕管换热器即可满足温差要求，使设备投资费用大大下降。

④林德公司还对其专利设备绕管式换热器的结构进行了改进，增强其防堵性能，更加便于检查、维修和清洗。同时也包括增大原料气分离器的容积、降低原料气进入系统的温度等与鲁奇公司相近的改进措施[25]。

2.2.1.4 Rectisol 工艺未来研究方向

低温甲醇洗是一种节能型的成熟可靠的酸性气体净化工艺，但也应看到，该工艺为国外专利技术，目前我国国内使用的低温甲醇洗工艺大多是引进德国林德公司和鲁奇公司的专利技术，软件费用较高。当前亟待加大国内对该工艺的研究开发力度，尽快实现全流程国产化。

由于操作温度较低，为有效回收能量和降低能耗，工艺流程较复杂，换热设备多。设备管道需低温钢材料，部分设备由国外制造，投资较高。未来，亟待在生产实践中不断完善已实现国产化的低温甲醇洗装置，优化工艺流程与结构设计，降低成本。

2.2.2 碳酸丙烯酯法

碳酸丙烯酯法是以碳酸丙烯酯为吸收剂的脱碳方法。其原理是利用在同样压力、温度下，CO_2、H_2S 等酸性气体在碳酸丙烯酯中的溶解度比氢、氮气在碳酸丙烯酯中的溶解度低，来实现 CO_2、H_2S 的脱除。CO_2 等酸性气体在碳酸丙烯酯中的溶解量一般可用亨利定律来表达，因而，在较高压力下，碳酸丙烯酯吸收了变换气中的 CO_2 等酸性气体，在较低的压力下 CO_2 能从碳酸丙烯酯溶液中解吸出来，使碳酸丙烯酯溶液再生，重新恢复吸收 CO_2 等酸性气体的能力。Flour 工艺具有溶解热低、黏度小、蒸气压低、无毒、化学性质稳定、能耗低、流程操作简单等优点。适用场景为天然气、合成气等高 CO_2、低 H_2S 含量原料气中的 CO_2 脱除。但因其吸收能力较低、净化度较差、溶剂损耗较大等缺点，逐步被聚乙二醇二甲醚法等更先进的脱碳技术所替代。

2.2.3 聚乙二醇二甲醚法

2.2.3.1 聚乙二醇二甲醚法技术特点

聚乙二醇二甲醚法率先由美国 Allied 化学公司在 1965 年开发，称为 Selexol。该技术使用多组分的聚乙二醇二甲醚混合溶剂。Selexol 是美国 UOP 公司的专利技术。我国南化公司研究院和杭州化工研究所于 20 世纪 80 年代对各种溶剂进行筛选后得出用于脱硫和脱 CO_2 的聚乙二醇二甲醚较佳的溶剂组成，商品名为 NHD 溶剂，已成功地用于大、中、小各种合成气的脱硫和脱 CO_2。

在国外，尽管聚乙二醇二甲醚法溶剂一次装填费用及专利使用费很高，但其总消耗费用和装置费用均较低，表明聚乙二醇二甲醚法流程简单，投资省，消耗低。若采用具有自主知识产权的改良 NHD 法，其技术使用费会大大降低，则装置和消耗总费用也大大降低。

该技术适用于脱除高含量 CO_2 和 H_2S，同时可脱除含硫杂质。

2.2.3.2 聚乙二醇二甲醚法技术关键

Selexol 工艺设计和生产控制需要考虑的主要因素有：压力、温度、流量和 Selexol 溶液的组成等。如：吸收塔顶温度及进塔顶的贫液流量，对于保证净化气质量起决定性作用。控制闪蒸罐的压力可以保持去克劳斯硫黄回收装置酸性气的适当浓度。汽提塔顶温度是控制汽提塔运转状态及蒸汽消耗的主要因素 [26]。

2.2.3.3 国外 Selexol 工艺应用案例

据美国南方电力公司介绍，该公司计划在使用 TRIGTM 输运床空气气化的位于肯珀县 582MW 的 IGCC 项目中，将部分 CO 通过变换反应生成 CO_2 和 H_2，使用 Selexol 工艺捕集总排放量 65% 的 CO_2，每年计划出售 110 万～150 万 t CO_2，用于附近油田的驱油 [27]。

2.2.4 *N*– 甲基吡咯烷酮工艺

N– 甲基吡咯烷酮工艺是由鲁奇公司开发的，用 *N*– 甲基吡咯烷酮（NMP 或 M-Pyrol）从天然气、氢气或合成气中，利用物理吸收除去酸性气体。一般地，这个方法用于：①将高浓度的 CO_2 降低到一个低的含量；②用一个简单的闪蒸再生塔系统，将酸性组分大部分除去，降到一个适当的含量；③选择性脱除 H_2S。

由于 NMP 对 CO_2 和 H_2S 有很高的溶解能力，所以无须借助化学反应就能实现 CO_2 的高溶解性。由于是物理吸收，溶解能力随吸收压力和酸气浓度的增加而增加。解吸是很容易进行的，简单地减压就可以从 NMP 中分离出 CO_2 和 H_2S。在吸收 CO_2 和 H_2S 时，NMP 变热，而在酸气闪蒸出来后，溶剂又变凉，因此只要少量的冷却（一般用冷却水），即可抵消系统中产生的摩擦热。

该工艺适合处理高压、高 CO_2 含量的原料气（天然气），可选择性脱出原料气（天然气）中中低含量的硫化物。

2.2.5 技术比较及分析

工业上常用的物理吸收法有 Rectisol 法、Selexol 法、Purisol 法和 Flour 法，表 2.2 列出了它们各自的工艺特点。以上方法均为物理吸收法。其原理是利用天然气中 CO_2 与其他气体组分在物理吸收剂中的溶解度差异，先在高压或低温条件下吸收 CO_2，再经减压或升温的方式将其解吸，脱除 CO_2 的同时实现物理吸收剂的再生和循环利用。物理吸收剂与 CO_2 间无明显化学作用，解吸能耗低，但其与 CO_2 间较弱的亲和作用也导致 CO_2 脱除率较低。

表 2.2 常用物理吸收法的比较 [28]

工艺方法	Rectisol 法	Selexol 法	Purisol 法	Flour 法
吸收剂	甲醇	聚乙二醇二甲醚	*N*– 甲基吡咯烷酮	碳酸丙烯酯

续表

工艺方法	Rectisol 法	Selexol 法	Purisol 法	Flour 法
温度 /℃	−75 ～ −30	0 ～ 40	−15 ～ 40	25
压力 / MPa	1 ～ 8	2 ～ 3	1.5 ～ 16	2 ～ 3
吸收剂再生方法	水蒸气	闪蒸法、汽提法	闪蒸法、汽提法	闪蒸法
工艺特点	较常用于脱 CO_2，也可选择性脱除 H_2S；工艺复杂，需使用低温制冷技术，能耗及成本较高	可有效脱除高含量 CO_2 和 H_2S，并具有脱除含硫杂质的能力；溶剂昂贵，设备投资成本高，烃损失较大	适合处理高压、高 CO_2 含量的天然气；可选择性脱除天然气中中低含量的硫化物	碳酸丙烯酯是绿色溶剂，可通过环氧丙烷与 CO_2 反应合成；适合处理高 CO_2 含量、低 H_2S 含量天然气

2.3 燃烧中捕集

燃烧中捕集主要有两种方法，一种是富氧燃烧，另一种是化学链燃烧，目前主要研究的是富氧燃烧。

2.3.1 富氧燃烧技术

2.3.1.1 富氧燃烧技术特点

富氧燃烧技术在燃烧前通过空气分离系统将空气中的 N_2 脱除，使整个燃烧过程没有 N_2 的参与，燃烧后的烟气基本只含有 CO_2 和 H_2O，从而为 CO_2 的压缩液化创造了条件。富氧燃烧碳捕集技术简要原理如图 2.7 所示。

为了降低燃烧温度，使富氧燃烧技术可以在现有的电站锅炉材料条件下应用，通常引入烟气再循环系统，即使用烟气掺混氧气从而降低燃烧时的氧浓度，使燃料在 O_2/CO_2 气氛下燃烧，最终得到含有高浓度 CO_2 的烟气。再通过净化处理除去杂质和水后将

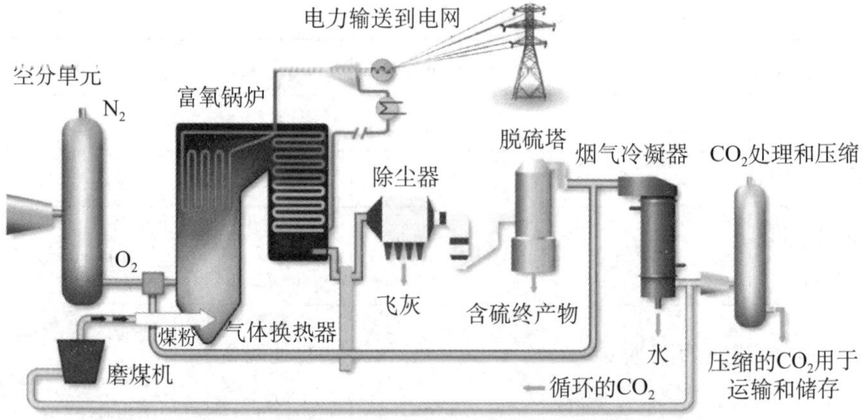

图 2.7 富氧燃烧碳捕集技术简要原理[29]

CO_2 压缩液化运输和储存，实现电站系统的零排放。

空气分离系统，即 ASU，将空气中的 O_2 与 N_2 及其他气体分离，氧气送入锅炉进行燃烧，如采用深冷法进行氧氮分离，则制得的液氮还可作为电站运行的副产品收集出售。出于安全因素的考虑，纯氧不宜作为送粉气体，因此该流程采用经过一系列净化和干燥处理的烟气作为送粉气体送入制粉系统，可以选择掺混或者不掺混氧气，根据要求选择合适的风粉配比和氧气浓度送入锅炉内进行 O_2/CO_2 气氛的富氧燃烧。同时，常用的烟气再循环系统还包括干法和湿法两种，主要区别就是烟气是否经过干燥程序再通过烟气再循环系统送入炉内。

富氧燃烧技术具有以下优点：①用高纯度的氧气代替空气作为氧源，燃料燃烧发生在低氮环境中，极大降低了 NO_x 的生成量，同时由于氧源中几乎不含氮气，减少了热量的散失和后续烟气处理量，从而提高能源利用率和简化分离过程；②富氧燃烧的烟气主要由 CO_2 和 H_2O 组成，几乎可以实现 CO_2 的零排放[20]。

早期的部分技术经济性分析认为富氧燃烧技术在碳捕集技术中的能耗和经济性最佳。该结论是基于烟气体积减小从而降低排烟热损失来提高锅炉效率的，同时还有对于烟气脱硫脱硝系统的能耗节省的假设上的。早期的研究中提出可以将 CO_2 与 SO_x 和

NO_x 共同收集储存，但这种储存方式尚未进行试验验证，在未来是否可以取得政策支持还是存有疑问的。

2.3.1.2 富氧燃烧技术发展

富氧燃烧就是化石燃料在接近纯氧条件下燃烧后的主要产物为 CO_2 和 H_2O，只需经过干燥、压缩、脱硫等过程就可得到高纯度的 CO_2。富氧燃烧技术最早在20世纪80年代初由Horn和Steinberg，以及Abraham分别提出[29]。早期提出富氧燃烧的目的与煤粉燃烧和 CO_2 捕集无关，提出富氧燃烧的概念主要是为了在提高石油采收率的技术中生产大量 CO_2，而Horn和Steinberg则是为了在化石能源产生能量的过程中降低环境因素对反应过程的影响。到20世纪90年代中期，因为大气中 CO_2 水平不断升高导致全球气候变暖问题，富氧燃烧技术作为一条重要的 CO_2 捕集技术途径，再次引起了全世界科学界的广泛关注。

对于富氧燃烧烟气中 CO_2 的总捕集效率，除Herzog等学者在早期提出理论上可以100%完全捕集外，大部分文献倾向于约90%的 CO_2 捕集效率。在2008年，White等学者已经通过实验装置验证了 CO_2 压缩及净化系统运行的可行性。2011年，Vattenfall公司在德国建设的30MW Schwarze Pumpe富氧燃烧试验装置中，CO_2 压缩净化系统成功投运，但对于技术已经非常成熟的脱硫和脱硝系统，富氧燃烧的处理系统还有许多工作需要进一步的研究和实验。

2.3.1.3 国外富氧燃烧技术应用案例

目前国际上已有富氧燃烧技术示范电厂，例如瑞典Vattenfall电力公司2008年在德国建成的世界上第1套全流程的30MW富氧燃烧试验装置。

该装置位于德国柏林南部的Schwarze Pumpe褐煤电站旁。其于2007年1月正式开工，至2008年底试运行，2011年电站的 CO_2 捕集系统运行。锅炉采用自然循环，塔式设计。炉顶安装单只旋流燃烧器，燃料为预干燥处理的褐煤，试运行表明该褐煤富氧燃烧器着火良好，火焰稳定。该富氧电站配有静电除尘器、湿法脱硫装置等烟气净化装置，并为SCR脱硝装置预留了位置。烟气再循环系统将再循环烟气利用余热加热至170～250℃并与氧气混合送入炉内组织燃烧。

此外，2011年澳大利亚CS Energy公司在Calide建成了目前世界上第一套，也是容量最大的30MW（电）富氧燃烧发电示范电厂；澳大利亚有1个30MW的粉煤炉富氧燃烧电厂[21,22]。

2.3.2 化学链技术

2.3.2.1 化学链技术特点

相对于较为成熟的传统碳捕集技术路线，还有一些处于研究和完善当中的捕集CO_2的系统，比如化学链捕集CO_2技术。1987年，化学链燃烧技术用于捕集CO_2作为一种新的燃烧方式被提出，其原理如图2.8所示。燃料进入燃料反应器中与载氧体反应燃烧生成CO_2和少部分H_2O，通过简单的冷凝脱水处理，便可以得到高纯度的CO_2气体。同时，在燃料反应器反应后的载氧体进入空气反应器中与空气反应再生，随后再次进入燃料反应器与燃料反应[21]。

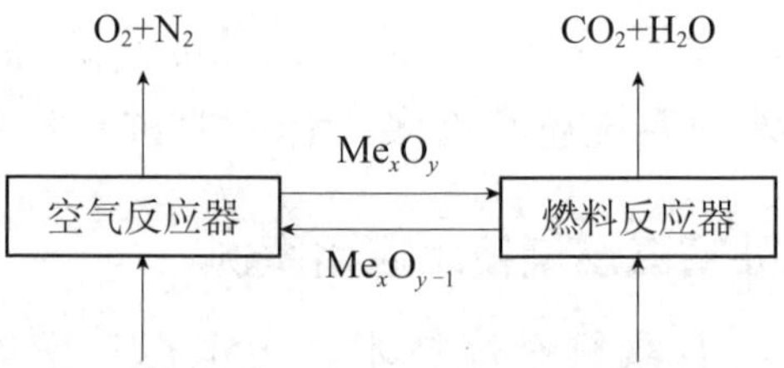

图2.8 化学链燃烧捕集CO_2技术原理[21]

总的来看，化学链燃烧技术的优势主要包括以下几点：①具有内分离CO_2的特点，不需要外加分离装置进行CO_2捕集；②分步燃烧过程实现了能量梯级利用；③避免了燃料型NO_x的产生，由于燃烧温度较低从而减少了热力型 NO_x 的产生。

2.3.2.2　化学链技术分类、发展及应用

根据燃料种类不同，化学链燃烧可以划分为气体燃料化学链燃烧技术和固体燃料化学链燃烧技术。图 2.9 展示了化学链燃烧技术的发展历程。

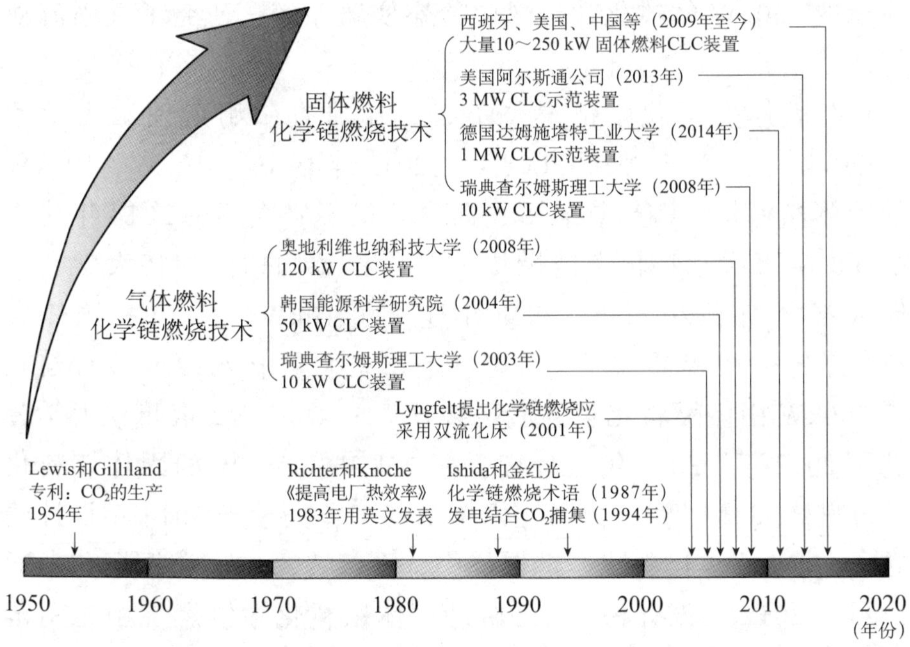

图 2.9　化学链燃烧技术的发展历程 [32]

在气体燃料化学链燃烧方面，国外学者进行了相关研究。2003 年，瑞典查尔姆斯理工大学 Lyngfelt 团队 [30, 31] 设计了以快速床为空气反应器和鼓泡床为燃料反应器的 10kW 气体燃料化学链燃烧系统，选用 Ni 基载氧体总计运行 100h，结果表明，燃料转化率高于 98%，且空气反应器出口气体中不含 CO_2。2004 年，韩国能源科学研究院设计建造了以循环流化床（Circulating Fluidized Bed，CFB）为空气反应器和以鼓泡床为燃料反应器的 50kW 气体燃料化学链燃烧系统，结果表明，燃料转化率和 CO_2 捕集率分别高达

99.7% 和 98%[32]。2006 年，西班牙煤炭研究所设计搭建了双鼓泡床的 10kW 气体燃料化学链燃烧系统，在该实验台上进行了多种载氧体测试[33]。2008 年，维也纳科技大学 Bolhar-Nordenkampf 等[34]设计搭建了双快速床的 120kW 气体燃料化学链燃烧系统，该系统采用 Ni 基载氧体，甲烷转化率和 CO_2 捕集率分别达到 98% 和 94%。2009 年，挪威科技大学 Bischi 等[35]搭建了床型为双快速床的 150kW 气体化学链燃烧冷态实验系统，研究了气固流动特性。

在固体燃料化学链燃烧方面，瑞典查尔姆斯理工大学的 Lyngfelt 等[36, 37]分别于 2008 年、2012 年建立了 10kW、100kW 的固体燃料化学链燃烧装置；西班牙煤炭研究所于 2014 年建立了 50kW 固体燃料化学链燃烧装置[38]；德国斯图加特大学和汉堡大学分别于 2011 年、2013 年建立了 10kW、25kW 的固体燃料化学链燃烧装置[39, 40]；美国犹他州立大学于 2012 年设计建立了 200kW 固体燃料化学链燃烧装置[41]；美国俄亥俄州立大学分别于 2012 年、2018 年设计建立了 25kW、250kW 的固体燃料化学链燃烧装置[42, 43]；德国达姆施塔特工业大学于 2014 年设计建立了 1MW 固体燃料化学链燃烧中试示范装置[44]；美国阿尔斯通公司于 2012 年设计搭建了 3MW 固体燃料化学链燃烧中试示范装置[45]。

2.3.3 技术比较及分析

尽管富氧燃烧有燃烧快、燃烧产物气量小、燃烧安全、CO_2 含量高、处理简单等优点，但是纯氧是由空气低温分离或膜分离获得的，能耗大，富氧燃烧捕集成本较高，并且通常情况下燃烧时燃烧器的温度比较难控制，这对燃烧炉的耐火材料提出了更高要求。

化学链燃烧技术虽然具有低能耗分离 CO_2、降低 NO_x 的生成等优势，但存在问题如下：①现有的化学链燃烧中试装置的系统循环流率基本都偏低，导致难以实现自热运行，且反应器高度低，无法反映真实化学链燃烧的气固流动特性；②在设计理论方面，当前既没有完善的流态化模型用于计算化学链燃烧系统的固含率、压力和床料量分布，也无反应器模型用于预测反应器出口气体组成和系统碳捕集效率；③当前研究主要基于单组分颗粒探究了溢流特性，没有研究载氧体和煤焦二元颗粒在溢流口的分离特性；④当前研究缺少热态中试验证，需探究燃料转化率、系统碳捕集效率以及热量分布，分析化学链燃烧碳迁移过程，最终实现示范装置的自热运行。

2.4 燃烧后捕集

燃烧后捕集发生在燃料与空气混合燃烧后，是指从燃烧生成的烟气中将 CO_2 与其他组分进行有效分离，从而实现 CO_2 浓缩的一种技术。该技术可以适用于低浓度 CO_2 的捕获，应用范围较广，对于现有的燃煤电厂省去了对燃烧过程和现有设施的改造。常用的分离技术有化学吸收技术、物理化学吸收技术、吸附技术、膜分离技术、物理吸收技术及其他新兴技术等。

2.4.1　化学吸收技术

化学吸收技术是 CO_2 通过与化学溶剂发生反应，先将 CO_2 吸收，再通过溶剂逆向再生，从而实现分离与反应溶剂的循环再利用。化学吸收技术的主要优点是吸收速度快、净化度高，其缺点是再生热耗大、能量消耗较大。常用方法包括醇胺法[46, 47]、氨水法、热钾碱溶液法、离子液体法和相变溶剂法。

2.4.1.1　醇胺法

2.4.1.1.1　醇胺法技术特点

醇胺法是目前研究最多和应用最广泛的方法，以乙醇胺类作吸收剂的方法主要有 MEA 及 MDEA 等。

虽然 MEA 对 CO_2 的吸收性能良好，然而，当 MEA 吸收 CO_2 后，只有在高温（约 104℃）下，CO_2 才能从溶液中解吸。因为此不足之处，使得 MEA 法分离 CO_2 需要较高能量，导致费用支出较高，MEA 捕集成本见表 2.3。据统计，MEA 法的解吸成本为整个 CCS 项目成本的 60% 以上。即使已经建成了部分示范装置，但能耗过高成了 MEA 法大规模推广应用的障碍 [1]。

表 2.3 MEA 捕集成本 [1]

项目	单位成本	单耗 /t CO_2	成本 / 元
MEA	20 元 /kg	2.12kg	42.40
电力	0.5 元 /kW · h	258kW · h	129.00
蒸汽	104 元 /GJ	4.36GJ	453.44
除盐水	4 元 /t	0.5t	2.00
总计			626.80

其次，MEA 碳捕集技术会生成副产物氨基甲酸盐，可严重腐蚀设备。为降低腐蚀带来的损耗，通常将溶液中的 MEA 质量分数控制在 20% 以下。美国联碳公司开发的 Amine Guard 添加剂可在很大程度上降低胺液及氨基甲酸盐带来的腐蚀，将溶液中 MEA 质量分数提高至 30%[1]。

MDEA 法最早用于脱硫，20 世纪 80 年代德国 BASF 公司开发出将 MDEA 用于脱除 CO_2 的低能耗新方法。20 世纪 80 年代末至 90 年代初，南京化工研究院等单位先后推出具有自身特色的活化 MDEA 脱碳工艺。MDEA 技术广泛应用于化工过程脱硫、脱碳，也用于天然气脱碳净化 [22]。相比 MEA 法，MDEA 在二氧化碳捕集过程中会生成氨基甲酸盐，氨基甲酸盐与碳酸盐相比，热稳定性较低，这将极大降低 CO_2 解吸时需要的能量（能耗约减少

50%），同时，其 CO_2 回收率可高达 99%。此外，氨基甲酸盐不会腐蚀设备。

两者性能特点对比见表 2.4。

表 2.4　化学吸收剂的性能特点 [28]

	化学吸收剂	优点	缺点
醇胺溶液	一乙醇胺	成本低、吸收 CO_2 速率高、烃损失小	再生能耗较高、CO_2 负荷量有限；易发生溶剂损失、发泡乳化、腐蚀等问题；易降解
	N–甲基二乙醇胺	CO_2 负荷量高于 MEA 和 DEA；再生能耗低、溶剂降解率低、不腐蚀碳钢	吸收 CO_2 速率低

2.4.1.1.2　醇胺法技术关键与发展

①吸收热是影响胺基 CO_2 捕集、吸收和汽提性能的重要参数。为了解决醇胺法所面临的再生能耗高、循环效率低的问题，研究人员应将研究的重点放在吸收剂的优选方面，例如综合一、二级胺的快速反应能力和三级胺的高吸收容量，在保证高反应速率的基础上，添加其他吸收剂，降低再生能耗。此外，研发不同于传统胺法的新型溶剂也是非常有发展前景的一种 CO_2 捕集技术。越来越多的研究表明，混合溶剂可以利用不同溶剂具有的物理–化学特点，提高溶剂的吸收性能 [1]。

②尽管 MDEA 法较 MEA 法优点突出，但 MDEA 与 CO_2 的反应速率要比 MEA 的相应反应速率慢。这限制了 MDEA 法的大规模应用。近年来，围绕着解决 MDEA 吸收 CO_2 速率低的问题，同时为进一步降低再生能耗，Glasscock 等 [47] 研究了混合胺溶液中 CO_2 吸收和解吸的动力学。David M Austgen 则分别考查了 MDEA 与 DEA 的混合溶液和 MDEA 与 MEA 法混合溶液中 CO_2 的溶解度。实验研究结果显示，在 50%（质量分数）的 MDEA 溶液中加

入少量哌嗪、MEA、烯胺等伯胺或仲胺类活化剂，可以显著提高 CO_2 的吸收速率，胺类活化剂通过与 CO_2 作用生成氨基甲酸类中间体，促进向液相传递 CO_2，大大加快了反应速率，而 MDEA 又被再生。MDEA 分子含有 1 个叔胺基团，吸收 CO_2 后生成碳酸氢盐，加热再生时远比伯胺、仲胺生成的氨基甲酸盐所需的热量少得多[1]。

2.4.1.1.3　国外醇胺法应用案例

国外的烟气 CO_2 捕集技术也主要是以 MEA 溶液为基础的技术。根据 IPCC 报告[25]，主要成熟的技术包括 Kerr－McGee/ABB Lummus Crest Process、Fluor Daniel ECONAMINE TM Process、Kansai Elec-tric Power Co.、Mitsubishi Heavy Industries Ltd.、KEPCO/MHI Process。

（1）MEA 技术应用案例

在美国、荷兰等国家已有商业化的 CO_2 捕集装置，以 MEA 溶液为吸收溶剂，吸收塔和再生塔采用浮阀塔，CO_2 年捕集量为 90 ～ 800t[1]。

1）美国南方电力公司的 PlantBarry 项目

该项目使用了三菱重工的 KM-CDRTM 技术，CO_2 捕集量约 13.6 万 t/a，并被封存于地下。

2）荷兰的 ROADCCS 项目

该项目捕集 CO_2 约 1.1Mt/a，使用了 Fluor Daniel's Econamine FG process[22]。

（2）MDEA 技术应用案例

该气田采用 MDEA 技术脱碳，图 2.10 为 Sleipner T 平台 CO_2 捕集系统流程示意[48]。来自 Sleipner 的含 4% ～ 9% CO_2 的天然气从 2 个并联的吸收塔底部进入，由下向上流动，与塔内自上而下的 MDEA 溶液逆流接触并脱除 CO_2。吸收塔操作压力 10MPa，温度 70 ℃，天然气处理量为 $2.25 \times 10^7 m^3/d$，处理后含约 2.5% CO_2 的合格天然气通过另一平台输送至欧洲大陆。吸收了 CO_2 的富 MDEA 溶液由吸收塔底流出，经透平机回收压力能后进入一级、二级闪蒸，进入汽提塔（再生塔）再生。再生后的 MDEA 溶液由汽提塔底部流出并循环使用，而解吸出的 CO_2 与二级闪蒸出的 CO_2 汇合，经加压和冷却后注入海床下 800 ～ 1000m 深的 Utsira 盐水层[22, 50]。

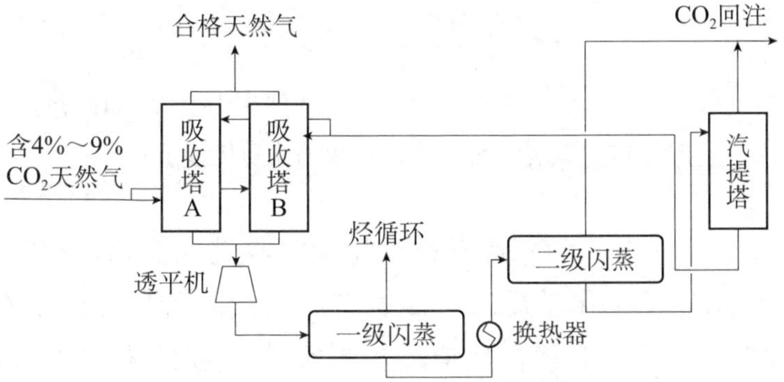

图 2.10 Sleipner T 平台 CO_2 捕集系统流程示意[22]

2.4.1.2 氨水法

2.4.1.2.1 氨水法技术特点

目前，世界上所有商业化 CO_2 吸收应用的方法都是以 MEA 溶剂为基础的化学吸收法，但 MEA 存在很多不足，比如对热交换设备腐蚀严重、再生所需的热量大、不适宜从氧含量较高的烟气中回收 CO_2、溶液易发生氧化降解和高温降解、初始投资和运行成本偏高等诸多问题。针对 MEA 的种种问题与不足，研究人员开始提出以氨水（NH_3 溶液）代替 MEA 作为化学吸收剂的方法。研究表明，氨水具备良好的 CO_2 反应速率和较低的再生能耗，氨水的 CO_2 吸收能力约是 MEA 溶液的 3 倍，且不存在设备腐蚀和氧化降解等问题。引人注意的是，氨水作为吸收剂还可以同时脱除烟气中的 SO_x、NO_x 及重金属等杂质。

氨水吸收模拟烟气中的 CO_2 是典型的化学吸收过程。其中的物质传递如图 2.11 所示，主要通过以下几个步骤来完成。

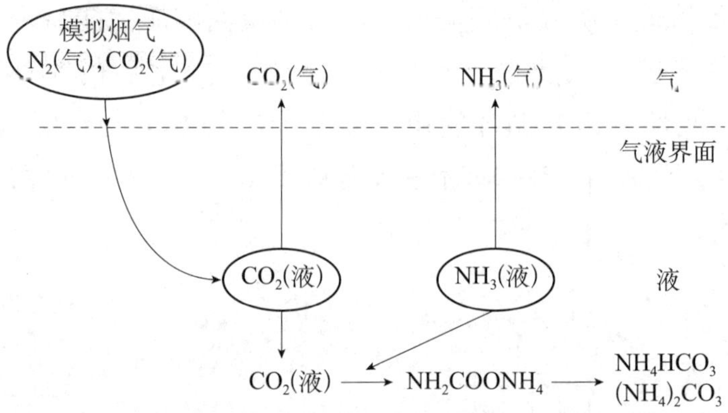

图 2.11 氨水法捕集 CO_2 过程的物质传递示意 [51]

在吸收过程中，CO_2 首先通过物理吸收进入液相，与溶液中扩散出来的 NH_3 发生化学反应生成氨基甲酸盐。若反应中有水存在，氨基甲酸盐继续发生水合反应，根据反应程度的不同生成碳酸铵或碳酸氢铵等产物。氨水吸收 CO_2 是伴有可逆化学反应的吸收过程，本质上属于弱酸和弱碱的反应，包括气液相间的传质。通常，在 pH 值较高时，溶液中主要生成 CO_3^{2-}，当 pH 值在 8 ～ 10.5 时，主要生成 HCO_3^-。

未能在溶液中参与反应的 CO_2 以气体形式在水中扩散，并被载气携带离开吸收液。NH_3 以溶解状态在溶液中扩散，由于气相平衡分压的存在，当接近气液界面时通过物理解吸进入气相。此外部分溶剂水因饱和蒸气压的作用也将进入烟气。因此，脱碳后的烟气组分为 N_2、CO_2、NH_3 及少量的 H_2O。最后，CO_2、NH_3 和 H_2O 以气相形式离开反应器。

2.4.1.2.2 国外氨水法应用案例

Alstom 公司开发的冷态氨法，利用 $(NH_4)_2CO_3$ 和 NH_4HCO_3 混合浆液作为循环利用的 CO_2 吸收剂，实现 90% 脱碳率，并可同时脱除烟气中残留的 SO_2、SO_3、$PM_{2.5}$ 等成分。

美国 Powerspan 公司已开发出 ECO_2 技术，如图 2.12 所示。在电催化氧化（ECO）技术脱硫、脱硝的基础上，利用氨吸收液

吸收 CO_2 并对吸收液进行再生利用，从而实现酸性气体的一体化脱除。

除此之外，国家电站燃烧工程技术研究中心（NPCC）和美国国家能源技术实验室（NETL）合作进行了实际烟气中喷淋氨水吸收 CO_2 试验。

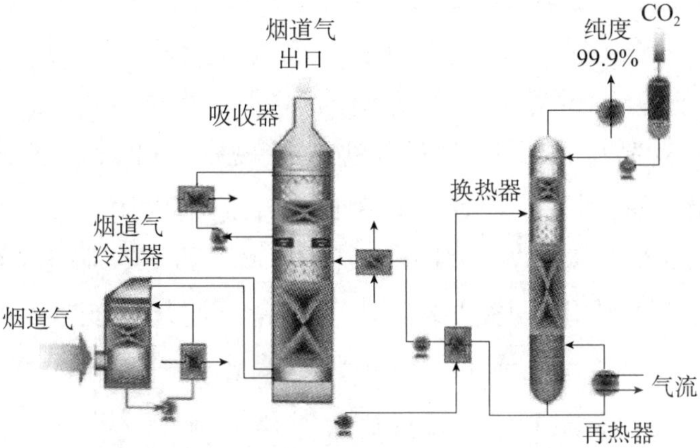

图 2.12　ECO_2 技术回收 CO_2 示意 [51]

2.4.1.3　热钾碱溶液法

2.4.1.3.1　热钾碱溶液法特点及发展

热钾碱溶液法是工业化最早的一类方法，它是利用热（90 ~ 110℃）的高浓度的碳酸钾水溶液在加压下吸收 CO_2，生成碳酸氢钾，在减压下解吸 CO_2，新生成碳酸钾，因而可以循环使用。

由于 CO_2 吸收时的温度与吸收液再生时的温度基本相同，从而简化了吸收流程。同时，吸收液中碳酸钾的浓度越高，吸收液的吸收能力越大，吸收的反应速率也越快。

为了加快 CO_2 的吸收和解吸速率，可在溶液中加入活化剂，如三氧化二砷、硼酸或磷酸、哌嗪、有机胺等物质。同时加入缓蚀剂，降低溶液对设备的腐蚀。三氧化二砷是在热钾碱溶液中最早使用的活化剂（称 G-V 法），活化效果好，但三氧化二砷为剧毒物，在处理排污与劳动的过程中对工作人员的身心保护比较困难。因此，逐渐使用氨基乙酸（无毒 G-V 法）、二乙醇胺、乙二醇胺、空间位阻胺等有机胺类活化剂取代三氧化二砷。有机胺类活化剂之所以能够提高吸收液的吸收速率，主要是因为氨基基团参与了吸收反应，改变了 CO_2 的反应历程[52]。

2.4.1.3.2 热钾碱法适用场景

热钾碱法工艺已被广泛用于合成气、天然气、制氢等工业过程气体的脱碳，世界上各种类型的热钾碱脱碳装置已逾千套，最近还有新装置投产。其主要方法为砷碱法（G-V）、本菲尔德法（Benfield）等[22]。在国外，热钾碱法工艺主要用于以天然气为原料的制氢和以天然气为原料合成氨（甲醇）变换气脱出 CO_2，一方面由于天然气转化工序“水碳比”较高，使气体变换后其中的水蒸气含量比较高，气体的热焓值比较高；另一方面天然气的总碳指数比较低，变换气中 CO_2 含量一般在 17% ～ 20%，因此，变换气自身所带有的热量足够热钾碱脱碳溶液解吸再生，这部分低品位热量也得到合理利用[53]。

2.4.1.3.3 国外热钾碱溶液法应用案例

EXXON 公司在传统胺类活化剂的天然气净化装置上进行改进，添加位阻胺活化剂，进行工业试验。试验结果表明位阻胺活化工艺的吸收容量相比常规热钾碱工艺提高 60%，溶液循环量和再生蒸汽消耗分别下降 30%。该装置在高酸气负荷下运行了 2 年，溶液未出现对设备腐蚀、发泡等不正常现象。

UOP 公司还开发出了活化性能比 DEA 更佳且能抗降解的新型有机活化剂 ACT-1。该活化剂可使热钾碱脱碳吸收容量和吸收速率显著提高，至今已有 20 多套脱碳装置投入工业应用，增产、节能效果显著。

此外，UOP 公司开发了低热耗（Lo-Heat）热钾碱脱碳工艺。该工艺利用蒸汽喷射器或机械压缩机对贫液进行抽吸，使其减压闪蒸，闪蒸出的蒸汽压缩后直接作为再生塔的汽提蒸汽，以节约外供热量，称为贫液闪蒸再生工艺[24]。

与此同时，意大利GV公司开发了双塔再生工艺，后又改进为回收再生塔顶排气热量的双塔再生工艺。我国中国石化金陵石化、安庆石化的300kt/a合成氨脱碳装置采用了此工艺[24]。

2.4.1.4 离子液体法

2.4.1.4.1 离子液体法特点及研究进展

离子液体是一种由阴阳离子构成的室温下为液态的新型介质。独特的阴阳离子结构，使其具有低挥发性、高溶解性和选择性以及结构可设计性等特点，可在较大温度、压力以及组分范围内实现CO_2大规模捕集。

Blanchard等[54]于1999年首次发现离子液体作为吸收溶剂对CO_2有很高的溶解度，之后陆续开发了各种应用于CO_2捕集的离子液体。Anthony等[55]分别探究了多种阳离子和阴离子对于CO_2吸收的影响，研究结果表明，当使用同一种阴离子时，改变阳离子的种类对其溶解度的影响很小，而固定一种阳离子，改变阴离子的种类对CO_2溶解度的影响则非常明显。Aki等[56]使用[Bmin]作为阳离子，测定了不同阴离子条件下CO_2的溶解度，发现在室温条件下CO_2在离子液体中的溶解度与阴离子种类的关系从小到大的顺序为$[NO_3] < [dca] < [BF_4] < [PF_4] < [TfO] < [Tf_2N]$。此外，$CO_2$在离子液体中的溶解度也和阴离子上的氟原子个数相关，Zhang等[57]使用COSMO-RS研究手段证实阴离子上氟烷基越长，相应离子液体中CO_2的溶解度越高。

离子液体根据结构特征可分为常规离子液体和功能化离子液体[58]：①常规离子液体对CO_2是物理吸收，吸收性能较差；②功能化离子液体一般是往结构中引入碱性基团，亦称作胺性离子液体，与CO_2发生化学反应，从而实现CO_2的高效捕集。但更多基团的引入会导致黏度变大，严重影响CO_2的传质过程，从而影响其吸收速率，给工业应用带来困难。为解决应用问题，提出了将有机胺液与离子液体复配作为吸收溶剂的研究思路，可在解决离子液体黏度大这一问题的同时利用离子液体的不易挥发性。

Camper 等[59] 于 2008 年首次将醇胺与离子液体混合研究 CO_2 的吸收，研究发现 $[C_{6mim}][Tf_2N]$-MEA 对 CO_2 的吸收量最高可达到 0.5mol/mol，并且解析能也大大降低。Zhang 等[60] 将离子液体 $[N_{1111}][Gly]$ 加入 MDEA 研究时发现，离子液体的加入可以提高 MDEA 对 CO_2 的吸收性能，但需要控制离子液体的比例，离子液体质量分数增大的同时会带来传质效率降低的问题。2020 年，Zhou 等[61] 报道了由离子液体和部分溶剂组成的新型相变溶剂，对捕获 CO_2 的性能进行了研究。此类相变溶剂目前极具竞争力，比如在 303K、4mol/L、[TETA]Br 和 PMDETA 物质的量之比为 3∶7 的条件下，[TETA]Br-PMDETA- 水体系的 CO_2 的容量高达 2.631mol/L，因为离子液体不易挥发，从而避免了溶剂损失这一传统相变溶剂的主要问题，从而在成本上带来很大的优势，如表 2.5 所列[1]。

表 2.5 离子液体捕集成本计算[1]

项目	单位成本	能耗 /t CO_2	成本 / 元
离子液体	26 元 /kg	0.17kg	4.42
电力	0.5 元 /kW · h	260kW · h	130.00
蒸汽	104 元 /GJ	3.32GJ	345.30
除盐水	4 元 /t	0.4t	1.60
总计			481.32

2.4.1.4.2 离子液体法捕集 CO_2 技术对比

目前，根据离子液体法捕集 CO_2 时与其他技术的耦合方式，可分为三类：①离子液体直接用于捕集 CO_2；②离子液体与吸附相结合捕集 CO_2；③离子液体与膜分离相结合捕集 CO_2。

其中离子液体与膜分离相结合捕集 CO_2，基于分离膜种类的不同，可细分为：①与负载型离子液体膜相结合捕集 CO_2；②与聚离子液体膜相结合捕集 CO_2；③与离子液体混合基质膜相结合捕集 CO_2。

离子液体直接用于捕集 CO_2 的技术优点为：结构灵活、可修饰性强、可避免溶剂损失问题；缺点为：制备过程复杂、吸收流程长、设备占地大。

离子液体与吸附相结合捕集 CO_2 的技术优点为：能耗低、捕集效率高；缺点为：吸附容量和吸附选择性存在竞争关系。

离子液体与负载型离子液体膜相结合捕集 CO_2 的技术优点为：捕集和解吸同步进行、溶剂使用量少；缺点为：机械强度差、难以实际应用。

离子液体与聚离子液体膜相结合捕集 CO_2 的技术优点为：热稳定性好；缺点为：制备效率低。

离子液体与离子液体混合基质膜相结合捕集 CO_2 的技术优点为：机械强度高、选择性高；缺点为：存在界面效应。

使用离子液体进行 CO_2 捕集是一种绿色可持续的方法，操作成本预计远低于传统胺吸收法。离子液体的特殊性质使其在 CCUS 中具有广泛的应用前景，与其他技术复合可以克服离子液体黏度大、制备工艺复杂和成本高等缺点[62]。

2.4.1.5　相变溶剂法

目前根据反应产物化学形态的不同，可以将相变溶剂分为液-液相变和液-固相变两种。

2.4.1.5.1　液-液相变技术特点及进展

液-液相变溶剂是指相变溶剂吸收二氧化碳后因密度、黏度等原因形成互不相容的两相，其中一相富含二氧化碳，被称为富相，则另一相溶液被称为贫相[63]。

液-液相变吸收剂最初由 Agar 等[64]提出，液-液相变吸收剂主要基于亲脂性胺构建，其吸收富液具有低临界温度的特征，再生温度可降低至 80℃甚至更低。液-液相变吸收剂中亲脂性胺分子中烷基和氨基具有水溶性差异，并且受温度影响显著。氨基为亲水性基团，在低温时氨基与水分子形成氢键，亲脂性胺则可溶于水中。当温度升高到某一临界值时，氨基与水间的氢键断裂，此时烷基的疏水性使胺分子发生自聚，与水分离，从而发生液-液分相。由于液相的流动性更好，因此会更加实用。

典型的三乙烯四胺（TETA）-二乙基乙醇胺（DEEA）相变吸收剂加入活化剂环丁砜吸收 CO_2 后，分相解吸的机理示意如图 2.13 所示，环丁砜充当分相剂和活化剂。环丁砜比 H_2O 对 CO_2 的亲和力更强，CO_2 在气-液界面被环丁砜物理捕获并送到 DEEA-TETA 进行进一步的化学吸收。在吸收中，TETA 通过两性离子机制与 CO_2 反应，而 DEEA 通过碱催化水合机制与 CO_2 反应，形成亲水性 TETA-氨基甲酸酯和质子化 TETA[16]。TETA-氨基甲酸酯和环丁砜-DEEA 间的极性差异使得均相液体分成两相。

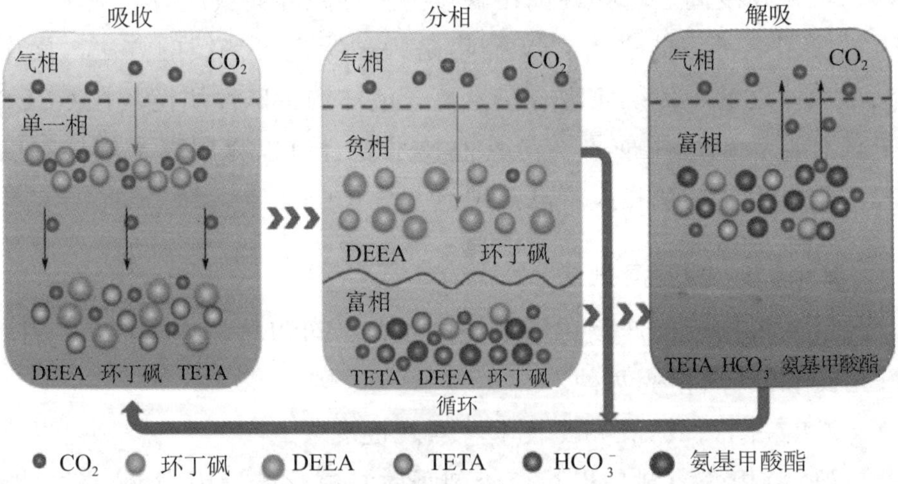

图 2.13 典型的 TETA-DEEA-环丁砜吸收分相机理示意[64]

再如 Raynal 等[64]提出的 DMX™ 相变溶剂，DMX™ 由于 CO_2 吸收负载量高，贫富两相分相较快且溶液不存在降解、腐蚀等问题而被率先应用于二氧化碳捕集。相较于传统 30%MEA 的 3.9GJ/tCO_2 再生能耗，相同条件下的 DMX™ 再生能耗只有 2.3GJ/tCO_2，甚至在优良条件下可以下降到 2.1GJ/tCO_2。

2.4.1.5.2　液–固相变技术特点及进展

液–固相变溶剂是指，溶剂吸收 CO_2 后生成的产物为固体，并从混合溶液中析出，形成固–液两相，其中固相中富集大部分的 CO_2。再生时只需将富集 CO_2 的固相进行再生 [65]。目前，液–固相变吸收剂主要包括氨基酸盐溶液、碳酸钾溶液、冷氨水溶液等水性溶剂以及一些基于非水溶剂的胺类溶液，见表 2.6。例如采用高浓度的 K_2CO_3 来吸收 CO_2，吸收 CO_2 后以 $KHCO_3$ 晶体的形式析出，将 $KHCO_3$ 的结晶送入解吸塔再生，释放出 CO_2 后的 K_2CO_3 可作为吸收液重复利用。

表 2.6　液–固相变吸收剂常见类型 [64]

类型	体系	特点
氨基酸盐溶液	牛磺酸钾	固液分离温度为 40℃，与 30%MEA 基准相比，可将捕获过程的总能量降低 15%
碳酸钾溶液	高浓度碳酸钾溶液	低成本、低毒性、不易挥发，能够吸收多杂质的 CO_2、SO_x 和 NO_x 以及有价值的副产物
	碳酸钾溶液 +MEA	向碳酸钾中添加 MEA 会有效提高吸收速率
冷氨水溶液	冷氨水溶液	低成本，化学稳定和对氧气的高稳定性，较高的 CO_2 负载能力
非水溶液吸收剂	脯氨酸钾 + 乙醇	与 30%MEA 水溶液相比，使用脯氨酸钾 + 乙醇溶液可以显著提高 CO_2 的溶解度，尤其在低 CO_2 负荷下
	2–氨基–2–甲基–丙醇（AMP）/ 哌嗪（PZ）/ 二丙二醇二甲醚（DME）	具有高吸收负荷和再生效率，吸收 CO_2 后，固相占溶液总体积的 43%，而约占总负载的 94%

相比于有机胺溶液，氨基酸盐溶液具有抗氧化性能稳定、挥发性较低等特点，在负载 CO_2 后可产生碳酸盐和氨基酸盐沉淀，从而达到液–固相变分离的效果。Fernandez 等 [64] 根据氨基酸盐溶

液的特点，选用吸收性能稳定、CO_2负载量高的牛磺酸钾水溶液来作为吸收剂，典型的工艺流程见图 2.14。相比于传统 MEA 水溶液，液-固相变吸收剂再生时再沸器负荷降低了 45%，整个脱碳工艺系统总体能耗降低了 15%。

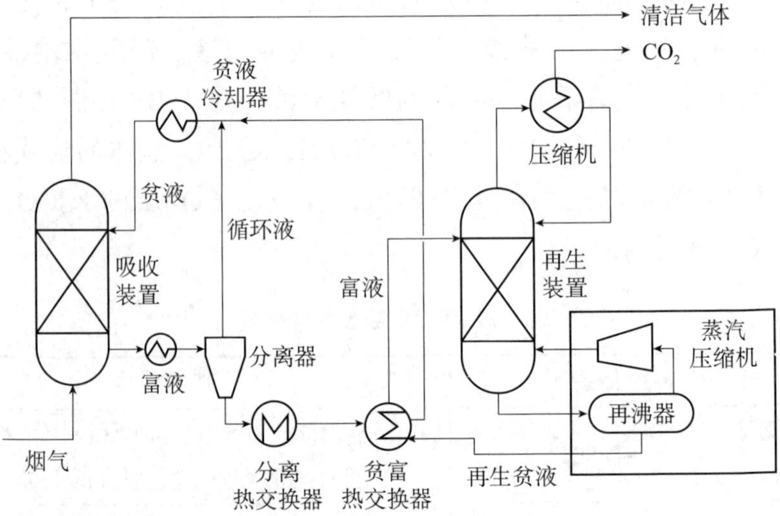

图 2.14 牛磺酸钾水溶液捕集 CO_2 工艺流程 [64]

相变吸收法在吸收二氧化碳的过程中出现吸收剂-吸收产物分相现象，并形成富相和贫相。分相后经分离只需把富相送到解析塔进行再生，由于再生体积的减小导致再生能耗大大降低。再生后的富液与贫相溶液进入吸收塔重复循环利用。因此，这些特性使相变溶剂吸收法在替代传统有机胺溶液方面展现出了广阔的应用前景。

2.4.1.6 化学吸收法分析对比

综上，化学吸收溶剂对 CO_2 有较好的吸收效果，但却难以推广，主要原因在于溶剂再生时，需要对溶剂进行加热，能耗很大。其中，化学吸收剂至关重要。表 2.7 列出了它们各自的性能特点。

表 2.7　化学吸收剂的性能特点[28]

项目	化学吸收剂	优点	缺点
醇胺溶液	一乙醇胺	成本低、吸收 CO_2 速率高、烃损失小	再生能耗较高、CO_2 负荷量有限；易发生溶剂损失、发泡乳化、腐蚀等问题；易降解
	二乙醇胺	成本低、吸收 CO_2 速率高	氨基甲酸酯的稳定性低于 MEA；再生能耗较高、CO_2 负荷量有限；有一定程度的腐蚀和溶剂降解
	甲基二乙醇胺	CO_2 负荷量高于 MEA 和 DEA；再生能耗低、溶剂降解率低、不腐蚀碳钢	吸收 CO_2 速率低
	二异丙醇胺（DIPA）	腐蚀性低于 MEA 和 DEA；再生能耗低；对 H_2S 的选择性高于 CO_2	吸收 CO_2 速率适中；有一定程度的腐蚀和溶剂降解
	2–氨基–2–甲基–丙醇	CO_2 负荷量高于 MEA；易再生、腐蚀性较低、耐降解	吸收 CO_2 速率低于 MEA，但高于 MDEA
混合吸收剂	活化 MDEA	酸气负荷量高、吸收 CO_2 速率高于 MDEA、烃损失小、热 / 化学稳定性好、低毒低腐蚀	溶剂成本较高；需增加脱水装置控制水露点
	IL+ 醇胺溶液	吸收性能出色，CO_2 负荷量达 0.5mol/mol	溶剂黏度高、成本高
碳酸钾溶液		吸收焓低于醇胺溶液；低毒低成本、抗降解性高；适合处理大量富含 CO_2 的原料气	传质速率较低（需加活化剂）、腐蚀碳钢（需加缓蚀剂）

续表

项目	化学吸收剂	优点	缺点
氨水（13%～30%，质量分数）		CO_2 负荷量和吸收速率高；成本低、能耗低、抗氧化和热降解；与 CO_2 反应生成盐可用作肥料	吸收塔中温度需低于 60℃，防止碳酸氢铵分解；挥发性高，出口气体中易携带氨气
IL		反应选择性高、蒸气压极低、不可燃、低毒、热/化学稳定性高	制备成本高，特殊的 IL 合成困难；黏度高，且与 CO_2 络合后黏度会进一步增加；高吸湿性，IL 吸水后会降低吸收容量和再生能力，需设置预脱水装置
相变吸收剂		可在吸收 CO_2 后分为两相，只需对其中一相进行解吸，能耗大大降低	液–固相变过程存在堵塞、热效率低以及吸收效率低等问题

2.4.2 物理化学吸收法

物理化学吸收法又称混合溶剂吸收法，它是采用由物理吸收剂、化学吸收剂和水组成的新型混合吸收剂高效脱除 CO_2 的方法。最常用的物理吸收剂为环丁砜，它是一种对 CO_2 和 H_2S 都颇具吸收能力的极性有机溶剂，而化学吸收剂以 DIPA 或 MDEA 两种醇胺溶液为主，由此配制成的混合吸收剂用于分离 CO_2 的方法称为砜胺（Sulfinol）法。该方法由壳牌公司开发，并在美国得克萨斯州的 Person 脱酸气装置上首次实现工业化应用。Sulfinol 法常用于处理高压、酸性气体分压高（≥ 100kPa），并富含有机硫的天然气[28]。

根据醇胺溶液的不同，Sulfinol 法分为 Sulfinol-D 法和 Sulfinol-M 法。Sulfinol-D 法使用的混合溶剂由环丁砜、DIPA 和水组成，溶液配比一般为 40：40：20（质量比），其中环丁砜脱除天然气中大部分的 CO_2，DIPA 将 CO_2 深度脱除至更低水平，整个操作一步完成。Sulfinol-M 法的混合溶剂则是将 DIPA 换成 MDEA，其主要用于优先选择性脱除 H_2S 及部分羰基硫化物。若需完全脱除天然气中的 CO_2 和 H_2S，同时深度脱除硫化碳，则应选择 Sulfinol-D 法。Sulfinol 法使用的混合吸收剂性质稳定、再生能耗低、酸性气体负荷量高，但环丁砜价格昂贵，且易吸收重烃、芳烃，烃损失较高，故其应用存在一定的局限性。

2.4.3 吸附法

吸附法是通过吸附体在一定条件下对 CO_2 进行选择性吸附，而后通过恢复条件将 CO_2 解吸，从而达到分离 CO_2 的目的。根据吸附条件的不同，主要有变温吸附、变压吸附和变电吸附。常用的吸附剂有：天然沸石、分子筛、活性氧化铝、硅胶、“分子蓝”吸附剂、锂化合物吸附剂、碳基吸附剂等[21]。

2.4.3.1 变温吸附

TSA 利用吸附剂在不同温度下的 CO_2 吸附量和吸附速率差异，实现 CO_2 的分离和回收。吸附剂在常温（20 ～ 30℃）下吸附 CO_2，在较高温度（约 120℃）下脱附 CO_2[27]。该变温操作可以实现固态吸附剂的再生和重复利用，但如此周期性地加热和冷却操作，不仅会降低固态吸附剂的使用寿命，也会增加设备的投资成本，导致高能耗。

2.4.3.2 变压吸附

2.4.3.2.1　变压吸附技术特点

PSA 法的基本原理是利用气体组分在固体材料上吸附特性的差异以及吸附量随压力变化而变换的特性，通过周期性的压力变换过程实现气体的分离或提纯。在 PSA 分离 CO_2 的工艺过程中，采用的吸附剂对 CO_2 具有较强的选择吸附能力。PSA 脱除或提纯 CO_2 技术较适合 CO_2 体积分数在 20% ～ 60% 的气体，CO_2 提取率大于 75%[22]。

该技术通常在 0.5 ～ 1MPa 的操作压力下吸附分离天然气中的 CO_2[22]，再经减压脱附完成吸附剂的再生。PSA 法属于物理吸附，虽与化学吸附相比，其吸附容量有限且选择性较低，但 PSA 工艺流程简单，吸附剂使用寿命长、易再生且能耗低，同时还具有自动化程度高、环境效益好、操作弹性大等优势。特别是处理高压原料气，通常无须再次加压。PSA 法在常温下即可操作，无须加热和冷却操作，较 TSA 法可降低约 50% 的能耗；而且与等效的 TSA 法相比，PSA 法所需的吸附剂剂量要少得多。

2.4.3.2.2　国外变压吸附技术应用案例

目前，天然气吸附脱碳技术的典型工业应用以 PSA 法为主。图 2.15 是某 PSA 法脱碳装置的原理流程，整个系统采用 4 步循环的工艺过程，即吸附、降压、抽真空、升压。每个过程按照设定好的程序自动运行，操作简单，实现了自动化、无人操作。该工艺过程能耗低，操作弹性大，可适应气流量和组成波动较大的原料气。但为了达到较高的 CO_2 脱除效率和总烃收率，通常需要额外增加多个吸附床，大大增加了设备的投资和运行成本[28]。

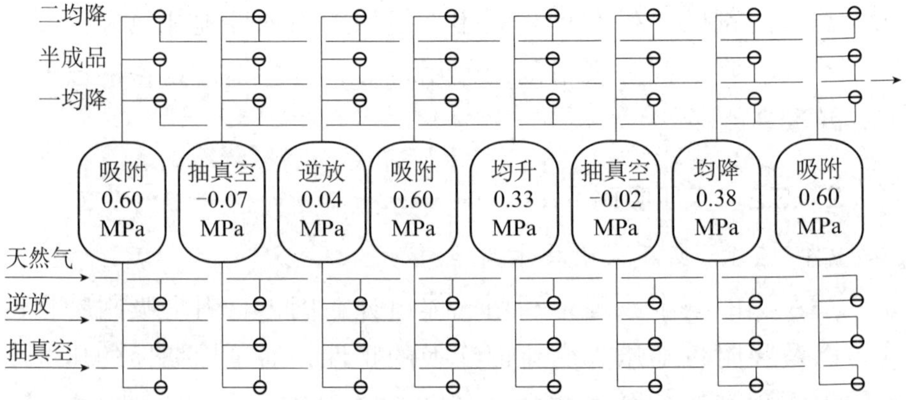

图 2.15　PSA 法脱碳原理流程[28]

在国外，以最先利用变压吸附技术分离 CO_2 的日本为例，其政府累计投入超过5000万美元，用于CO_2捕获和存储的科学研究。

东京大学和日本三菱重工业股份有限公司（简称三菱重工）研发了活塞驱动式超快速变压吸附技术以捕获CO_2[1]，取得了重要的科研突破，对变压吸附技术的推广应用起到了积极的作用。

东京电力公司研发了变温与变压相结合的吸附技术（PTSA法），并于1991年建立了规模为1000m^3/h的工厂[1]。同时，变温吸附技术使得电耗降低了11%，气体分离过程更为经济友好。

美国空气产品和化学品公司从20世纪70年代初期就开始把变压吸附气体分离技术用于合成氨变换气、尿素脱碳的研究。

英国ICI公司、荷兰KTI公司以及日本东洋工程公司分别于20世纪80年代开发了应用于合成氨、尿素生产装置中的变压吸附技术[22]。

此外，PSA脱碳技术在国外已有用于海上平台小规模净化天然气的案例：

（1）美国加利福尼亚州Tidelands石油公司开发的Molecular Gate^{TM} PSA系统［处理规模为2.68万m^3/d（标准工况）］和Xebec公司开发的快速循环PSA系统［简称RCPSA^{TM}，处理规模为7.00万m^3/d（标准工况）］[28]

这项RCPSA^{TM}技术将结构吸附床和旋转阀技术相结合，进一步拓展了PSA技术的工业应用。其中，结构吸附床避免了传统吸附床的流化现象，使PSA系统能以更快的速度周期性运行（50周期/min），同时大幅减少了吸附剂的使用，而且利用2个旋转阀替换传统PSA系统中复杂的大型阀门管路布局，大大缩小了设备尺寸（约为相同生产率的PSA设备尺寸的1/20）。

（2）IACX Energy开发的CO_2 Sponge系统

利用活性炭作吸附剂，处理规模约为13.4万m^3/d（标准工况）[28]。

2.4.3.3 变电吸附

2.4.3.3.1 变电吸附技术特点

传统的固体吸附剂吸附方式为 PSA 和 TSA，其原理为利用压力和温度的变化实现吸脱附过程。但是，这两种吸附方法所需的能耗大，能源利用率低，设备庞大复杂且脱附过程漫长，难以用于狭小的密闭空间中二氧化碳的脱除。

ESA 是一种特殊的变温吸附方式，它的原理是通过对导电吸附剂施加电流产生的焦耳效应实现热脱附。与传统的变温吸附相比，ESA 具有以下优势：

①通过电流流经导电吸附剂直接将电能转化为热能，降低了传统变温吸附中能量在传递过程中的损失，提高了能源利用率；

②升温速率快，再生所需设备简便灵活；

③吹扫气流量不会影响脱附时的升温速率，因此可使尾气中脱附气体浓度最大化；

④由于气体扩散的作用，传质与传热的方向相同，有利于气体的解吸。

2.4.3.3.2 变电吸附技术发展

变电吸附要求吸附剂能够导电导热，且在长时间的循环过程中能够保持稳定。炭材料具有优异的导电导热性能以及良好的热稳定性和化学稳定性，同时成本较低，是作为变电吸附的良好吸附材料。Zhao[66] 等将活性炭与 NaUSY 分子筛混合制备出成型体，电阻由单活性炭的 $4.59\times10^{-4}\Omega\cdot m$ 提高到 $1.18\times10^{-2}\Omega\cdot m$，减少了电极与材料接触面的能量损耗，并将 CO_2 的捕获能耗由 4.4MJ/kg 降低至 2.5MJ/kg。Lee 等 [66] 使用炭成型体作为吸附剂和电阻材料，构建了两吸附床的设备，用来模拟多床循环净化室内空气环境。在处理 20℃、每平方米含有 3000μL/L CO_2 的空气时，通过变电吸附捕获 CO_2 的所需能耗为 57.8kJ。Keller 等 [66] 分别制备了 PEI 负载的 SiC 纤维和由沸石颗粒与碳纳米管组成的纤维，均展现出了良好的电热性能。在 30℃、15%（体积分数）CO_2 的操作条件下分别能够达到 8.3mg/g 和 102.2mg/g 的吸附容量。

如今，变电吸附已经被工业化应用于挥发性有机蒸气的捕获，并有希望用于燃烧后的碳捕获。但目前应用于 CO_2 变电吸附的吸附剂既需要良好的吸附能力和选择性，又要具备优异的电热性能，同时还需要不断研究工艺流程使经济效益最大化。

2.4.4　膜分离技术

2.4.4.1　膜分离技术特点

膜分离技术是一种新兴的高效绿色分离技术，它利用不同气体组分在压差驱动下透过膜的速率差异实现分离。每种组分透过膜的速率与该气体的性质、膜的特性及膜两边压差有关。膜分离的驱动力是压差，当膜两边存在压差时，渗透率高的气体组分以很高的速率透过薄膜，形成渗透气流，渗透率低的气体则绝大部分在薄膜进气侧形成残留气流，将两股气流分别引出从而达到分离的目的。煤制油化工中常见气体组分中，H_2、CO_2、H_2O、H_2S 的渗透能力较强，而 N_2、CH_4 的渗透能力相对低一些。

膜分离技术适用于气体组成复杂且 CO_2 含量较高的情况，膜分离过程不发生相变，具有能耗低、操作简单、设备占地面积小等优点，特别适用于空间受限的场合，如海上平台天然气脱碳处理。因此，膜分离脱碳技术受到广泛关注，被认为是分离领域重大的技术进展之一。

2.4.4.2　膜分离技术关键

膜材料是膜分离技术的核心。先进的膜材料应在具有高气体分离性能的基础上，还具备较高的稳定性。

根据膜材料的不同，气体分离膜主要分为无机膜和高分子膜两大类。无机膜以多孔陶瓷膜为主，这类膜材料具有出色的稳定性，但成本较高（约为高分子膜的 10 倍），且难以制备大面积无缺陷薄膜，其规模化应用受限。而高分子材料来源广泛、易加工成型、结构可控性强，是最早被工业化应用的气体分离膜材料。目前，高分子材料占据约90%的膜分离市场，如聚砜（PSF）、醋酸纤维素（CA）、聚二甲基硅氧烷（PDMS）和聚酰亚胺（PI）等。

气体分子在高分子膜内的传递遵循溶解–扩散机制，如图2.16所示，气体透过膜的三个步骤为：①气体分子先在膜的上游侧表面溶解吸附；②溶解吸附的气体在膜内压差和浓度梯度的共同驱动下扩散透过膜主体，到达膜的下游侧；③当膜中气体的浓度梯度沿膜厚方向达到稳定状态时，气体分子在膜的下游侧表面解吸。

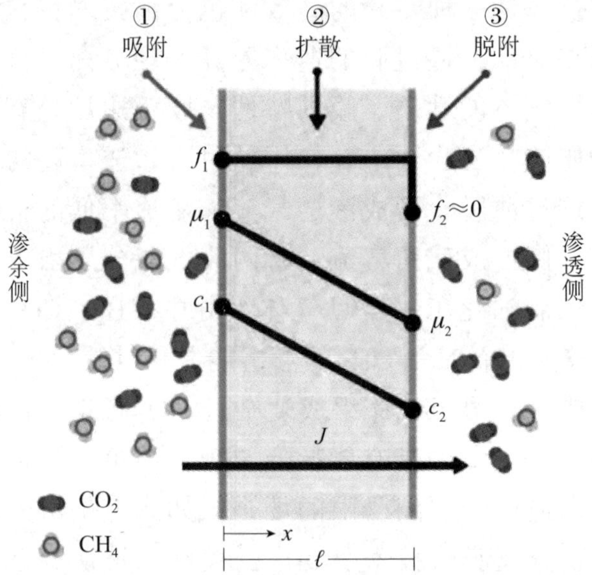

图2.16 气体分子以溶解–扩散机制透过膜的示意[28]

2.4.4.3 国外膜分离技术应用案例

自1965年美国杜邦公司首创了用于氢气与氦气分离的中空纤维膜及分离装置以来，国内外许多研究团队联合各大公司在气体膜分离领域进行了大量研发工作，并实现了膜技术在不同气体分离体系中的工业化应用，其中膜分离脱碳技术展现出巨大的发展前景。目前，世界上已有超过 20 个国家成功采用膜分离技术净化天然气，标准工况下日处理量超过 $3 \times 10^7 m^3$。

（1）美国霍尼韦尔 UOP 公司

全球应用较多的天然气膜脱碳系统是由美国霍尼韦尔（Honeywell）UOP 公司开发的 Separex™ 膜处理系统（安装已超过 130 套），该系统能够同时在海上井口或陆地采集设施上使用。

该膜处理系统的主要特点如下：原料气处理量需大于 $1.34 \times 10^5 m^3/d$（标准工况），进料压力高达约 138bar（绝对压力，下同），渗透侧压力通常低于约 3.5bar，膜两侧压差最大为 100bar，进料温度在 16 ～ 65℃；安装时间短、成本低，最低日处理成本仅为约 3.36×10^{-3} 美元 $/m^3$（标准工况），分阶段扩大产能，提升 CO_2 处理量，Separex™ 膜的厚度是目前业内最薄的，设备空间利用率高，整套装置易于操作，稳定运行周期长 [28]。

2013—2017 年，巴西国家石油公司（Petrobras）在其运营的多达 8 艘浮式生产储油船（FPSO）上安装了 Separex™ 膜处理系统，并在海上平台进行日处理量为 $6 \times 10^6 m^3$（标准工况）的天然气脱碳处理 [28]。

（2）基于膜分离法的耦合脱碳技术也极具发展潜力

现阶段，实际工业应用的天然气耦合脱碳技术以膜分离法与醇胺吸收法的结合为主。目前，这种耦合脱碳技术在国外已成功实现工业应用，它既能达到比单一膜法更高的 CO_2 脱除率，又具有比单一醇胺吸收法更宽的适用范围。

1）美国 Mattlet 天然气处理厂

该厂耦合脱碳装置日处理量约 $2.89 \times 10^6 m^3$（标准工况），成功将高 CO_2 含量水平 [约 90%（摩尔）] 的天然气稳定脱除至 1.5% 以下。

2）印度尼西亚 Grissik 天然气处理厂

该厂耦合脱碳装置日处理量约 $8.78 \times 10^6 m^3$（标准工况），可将含 CO_2（约 30%）天然气脱除至 CO_2 含量为 3% 以下 [28]。

2.4.5 物理吸收技术

物理吸收法是在加压条件下，通过物理溶解的方法吸收 CO_2，适用于 CO_2 分压较高的烟气。该法的关键是吸收剂，要求对 CO_2 的溶解度大、选择性好、沸点高、无腐蚀、无毒性、性能稳定，对 H_2 和 CH_4 的溶解度低等。物理吸收法的流程较简单，吸收在低温、高压下进行，吸收能力大，吸收剂用量少、容易分离等；再生容易，不需要加热，采用降压闪蒸或者常温汽提的方法，因而能耗较低，投资及操作费用也较低。缺点是物理溶剂容易受到 SO_x 与 NO_x 的影响，可选择的溶剂种类很少。

2.4.5.1 低温精馏技术

2.4.5.1.1 低温精馏技术分析及特点

低温精馏技术[21, 22]是通过加压降温的方式，利用原料气当中各组分相对挥发度的差异，将原料气多次压缩和冷冻制冷，使 CO_2 发生相变成为液体，从而达到从原料气中分离 CO_2 的目的。此方法在液态状态下对 CO_2 进行分离，是一种物理过程，避免了化学或物理吸收剂的使用，不存在吸收剂腐蚀等问题，且耗水较少。其优点还在于能够产生高纯、液态的 CO_2，且液体 CO_2 密度大，便于管道输送及汽运。但是，低温精馏过程中需要消耗大量的能量，且设备投资较大。由于分离出的 CO_2 便于运输、储存，该方法多用于强化驱油。

低温精馏技术存在的主要问题如下：①存在水蒸气或酸雾等对分离造成干扰；② CO_2 相变过程中会形成固体，堵塞设备，降低效率；③因需要压缩与冷却单元，导致能耗较高[1]。

2.4.5.1.2 国外低温精馏技术应用案例

为解决这一问题，研究者们开发了各种优化和改进的工艺，其中有代表性的有 Ryan-Holmes（R-H）工艺和 CryoCell® 工艺。

（1）美国 Koch Process System（KPS）公司的 Ryan-Holmes 工艺

Ryan-Holmes 工艺是美国 Koch Process System 公司的 Ryan

Holmes 三塔和四塔工艺，整个流程包括乙烷回收、甲烷脱除、添加剂回收和 CO_2 回收[22]。公司将该技术用于强化采油伴生气分离 CO_2 技术。但 Ryan Holmes 工艺存在能耗高、操作压力高等缺点，使得其并未获得太多的关注和发展。

（2）Cool Energy 公司开发的 CryoCell® 技术

CryoCell® 技术是利用 CO_2 独特的固化特性来脱除天然气中 CO_2 的一种低温精馏技术。这项技术由 Cool Energy 公司开发，联合 Shell 等公司在澳大利亚西部建立了示范应用。

该示范工程的测试条件是：原料气 CO_2 13% ～ 60%（摩尔），进料温度 -65 ～ -50℃、压力 5.5 ～ 6.5MPa。

Hart 等[28] 在上述 CryoCell® 基本工艺流程基础上，根据 CO_2 含量和 LNG 品质要求对其作了进一步改进。

这项低温分离技术利用 CryoCell® 净化系统前的脱水装置除去原料气中的水分，使整个工艺过程几乎无腐蚀风险，而且不需过程加热系统，能耗低于 R-H 工艺，但其对压缩功率有更高要求，且 CO_2 脱除率有待进一步提高。

（3）埃克森美孚公司的 CFZ 技术

埃克森美孚公司在美国怀俄明州建立了基于 Controlled Freeze Zone（CFZ）低温分离技术的示范工厂。通过改变不同的进料组成和压力，进行了为期一年的性能测试研究。

研究表明，即使原料气中 CO_2 高达 71%（摩尔），该项低温技术的 CO_2 脱除率仍高于 99%，而且同时脱除 H_2S 也可获得较好的分离效果；但这项技术同样需要设置脱水装置，以防止原料气中的水分结冰堵塞原料气流，造成危险。

目前，低温精馏技术在天然气脱碳领域的应用主要集中在国外，且常用于分离回收油田伴生气中的 CO_2，而我国在这方面的应用还鲜有报道。

2.4.6 其他捕集技术

除了上文介绍的应用于化工行业的成熟技术，还有一些新的 CO_2 捕集技术正在开发中，如超重力技术、化学酶技术、光催化技术、生物质能碳捕集技术等。

2.4.6.1 超重力技术

超重力反应器是一种可以实现快速反应的理想反应器，利用比重力加速度大很多的超重力环境进行过程强化，通过高速旋转产生高加速度环境，实现快速反应，其反应效率远高于传统塔器。超重力反应器由于其高效的传质效果，在脱除 CO_2 方面，比传统的反应器传质效率更高、能耗减少、更经济。超重力设备用于提升胺液、脱除 CO_2 的研究与应用早有报道，但用于再生胺液的研究较少。胺液再生为吸热过程 [1]，反应平衡向释放 CO_2 的方向移动，是一个快速反应过程。因此，CO_2 的解吸速率控制步骤取决于扩散和分离速率。采用超重力技术则能提升这一过程，同时可以有效降低再生能耗。

2.4.6.2 化学酶技术

化学酶技术脱碳是一个结合了生物催化反应合成化学品的脱碳过程。化学酶法具有较高的选择性与高产率等优点。目前，化学酶技术在工业上的应用场景，主要为捕获发电厂释放的 CO_2。化学酶技术脱碳的典型过程为：CO_2 由 [NiFe] 一氧化碳脱氢酶转化为 CO；CO 进一步转化为不同的附加值产品，如碳氢化合物、甲醇和乙酸等 [67]。

2.4.6.3 光催化技术

光催化技术转化 CO_2 是目前研究的新兴领域之一。这种技术利用光的照射来减少 CO_2。光催化剂是将 CO_2 转化为高附加值产品的光敏催化剂。就转换效率和可持续性而言，光催化技术优于电化学技术。然而，光催化技术的选择性较低。

光催化技术可分为均相光催化和多相光催化两大类。多相光催化反应中经常用到半导体材料。通过太阳照射，将 CO_2 转化为燃料的过程是可持续的，因为它不需要额外的能量。金属氧化物已被用于许多用途，如水处理和其他有价值的工艺。金属氧化物也可作为催化剂，利用光催化反应，将 CO_2 转变为甲烷。上述反应中的金属氧化物，包括 $W_{18}O_{49}$、HNb_3O_8、Bi_2WO_6、TiO_2 以及 Zn_2GeO_4。在光催化反应中，利用不同的金属氧化物催化剂，如 $CuGaO_2$、$LiNbO_3$、$BiVO_4$、ZnO、TiO_2 和 WO_3 等 [68]，可将 CO_2 转变为 CO、甲酸、甲醛和乙醇等多种有用产物。

另一种先进的 CO_2 转化方法是使用量子点敏化光催化剂。目前，研究人员发现，利用敏化的 Cu-TiO_2 催化剂结合 PbS 量子点，CO_2 的转化率达到最大值。

2.4.6.4　生物质能碳捕集技术

生物质能碳捕集（BECC）技术利用植物的光合作用，将大气中的 CO_2 转化为有机物，并以植物生物质的形式存储下来，这部分生物质可以直接用于燃烧产生热量和能量，或者利用化学反应合成天然气或氢气等其他高价值清洁能源。目前普遍认为生物质能是可持续的碳中性能源。

BECC 技术是 21 世纪初提出的负排放概念，目前仅处于开发阶段。到 2019 年，全球共有 20 个 BECCS（包括 CO_2 存储）项目，且大部分位于北美、欧洲和斯堪的纳维亚半岛 [2]，其中五个 BECCS 项目正在运行，五个项目因为经济性问题已被取消，其余项目则已完成或正在规划。

正在运行的五个项目均为发酵工厂，其中三个在美国，一个在加拿大，一个在荷兰，它们靠以种植玉米为主的农产品来生物捕获大气中的 CO_2，然后将所收获的农作物发酵生产乙醇。发酵工厂 CO_2 排放集中，有利于捕捉，成本较其他模式要低，还可以与二氧化碳强化采油（CO_2-EOR）、二氧化碳强化甲烷开采（CO_2-ECBMR）、二氧化碳驱替地热（CO_2-EATER）等技术联合，利用CO_2的封存分别来提高石油、煤气、热量的采收率，在经济性方面具有一定优势和可行性。

已完成评估的项目如澳大利亚重点利用市政生活垃圾，农业和林业部门的有机废物研究和评估了垃圾填埋气用于燃气轮机、甘蔗渣和森林残渣以及城市固体垃圾燃烧四个 BECCS 项目。Nasim 等[2]认为 BECCS 在澳大利亚电力部门有很大的应用机会。

巴西将甘蔗渣和其他残留物作为生物质能回收利用，通过示范评估确定了 BECCS 技术支持下的乙醇和电力联合生产具有成本效益的负排放的可能性。

从案例结果看，单纯靠种植农作物来收获生物质的可用量是不够的，这种模式容易因为经济性的缺乏而被取消，所以正在规划的 BECCS 项目多考虑结合其他途径的生物质，同时使用各种生物能源技术，如废物转化为能源（挪威和荷兰）、乙醇工厂（法国、巴西和瑞典）、生物质燃烧 / 共烧（日本）、纸浆和纸（瑞典的 2 个项目）、生物质气化（美国）和沼气厂（瑞典）[2]。

此外，美国堪萨斯州（Kansas）的 Arkalon 与 Bonanza 乙烯厂也利用了 BECCS 技术。

2.5 技术比较及分析

CO_2捕集过程的高能耗、高成本，以及捕集溶剂使用后的残留废弃物处理等问题是现阶段CO_2捕集技术面临的主要挑战。下面以天然气脱碳为例，结合上述对CO_2捕集技术的分析，分别从原料气CO_2含量、净化气CO_2含量、工艺装置处理量及占地面积、能耗及成本等方面分析比较四种典型CO_2捕集技术（低温精馏、醇胺吸收、变压吸附和膜分离），见表 2.8。

经上述分析比较得出，膜分离技术操作弹性大，处理的原料

气 CO_2 含量范围最宽，最高可达 90%，适用于处理中低进料量、CO_2 含量波动较大的原料气，而且该技术在装置占地面积、能耗及成本等方面更具优势，特别是其工艺设备布局紧凑、占地面积小，对于空间受限的海上平台天然气脱碳处理过程尤为适宜。

但随着原料气进料量的增加，单级膜分离技术的烃损失缺点会越发明显，需通过增加膜级数或采用膜法与醇胺吸收法耦合脱碳的方式，获得高 CO_2 脱除率和低烃损失。

而对于高进料量、中低 CO_2 含量的原料气来说，醇胺吸收脱碳技术较为合适，它不仅工艺技术成熟，而且能达到很高的 CO_2 脱除效率，可将 CO_2 含量脱除至 50μL/L；但装置占地面积大、投资成本及能耗较高，需综合考虑。目前，该技术普遍用于陆地工厂的天然气脱碳过程。

表 2.8 典型 CO_2 捕集技术比较[28]

项目	低温精馏	醇胺吸收	变压吸附	膜分离
原料气 CO_2 含量 / %（摩尔）	3.5 ~ 65	≤ 70	≤ 40	≤ 90
净化气 CO_2 含量 / %（摩尔）	2 ~ 3	≤ 2（可脱除至 50μL/L）	≤ 3	可低至 1 ~ 2
净化气出口压力 / MPa	2 ~ 4	5 ~ 7	1 ~ 3.5	2 ~ 10
CO_2 出口压力 / MPa	—（液态 CO_2）	约 0.13	< 0.5	< 0.5
处理量	中	高	低	中低
占地面积	大	大	中	小
能耗 /(MJ/kgCO_2)（主要用途）	6 ~ 10（制冷系统）	4 ~ 6（溶剂再生）	2 ~ 3（吹扫气体 / 再压缩）	0.5 ~ 6（原料气和级间压缩）
投资成本	中	高	中	中低
操作成本	中	中	低	中低

续表

项目	低温精馏	醇胺吸收	变压吸附	膜分离
备注	无须分离介质；特别适用于LNG中高含量CO_2的脱除	工艺技术成熟，但一些醇胺溶剂存在一定程度的降解和腐蚀问题；活化MDEA是醇胺法中单位能耗最低的，但溶剂成本较高	常温下即可操作，装置自动化程度高，可自动切除故障塔；分子筛吸附适用于小规模原料气中低含量CO_2的深度脱除	单级膜处理高CO_2含量的原料气通常只能完成粗脱，若要获得高纯度产品并降低烃损失，需增加膜的级数或采用耦合处理技术；需对原料气进行脱水等预处理

此外，在天然气脱碳领域，低温精馏和变压吸附这两种脱碳技术在天然气净化工业的应用范围相对较窄。低温精馏技术常用于脱除LNG中高含量CO_2，以获得高纯度且具有广阔市场前景的LNG产品，而变压吸附技术的处理规模最小，较难满足目前大规模工业应用的需求。

2.6 小结

在全球节能减排的大背景以及我国的“双碳”战略目标指导下，有针对性地研究适用于不同工况的CO_2捕集技术成为目前极其重要的研究趋势。本节结合碳捕集领域国外最新发展动态，针对燃烧前、中、后过程中CO_2的排放，阐明了各种分离方法的技术特点，对比了吸收法、吸附法、低温分离法、膜分离法、新兴分离法等技术的优缺点以及应用动态，分析总结了CO_2捕集技术的发展趋势。

本章明晰了当前吸收法中吸收剂的选择是核心，反应器与操作条件的优化是重点。对于吸附法，面向大规模工业应用，开发选择性高、吸附容量高、解吸能力强、价格便宜的吸附剂是关键。而对于膜分离技术，其特点是操作简便、灵活，但提高膜的性能依然需要持续进行研究。

尽管当前已经有较多 CO_2 捕集技术得到广泛的研究与应用，但在具体应用中仍存在诸多问题，针对 CO_2 吸收与分离的新材料、新溶剂的研究仍是碳捕集领域研究的前沿与热点课题。从碳捕集技术层面出发，今后的发展趋势很可能是两种或两种以上技术串联使用，以满足更多工况条件下的脱碳需求。

参考文献

[1] 刘志刚 . CO_2 捕集技术的研究现状与发展趋势 [J]. 石油与天然气化工 , 2022, 51(4): 24-32.

[2] A Saravanan, P Senthil kumar, Dai-Viet N Vo, et al. A comprehensive review on different approaches for CO_2 utilization and conversion pathways[J]. Chemical Engineering Science, 2021, 236: 116515.

[3] C W Jones. CO_2 capture from dilute gases as a component of modern global carbon management[J]. Annual Review of Chemical and Biomolecular Engineering, 2011, 2 (1). 31-52.

[4] A Kiani, K Jiang, P Feron. Techno-economic assessment for CO_2 capture from air using a conventional liquid-based absorption process[J]. Frontiers in Energy Research, 2020, 8 (92): 1-13.

[5] V Nikulshina, M E Galvez, A Steinfeld. Kinetic analysis of the carbonation reactions for the capture of CO_2 from air via the $Ca(OH)_2$–$CaCO_3$–CaO solar thermochemical cycle[J]. Chemical Engineering Journal, 2007, 129 (1/3): 75-83.

[6] V Nikulshina, N Ayesa, M E Galvez, et al. Feasibility of Na-based thermochemical cycles for the capture of CO_2 from air: thermodynamic and thermogravimetric analyses[J]. Chemical Engineering Journal, 2008, 140 (1/3): 62-70.

[7] J V Veselovskaya, V S Derevschikov, T Y Kardash, et al. Direct CO_2 capture from

ambient air using K_2CO_3/Al_2O_3 composite sorbent[J]. International Journal of Greenhouse Gas Control, 2013, 17: 332-340.

[8] J V Veselovskaya, V S Derevschikov, A S Shalygin, et al. K_2CO_3-containing composite sorbents based on a ZrO_2 aerogel for reversible CO_2 capture from ambient air[J]. Microporous and Mesoporous Materials, 2021, 310: 110624.

[9] D M D'alessandro, B Smit, J R Long. Carbon dioxide capture: prospects for new materials[J]. Angewandte Chemie International Edition, 2010, 49 (35): 6058- 6082.

[10] A Kumar, D G Madden, M Lusi, et al. Direct air capture of CO_2 by physisorbent materials[J]. Angewandte Chemie International Edition, 2015, 54 (48): 14372-14377.

[11] D G Madden, H S Scott, A Kumar, et al. Flue-gas and direct-air capture of CO_2 by porous metal-organic materials[J]. Philosophical Transactions of The Royal Society A, 2017, 375 (2084): 1-11.

[12] T M Mcdonald, W R Lee, J A Mason, et al. Capture of carbon dioxide from air and flue gas in the alkylamine-appended metal-organic framework mmen-Mg_2(dobpdc)[J]. Journal of the American Chemical Society, 2012, 134 (16): 7056-7065.

[13] W R Lee, S Y Hwang, D W Ryu, et al. Diamine-functionalized metal–organic framework: exceptionally high CO_2 capacities from ambient air and flue gas, ultrafast CO_2 uptake rate, and adsorption mechanism[J]. Energy and Environmental Science, 2014, 7 (2): 744-751.

[14] M Guo, H Wu, L Lv, et al. A Highly efficient and stable composite of polyacrylate and metal-organic framework prepared by interface engineering for direct air capture[J]. Applied Materials and Interfaces, 2021, 13 (18): 21775-21785.

[15] Y Belmabkhout, R Serna-Guerreo, A Sayari. Adsorption of CO_2-containing gas mixtures over amine-bearing pore-expanded MCM-41 silica: application for gas purification[J]. Industrial and Engineering Chemistry Research, 2010, 49 (1): 359-365.

[16] S A Didas, S Choi, W Chaikittisilp, et al. Amine-oxide hybrid materials for CO_2 capture from ambient air[J]. Accounts of Chemical Research, 2015, 48 (10):

2680-2682.

[17] E S Sanz-perez, C R Murdock, S A Didas, et al. Direct capture of CO_2 from ambient air[J]. Chemical Reviews, 2016, 116 (19): 11840-11876.

[18] T Wang, K S Lackner, A Wright. Moisture swing sorbent for carbon dioxide capture from ambient air[J]. Environmental Science and Technology, 2011, 45 (15): 6670-6675.

[19] 王涛 , 董昊 , 侯成龙 , 等 . 直接空气捕集 CO_2 吸附剂综述 [J]. 浙江大学学报：工学版 , 2022, 56(3): 462-475.

[20] 北京中研华泰信息技术研究院 . 中国 CCUS 技术发展现状及未来发展前景报告 2022—2027 年 [R]. 北京：北京中研华泰信息技术研究院 , 2022.

[21] 王丹 . 二氧化碳捕集、利用与封存技术全链分析与集成优化研究 [D]. 北京：中国科学院工程热物理研究所 , 2020.

[22] 步学朋 . 二氧化碳捕集技术及应用分析 [J]. 洁净煤技术，2014，20(5): 9-19.

[23] 汪家铭 . 低温甲醇洗净化工艺技术进展及应用概况 [J]. 江苏化工，2007，35(4): 13-17.

[24] 王祥云 . 合成氨气体净化技术进展（下）脱碳技术的进展 [J]. 化肥工业，2004，32(2): 19-37.

[25] Edward S Rubin. IPCC special report on carbon dioxide capture and storage[R]. Washington，DC: U.S. Climate Science ProgramWorkshop, 2005.

[26] 秦旭东，李正西，宋洪强，等 . 低温甲醇洗和聚乙二醇二甲醚工艺的技术经济对比 [J]. 化工技术经济，2007，25(1): 44-52.

[27] V Kuuskraa, P Di Pietro. 二氧化碳驱油 : CCS 的主要驱动技术 [J]. 基石 : 中文版 , 2013, 1(4): 40-45.

[28] 洪宗平，叶楚梅，吴洪，等 . 天然气脱碳技术研究进展 [J]. 化工学报 , 2021, 72(12): 6030-6048.

[29] 胡昕 . 煤炭分级利用与富氧燃烧技术机理及应用研究 [D]. 杭州：浙江大学，2013.

[30] B Kronberger, E Johansson, G Loffler, et al. A two-compartment fluidized bed reactor for CO_2 capture by chemical-looping combustion[J]. Chemical Engineering Technology, 2004, 27(12): 1318-1326.

[31] D C Thomas, S M Benson. Carbon dioxide capture for storage in deep geologic formations-results from the CO_2 capture project[M]. Amsterdam: Elsevier Science, 2005: 625-645.

[32] 李振山. 化学链燃烧中试系统的研究进展与展望 [J]. 发电技术, 2022, 43(4): 544-561.

[33] J Adanez, P Gayan, J Celaya, et al. Chemical looping combustion in a $10kW_{th}$ prototype using a CuO/Al_2O_3 oxygen carrier: Effect of operating conditions on methane combustion[J]. Industrial Engineering & Chemistry Research, 2006, 45(17): 6075-6080.

[34] J Bolhar-Nordenkampf, T Proell, P Kolbitsch, et al. Performance of a NiO-based oxygen carrier for chemical looping combustion and reforming in a 120kW unit[J]. Energy Procedia, 2009, 1: 19-25.

[35] A Bischi, O Langorgen, I Saanum, et al. Design study of a $150kW_{th}$ double loop circulating fluidized bed reactor system for chemical looping combustion with focus on industrial applicability and pressurization[J]. International Journal of Greenhouse Gas Control, 2011, 5: 467-474.

[36] A Lynfelt, B Leckner, T Mattisson. A fluidized-bed combustion process with inherent CO_2 separation: application of chemical-looping combustion[J]. Chemical Engineering Science, 2001, 56(10): 3101-3113.

[37] H Leion, A Lyngfelt, M Johansson, et al. The use of ilmenite as an oxygen carrier in chemical looping combustion[J]. Chemical Engineering Research and Design, 2008, 86: 1017-1026.

[38] J Adanez, A Abad, R Perez-Vega, et al. Design and operation of a coal-fired $50kW_{th}$ chemical looping combustor[J]. Energy Procedia, 2014, 63: 63-72.

[39] F Mayer, A R Bidwe, A Schopf, et al. Comparison of a new micaceous iron oxide and ilmenite with respect to syngas conversion in a BFB reactor and adaptation of a $10kW_{th}$ DFB system for CLC to solid fuels[C]//2nd International Conference on Chemical Looping. Darmstadt, Germany: Elsevier Science, 2012: 1863-1868.

[40] A Thon, M Kramp, E Hartge, et al. Operational experience with a system of coupled fluidized beds for chemical looping combustion of solid fuels using

ilmenite as oxygen carrier[J]. Applied Energy, 2014, 118: 309-317.

[41] J Lihty, K Whitty, P Smith, et al. Chemical looping with oxygen uncoupling with coal[C]//NETL CO_2 Capture Technology Meeting. Pittsburgh, USA: NETL, 2012.

[42] Y Zhang, D Wang, Y Pottimurthy, et al. Coal direct chemical looping process: 250kW pilotscale testing for power generation and carbon capture[J]. Applied Energy, 2021, 282: 116065.

[43] H R Kim, D Wang, L Zeng, et al. Coal direct chemical looping combustion process: design and operation of a 25kW_{th} sub-pilot unit[J]. Fuel, 2013, 108: 370-384.

[44] J Stroehle, M Orth, B Epple. Design and operation of a 1MW_{th} chemical looping plant[J]. Applied Energy, 2014, 113: 1490-1495.

[45] I Abdulally, H E Andrus, C Edberg, et al. Alstom's chemical looping combustion prototype for CO_2 capture from existing pulverized coal fired power plants[R]. Windsor, CT, USA: Alstom Power Inc., 2012.

[46] 范明龙 , 花亦怀 , 苏清博 . 高含 CO_2 天然气胺法脱碳工艺设计 [J]. 石油与天然气化工 , 2021, 50(2): 35-41.

[47] 刘可 , 王向林 , 袁庆洪 , 等 . 高酸性天然气脱硫脱碳工艺技术研究 [J]. 石油与天然气化工 , 2020, 49(3): 14-20.

[48] D A Glasscock, J E Critchfield, G T Rochelle. CO_2 absorption/desorption in mixtures of methyldiethanolamine with monoethanolamine or diethanolamine[J]. Chemical Engineering Science, 1991, 46(11): 2829-2845.

[49] 郑晓鹏 . 海上天然气田伴生 CO_2 的海上捕集及回注技术 [J]. 中国造船 , 2007, 48(S1): 297-302.

[50] T E Rufford, S Smart, G C Y Watson, et al. The removal of CO_2 and N_2 from natural gas: a review of conventional and emerging process technologies[J]. Journal of Petroleum Science and Engineering, 2012, 94/95: 123-154.

[51] 王梦璇 . 氨法碳捕集过程中脱碳吸收液解吸再生的实验研究 [D]. 北京：华北电力大学 , 2012.

[52] 张中正 . 二氧化碳的吸附分离 [D]. 天津：天津大学 , 2012.

[53] 王祥云 . 活化热钾碱脱碳工艺的新进展 [J]. 气体净化 , 2014, 5: 10-18.

[54] L A Blanchard, H C Dan, E J Beckman, et al. Green processing using ionic liquids and CO_2[J]. Nature, 1999, 399(6731): 28-29.

[55] J L Anthony, J L Anderson, E J Maginn, et al. Anion effects on gas solubility in ionic liquids[J]. The Journal of Physical Chemistry B, 2005, 109(13): 6366-6374.

[56] S Nvaki, B R Mellein, E M Saurer, et al. High-pressure phase behavior of carbon dioxidewith imidazolium-based ionic liquids[J]. The Journal of Physical Chemistry B, 2004, 108(52): 20355-20365.

[57] X C Zhang, Z P Liu, W C Wang. Screening of ionic liquids to capture CO_2 by COSMO-RS and experiments[J]. Aiche Journal, 2008, 54(10): 2717-2728.

[58] 朱雯钊，薛靖文，王毅，等．离子液体用于天然气脱硫脱碳研究进展 [J]. 石油与天然气化工，2021, 50(6): 14-20.

[59] D Camper, J E Bara, D L Gin, et al. Room-temperature ionic liquid-amine solutions: tunable solvents for efficient and reversible capture of CO_2[J]. Industrial & Engineering Chemistry Research, 2008, 47(21): 8496-8498.

[60] F Zhang, J W Ma, Z Zhou, et al. Study on the absorption of carbon dioxide in high concentrated MDEA and ILs solutions[J]. Chemical Engineering Journal, 2012, 181/182: 222-228.

[61] H C Zhou, X Xu, X C Chen, et al. Novel ionic liquids phase change solvents for CO_2 capture[J]. International Journal of Greenhouse Gas Control, 2020, 98: 103068.

[62] 袁标，沈鹏．离子液体捕集 CO_2 的研究进展 [J]. 化学与化工，2022, 47(3): 1-7.

[63] 张艺峰，王茹洁，邱明英，等．CO_2 捕集技术的研究现状 [J]. 应用化工，2021, 50(4): 1082-1086.

[64] 张卫风，周武，王秋华，等．相变吸收捕集烟气中 CO_2 技术的发展现状 [J]. 化工进展，2022, 41(4): 2090-2101.

[65] Q Li, Y Wang, S An, et al. Kinetics of CO_2 absorption in concentrated K_2CO_3/PZ mixture by using a wetted-wall column[J]. Energy & Fuels, 2016, 30(9): 7496-7502.

[66] 李文超．煤基固体胺吸附剂的制备及 CO_2 的变电吸附 [D]. 大连：大连理工大学，2020.

[67] Q Shi, J Chen, L Shen. Driving factors of the changes in the carbon emissions in the Chinese construction industry[J]. J. Clean. Prod., 2017, 166: 615-627.

[68] Yaashikaa P R, Kumar P S, et al. A review on photochemical, biochemical and electrochemical transformation of CO_2 into value-added products[J]. J. CO_2 Util., 2019, 33: 131-147.

第 3 章　国内碳捕集技术最新进展

碳达峰碳中和已成为我国的重要核心战略，我国从行业及省市层面实质性推进了双碳工作，为全国实现 2030 年前碳达峰目标奠定了坚实的基础。

“1+N”政策体系：2021 年 5 月，中共中央成立碳达峰碳中和工作领导小组，致力于构建碳达峰碳中和“1+N”政策体系，推进我国双碳工作快速落地。“1”是指 2021 年 5 月发布的《中共中央国务院关于完整准确全面贯彻新发展理念做好碳达峰碳中和工作的意见》，是管总体、管长远的，在碳达峰碳中和“1+N”政策体系中发挥统领作用；“N”则包括能源、工业、交通运输、城乡建设等分领域分行业碳达峰实施方案，以及科技支撑、能源保障、碳汇能力、财政金融价格政策、标准计量体系、督察考核等保障方案。

国务院、发改委等国家机构基于双碳发展相继发布了一系列政策，引导重点发展方向，见表 3.1。

2022 年 10 月，中国共产党第二十次全国代表大会提出：积极稳妥推进碳达峰碳中和，立足我国能源资源禀赋，坚持先立后破，有计划分步骤实施碳达峰行动，深入推进能源革命，加强煤炭清洁高效利用，加快规划建设新型能源体系，积极参与应对气候变化全球治理[1]。

表 3.1　我国碳达峰碳中和重要国家政策及重点方向[1]

重要的国家政策	重点方向
《中共中央 国务院关于完整准确全面贯彻新发展理念做好碳达峰碳中和工作的意见》	煤电、可再生资源、建筑用能、节能减碳
国务院《2030 年前碳达峰行动方案的通知》	煤电、可再生资源、建筑用能、农村用
工业和信息化部、国家发改委、生态环境部《工业领域碳达峰实施方案》	可再生能源、综合能源 / 源网荷储 / 微电网、电气化、绿色工厂 / 低碳工业园区、数字化管理、节能减碳
财政部《财政支持做好碳达峰碳中和工作的意见》	财税政策
教育部《加强碳达峰碳中和高等教育人才培养体系建设工作方案》	人才培养、煤电类人才
国家发改委《城乡建设领域碳达峰实施方案》	绿色低碳建筑、城市建设用能结构、绿色低碳建造、绿色低碳县城和乡村
农业农村部、国家发改委《农业农村减排固碳实施方案》	可再生能源替代
国家发改委等四部门《贯彻落实碳达峰碳中和目标要求推动数据中心和 5G 等新型基础设施绿色高质量发展实施方案》	节能降耗、可再生能源
科技部等九部门印发《科技支撑碳达峰碳中和实施方案（2022—2030 年）》	能源绿色低碳转型支撑技术

3.1 直接空气捕集

《直接空气捕获》（*Direct Air Capture*）报告指出，近年来，DAC 设施的数量一直在增长，目前全球有 18 个 DAC 项目正在运行，分别位于加拿大、欧洲和美国，其中 16 个项目将其捕获的二氧化碳进行出售。目前世界上规模最大的 DAC 项目于 2021 年 9 月在冰岛投产运营，每年可捕获 4000t 二氧化碳并进行储存。该项目通过矿化作用储存二氧化碳，即将空气中捕获的二氧化碳与从地热流体中捕获的二氧化碳混合后，将其注入玄武岩岩层并储存在地下，通过矿化作用将二氧化碳转化为矿物质。此外，收集能力可达年产 100 万 t 的大型 DAC 项目正在建设中，预计将于 2025 年在美建成投产。

根据 IEA（国际能源署）的统计，自 2020 年初以来，各国政府已承诺提供近 40 亿美元，专门用于 DAC 的开发和部署。2021 年，美国承诺投入 35 亿美元建立四个 DAC 中心，并推出了一个为商业规模的项目提供 1 亿美元、为商业化前项目提供 1500 万美元的 DAC 奖励计划。英国已安排 1 亿英镑（约 1.37 亿美元）用于二氧化碳去除（CDR）技术开发，包括 DAC 项目。同时澳大利亚、加拿大、欧洲和其他地区也相继出台了支持 DAC 开发和部署的资助方案。

私营部门投资也在增长。自 2020 年初以来，DAC 公司已筹集了约 1.25 亿美元的资金，微软、Stripe 公司、联合航空（United Airlines）等均在投资 DAC 设施，并购买基于 DAC 的碳去除技术。此外，DAC 是突破能源催化项目（Breakthrough Energy Catalyst，由比尔·盖茨和私人投资者联盟设立）中四项重点技术之一，将获 15 亿美元的投资。同时 DAC 也符合 2021 年宣布的 XPRIZE Carbon Removal 项目的技术方向，该项目由 XPRIZE 基金会管理，由埃隆·马斯克通过马斯克基金会资助，奖励总额为 1 亿美元[1]。

基于吸附法的 DAC 正在成为一种技术可行的负排放技术。DAC 能够捕集分布式碳排放源，不受捕集设施的位置限制。目前 DAC 技术已经达到 7 级（示范级）技术成熟度。采用碱金属氢氧化物溶剂的吸收型 DAC 中试装置运行成本较低，但面临耗水严重和再生温度较高等问题。相比之下，研究表明通过吸附方式大规模部署 DAC，在技术上和经济上都是可行的，有望实现捕集全球每年 CO_2 排放 1% 的目标。基于吸附剂的 DAC 系统运行能耗可达 0.113 ～ 0.145MJ/molCO_2，捕集成本为 60 ～ 190 美元 /tCO_2。

制备具有高 CO_2 吸附量、快速吸附动力学和良好的吸附-解吸稳定性的廉价吸附剂对于 DAC 工艺的大规模利用至关重要。在上海交通大学制冷与低温工程研究所 ITEWA 创新团队的研究中，胺功能化、有机溶剂处理的 Mg_xAl-CO_3 层状双金属氢氧化物（LDH）纳米片被用于快速捕集空气中的 CO_2。如图 3.1 所示，直链型三元胺嫁接于高度分散的 LDH 纳米片产生的吸附剂在 25℃和 400μL/L 的 CO_2 浓度下具有 1.05mmol/g 的高吸附量，比胺功能化 SBA-15 高出 30%。更重要的是，在 30min 内其 CO_2 吸附量即可达到最大容量的 70%，而聚胺浸渍材料需要两倍的时间。这些吸附剂可以在 80℃条件下进行再生并恢复其最大 CO_2 吸附量的 80%。高度分散的 LDH 纳米片提供了优异的热稳定性、水热稳定性和化学稳定性：在 50 个吸附 - 解吸循环后吸附性能衰减几乎可以忽略。考虑到潜在的成本效益和可规模化生产的工艺，单分子层胺功能化有机溶剂处理的 LDH 衍生纳米片在基于快速变温吸附的 DAC 循环中极具应用潜力[2]。

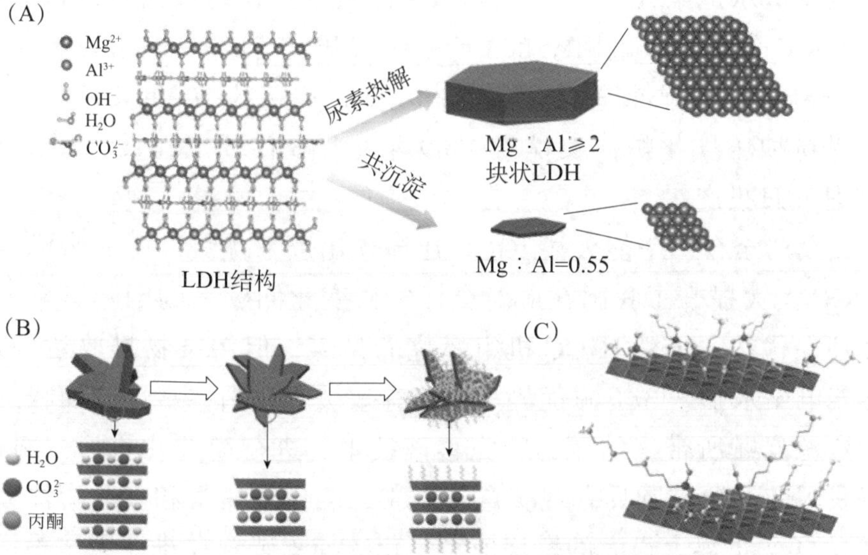

图 3.1　单分子层胺嫁接 MgAl-LDH 的制备示意

（A）LDH 衍生载体的合成；（B）AMOST 处理的 LDH 上的硅烷化反应；（C）胺嫁接的结构[2]

3.2 燃烧前二氧化碳捕集技术——华能天津 IGCC 示范电站

截至 2018 年 9 月 23 日 0 时 18 分，华能天津 IGCC 整套装置连续运行 3918h，打破由日本勿来电站保持的连续运行 3917h 的世界纪录，并继续处于稳定运行状态，成为全世界连续运行时间最长的 IGCC 机组，这标志着我国煤炭资源绿色开发和清洁低碳高效利用技术处于世界领先水平。

IGCC 主要包括空分、煤气化、合成气净化、燃气-蒸汽联合循环发电等主系统。该技术融合了化工和电力两大专业，通过将净化燃煤的气化技术和高效的联合循环发电技术相结合，对煤炭的利用实现了“吃干榨尽”，发电效率高，环保性能好，是目前国际上被验证的、能够工业化的最洁净、最具发展前景的高效燃煤发电技术。

华能天津 IGCC 是华能“绿色煤电计划”第一阶段的示范工程，是国内第一座、世界第六座大型 IGCC 电站，是我国“国家洁净煤发电示范工程”“十一五”863 计划重大课题依托项目和“基于 IGCC 的绿色煤电国家 863 计划研究开发基地”。电站装机容量为 265MW，核心装置采用华能自主知识产权的 2000t/d 级两段式干煤粉加压气化炉，工程于 2009 年 9 月 5 日开工建设，2012 年 11 月 6 日投产。

投产至今，华能天津 IGCC 还体现出以下优势：①战略优势。IGCC 大大提升了我国在应对全球气候变化问题上的国际影响力。②环保优势。虽然 IGCC 机组燃烧的是煤，但污染物排放达到天然气电站水平。③资源优势。能够有效缓解我国“富煤少油缺气”的资源禀赋所带来的压力，完善该技术、进行商业化推广，对破解我国的能源难题具有现实意义。④二氧化碳捕集和多联产优势。2016 年，世界上最大的燃烧前二氧化碳捕集装置在华能天津投运；同时，IGCC 还能与氢燃料电池等发电技术结合，进一步提高发电效率[8]。

3.3 燃烧中二氧化碳捕集技术——东方电气集团东方锅炉股份有限公司

富氧燃烧是在现有电站锅炉系统基础上，用氧气代替助燃空气，同时结合烟气循环调节炉膛内的流动和传热特性，可获得富含高浓度 CO_2 的烟气（高达80%），从而能以较小的代价冷凝压缩后实现 CO_2 的永久封存或资源化利用。和其他碳减排技术比较，富氧燃烧技术在投资成本、运行成本、碳减排成本和大型化等方面都具有优越性，并且与现有主流燃煤火力发电技术具有良好的承接性。该项目已获得授权发明专利21项、实用新型专利33项，已公开发明专利申请4项；获得授权软件著作权2项，形成企业标准3项。

主要创新点：

①全面系统的基础研究揭示了富氧燃烧技术的原理和规律：对富氧燃烧方式下的燃烧原理、多种污染物的生成机理和协同脱除原理等，进行了较为深入的研究，为新型煤燃烧和转化装置的安全运行和排放控制提供了科学理论依据。

②模型和计算方法的开发填补了富氧燃烧装备制造设计的空白：在相关研究基础上，发展了富氧燃烧系统流程设计计算方法、富氧燃烧锅炉的热力计算原理和方法以及性能试验方法等，形成软件著作权、企业标准，为现有锅炉改造以及新建锅炉相关设计提供基础数据和理论指导。

③关键技术和装备的研发突破了富氧燃烧产业化的难点：在富氧燃烧锅炉、富氧燃烧器、氧气注入器、烟气冷凝器、低能耗空分系统等富氧燃烧关键技术和装备的设计、制造、建设、调试和运行等方面进行了系统的攻关与研发，积累了成套的丰富经验，并完成了技术的放大验证，形成了系列的知识产权，为富氧燃烧技术的工业化应用奠定了良好的基础。

④工程示范和放大规律成果引领了富氧燃烧技术的发展：

35MW 富氧燃烧工业示范系统，年碳捕集能力 10 万 t/a，锅炉排烟 CO_2 浓度达到 82.7%，创造了国际上同类装置的最佳水平。该系统是亚洲第一套、国际上第四套 10 万 t/a 级富氧燃烧碳捕集示范装置，在空气燃烧 / 富氧燃烧兼容设计、低能耗三塔空分流程等方面具有自身的独特特色。该示范工程的成功运行，标志着我国在富氧燃烧碳捕集技术领域已经处于世界前列。东方锅炉股份有限公司通过本成果掌握了富氧燃烧锅炉、燃烧器、烟冷器和氧注入器等新型装备的设计和制造能力，并应用于 200MW 大型富氧燃烧示范工程可行性研究，为项目成果的后期推广和应用奠定了良好的基础。该成果具有原创和显著的技术优点，经国家一级科技查新咨询单位查新论证，该成果“在国内外文献中均未见相同的报道”，已达到了国际领先水平。

该项目研发的兼顾型富氧燃烧器专门针对前后煤种改动较大的项目有很好的效果，已成功应用于汉川电厂、左权电厂、五彩湾电厂、店塔电厂燃烧器改造项目，四项目合同总价超过 1 亿元，后续还有多个改造项目将应用该技术。

四川空分设备（集团）有限责任公司已将新型三塔空分成果投入市场，获得一套 42000Nm^3 新型三塔低纯氧空分装置订单，订单额 1.3 亿元，占领了低纯氧市场的先机。该成果将使我国在应对气候变化这个人类面临的最重大挑战中，体现出大国的责任担当，可望为形成我国的 CCUS 战略性新兴产业奠定坚实的基础。该成果入选了国家“十二五”科技创新成就展、《中国碳捕集、利用与封存（CCUS）技术进展报告》，被国际能源署列入全球富氧燃烧研发路线图，被科技部列入《中国 CCUS 技术发展路线图》。全球碳捕集封存研究院（GCCSI）评述 35MW 示范项目为“Milestone（里程碑式）”进展。2016 年 1 月 11 日，国家发改委办公厅发布了《关于切实做好全国碳排放权交易市场启动重点工作的通知》（发改办气候〔2016〕57 号），旨在协同推进全国碳排放权交易市场建设，确保 2017 年启动全国碳排放权交易，实施碳排放权交易制度[13]。

3.4 燃烧后二氧化碳捕集技术

3.4.1 吸收法示例：西安热工研究院

西安热工研究院针对燃煤电厂烟气 CO_2 浓度低、O_2 含量高、含尘量大等特点，开发了适合燃煤电厂的 CO_2 捕集技术。在低温条件（40 ～ 50℃）下用化学溶剂吸收烟气中的二氧化碳；溶液加热时（100 ～ 120℃），二氧化碳从化学溶剂中释放出来，得到高纯度的二氧化碳。西安热工研究院作为技术总负责单位，设计、建设了中国华能集团 3000t/a 燃煤电厂烟气 CO_2 捕集试验示范工程，该项目在 2007 年 APEC 会议期间被列入《中澳关于气候变化和能源问题的联合声明》，并于 2008 年 7 月 16 日正式投入生产运行。该装置是我国第一台工业级的燃煤电厂烟气 CO_2 捕集装置，性能达到国际领先水平。CO_2 回收率≥ 90%；捕集系统捕集到的 CO_2 纯度为 99.5%，精制后产出的液体 CO_2 纯度为 99.997%，达到国家食品级标准。这标志着我国在燃煤发电领域，CO_2 减排技术首次得到应用。

该项目的关键技术与技术创新点有：①针对燃煤电厂烟气 CO_2 浓度低、O_2 含量高、含尘量大等特点，自主开发了具有高反应速度、低能耗、低腐蚀性、低成本的燃煤电厂烟气 CO_2 捕集技术。②建成了我国第一套燃煤电厂烟气 CO_2 捕集装置，在装置规模和性能指标方面处于国际领先水平。③在国内率先形成了完善的燃煤电厂烟气 CO_2 捕集成套技术，包括溶剂开发、中试试验、工艺设计与优化、大型工程设计及运行技术等。该项目为我国掌握 CO_2 捕集与封存的核心技术、占领煤电未来制高点、提高相关技术自主创新能力，提供了技术研发平台和相关技术支撑；形成了包括溶剂开发、工艺系统设计和优化、非标设备设计、中试试验、大型工程设计等一套完整的燃煤电厂烟气 CO_2 捕集技术研发体系，为 CO_2 捕集技术产业化做好了准备。

中国华能集团 3000t/a CO_2 捕集试验示范装置自 2008 年 7 月

投运以来，设备一直稳定可靠运行。项目成果获得该院 2008 年度科学技术奖一等奖，并已被推广应用于华能上海石洞口发电有限责任公司 10 万 t/a 脱碳工程[7]。

3.4.2 低分压二氧化碳捕集技术

2021 年 6 月 25 日，南化公司提供工艺包开发，中国石化石油工程建设有限公司提供工程设计，国内最大规模的燃煤电厂烟气二氧化碳捕集工程——国华锦界电厂 15 万 t/a 二氧化碳捕集项目通过 168h 试运行。

燃煤电厂烟气是我国二氧化碳的最大排放源，是碳减排的主要对象。燃煤烟气二氧化碳压力低且组分复杂，常规捕集技术能耗及成本较高，影响碳减排环境效益及 CCUS 产业链经济效益。南化公司研究院研发的三代低分压二氧化碳捕集技术在这套捕集项目试运行结果显示，二氧化碳捕集率大于 90%，二氧化碳浓度大于 99.5%，捕集再生能耗明显低于目前国内其他项目，达到目前世界规模最大碳捕集项目的设计水平。这也标志着中国石化形成了低能耗燃煤烟气二氧化碳捕集技术，取得 4 项成果。

南化公司研究院是中国石化集团公司 2013 年 3 月授牌的“中国石化二氧化碳捕集与资源化利用重点实验室”。先后开展了低分压二氧化碳捕集，天然气、炼厂气湿法脱碳，煤化工循环气脱碳，膜及其他捕集技术研究，申报发明专利 65 项、实用新型专利 15 项，授权发明专利 10 项、实用新型专利 11 项，已成为二氧化碳捕集与利用领域国际领先的重要研究基地、技术应用与辐射基地、凝聚和培养拔尖创新人才基地、高技术产业关键核心技术的孵化基地。

该公司目前正致力于膜分离法等二氧化碳捕集新技术的深度研究。同时，与中国石化南京化工机械有限公司联合，开发撬装化、模块化成套装备，跨行业、多领域、大优化，为我国及集团公司开展大规模二氧化碳捕集工程提供技术支撑[3]。

3.4.3 吸附法

3.4.3.1 示例：中电投远达环保工程有限公司

中电投远达环保工程有限公司深入开展了 CO_2 减排技术发展现状研究，建成了合川双槐电厂 1 万 t/a 二氧化碳中试装置，为燃煤电厂二氧化碳减排技术的开发搭建了良好的实验平台。通过搭建吸收剂研究实验平台，开发出了具有自主知识产权的燃煤电厂烟气二氧化碳新型吸收剂和吸收剂添加剂，掌握化学吸收法吸收浓缩烟道气中 CO_2 的关键技术。开展变压吸附法浓缩烟道气中 CO_2 的实验研究。设计建造了二氧化碳资源化利用装置。利用合川双槐电厂二氧化碳捕集装置捕集所得工业级二氧化碳，成功合成了聚碳酸酯类可降解塑料，实现了对火电厂烟气中二氧化碳的资源化利用。

关键技术与创新性：

①自主开发了一种燃煤电厂烟气二氧化碳高效复合胺吸收剂（发明专利申请号 201110093748.7）。与传统的 MEA 溶液吸收剂比较，在大幅提高吸收能力和解析量的同时，降低了捕集能耗。

②首创了干湿法综合精脱硫与水平衡耦合系统，结合能耗和物料平衡优化，开发了具广泛适应性的燃煤电厂烟气二氧化碳捕集先进工艺技术。

③研制了具有自主知识产权的低成本二氧化碳捕集装置，并成功应用于 1 万 t/a 二氧化碳捕集示范项目，单位建设成本与国内外同类技术相比降低 30% 以上。

应用情况：该成果应用于合川双槐电厂一期工程，累计运行 5000h 以上 [9]。

3.4.3.2 示例：浙江大学杭州国际科创中心

2021 年 7 月 16 日，由浙江大学杭州国际科创中心作为主要完成单位，科创中心崔希利研究员作为共同第一作者的工作 *Self-assembled iron-containing mordenite monolith for carbon dioxide sieving*

在线发表在国际期刊 *Science* 上。该工作研发出一种高机械强度的自成型铁掺杂分子筛，用于二氧化碳的高效捕集和分离，该材料具有厘米级尺寸，有望实现高效、低成本的二氧化碳工业级分离，这对于吸附分离材料和技术的发展具有重要的科学意义和应用价值。

分子筛材料广泛用于工业生产中，其中丝光沸石沿 *c* 轴方向具有一维 12 元环孔道，平均孔径为 6.25Å，但对于动力学直径接近气体的高效分离，如 CO_2、N_2 和 CH_4 分子的动力学直径分别为 3.3Å、3.64Å 和 3.8Å，仍存在巨大的挑战。通常采用后修饰方法能够在一定程度上提高吸附剂的选择性，但吸附容量却大大降低。针对以上问题，该文章报道了一种无黏结剂自成型的铁掺杂的丝光沸石 Fe-MOR(*n*)。在丝光沸石的孔道中引入铁氧物种，构建了“小孔口、大孔腔”的吸附通道，即在丝光沸石的结构中，每几个到每几百个结构单元中只引入一个铁氧物种（见图 3.2）。该材料出釜即为厘米级，且具有能满足成型吸附剂所需的机械强度。

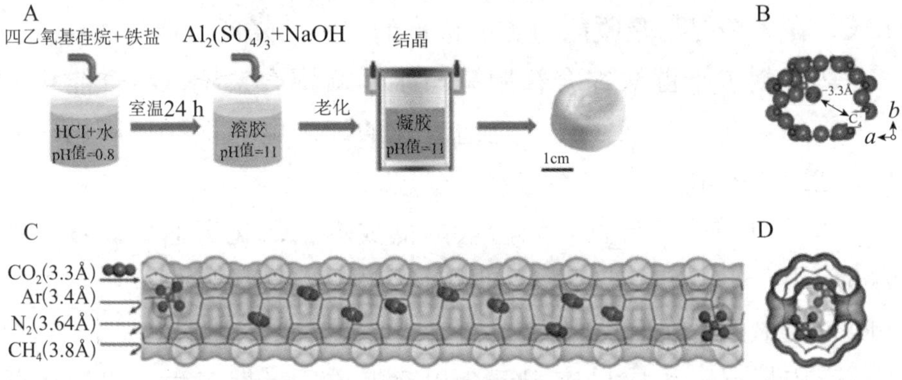

图 3.2 铁掺杂分子筛 Fe-MOR(*n*) 孔道结构示意

该吸附剂应用于碳捕集时，具有明显优势：Fe-MOR(0.25) 样品表现出创纪录的 CO_2 体积吸附容量，在 298K 和 1bar 条件下，CO_2 吸附量为 $219cm^3/cm^3$，同时具备最高的 CO_2/N_2 和 CO_2/CH_4 分离选择性；该材料表现出优异的抗水汽能力，分离能力不受水汽影响，在干气和湿气的条件下均表现出良好的循环复用性；

Fe-MOR(0.25) 能快速吸附–脱附 CO_2。Aspen Adsorption 流程模拟表明，在中试规模的真空变压吸附（VSA）分离 CO_2/N_2(15/85) 和 CO_2/CH_4(50/50) 的过程中，Fe-MOR(0.25) 不仅能高回收率地获得高纯 CO_2 气体，还表现出低能耗，优于传统吸附材料（见图 3.3）。

该研究成果不仅从科学上解决了分子筛孔窗口的精准调控和整体柱分子筛的合成问题，而且也为实际工业吸附分离技术提供了廉价易得且稳定的工业可行性材料[10]。

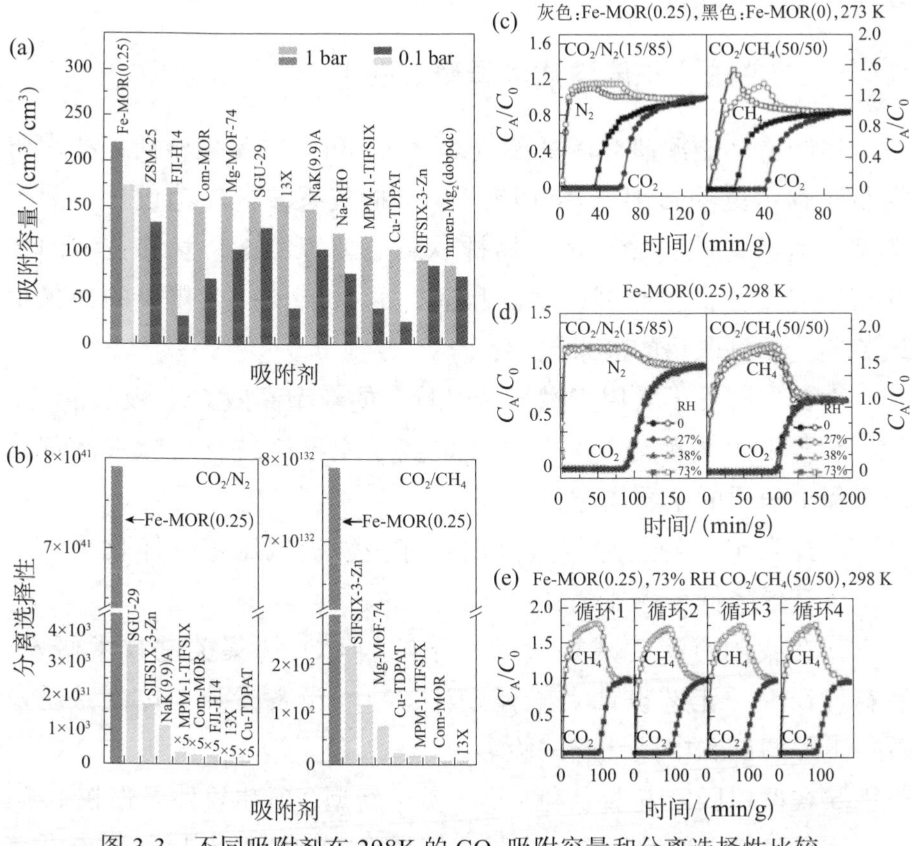

图 3.3　不同吸附剂在 298K 的 CO_2 吸附容量和分离选择性比较

3.4.3.3　示例：郭新闻教授团队

大连理工大学郭新闻教授团队近期利用倒锥形孔结构的介孔

二氧化硅纳米球（MSN）作为聚乙烯亚胺（PEI）的载体制备了新型 CO_2 吸附剂。与传统的 SBA-15 负载的吸附剂相比，MSN 的独特孔道结构使其具有更快的吸附速率、脱附速率以及在较短吸附时间内更高的吸附量（工作容量提高了 50%，CO_2 吸附速率提高了将近 30%，CO_2 脱附速率提高了 70%）。此外，该新型吸附剂的吸附活化能和脱附能量较低，有利于降低吸附、脱附循环过程中的能量消耗，具有良好的实际应用前景。相关研究结果 2020 年发表在能源领域顶级期刊 *Appl.Energy*[11]。

3.4.4 溶剂法（华能清洁能源研究院）

华能清洁能源研究院的燃气烟气 1000t/a 二氧化碳捕集技术研发与工程示范项目围绕燃气烟气 CO_2 捕集系统的工艺设计、溶剂选型、运行特性、二次污染物排放及处理等关键科学和技术问题开展研究，并自主研制、建设和运行了 1000tCO_2/a 规模的捕集中试装置。项目取得的成果包括：

①自主研发了适用于燃气烟气特点的新型高效 CO_2 吸收溶剂；

②开发了一种溶剂回收纯化的离子交换系统，可除去溶剂使用过程中积累的杂质离子；

③开发了一种新型的蒸汽加热-闪蒸-机械压缩一体化再生工艺，可有效降低再生能耗；

④在我国首次完成燃气烟气千吨级 CO_2 捕集关键技术研发、可行性研究、工艺设计和工程设计、核心设备设计、控制系统设计、工程调试和中试性能试验等；

⑤获授权国家发明专利 1 项、实用新型 2 项和软件著作权 1 项。

该项目成果通过了中国电机工程学会组织的技术鉴定（2013 年 8 月），鉴定认为"主要技术指标达到国际领先水平"。本项目成果曾获 2013 年度华能清洁能源研究院科学技术一等奖、2013 年度第五届全国电力职工技术成果奖二等奖和 2014 年度华能集团科学技术进步奖二等奖。项目运行期间，为挪威 Statoil 和美国 Powerspan

公司进行了CO_2捕集的技术论证试验，取得了较好的社会经济效益。

项目的管理运作，通过了由国际知名工程咨询公司 WorleyParsons 组织的健康、安全、环境（HSE）审计及危险与可操作性（HAZOP）审计，使得研发团队具备了较为成熟的国际项目经验。该项目开展的研发内容是目前国际上新兴的低碳技术研究热点，获得的技术成果有望开展国际技术竞争，拓展新的业务增长点；也为我国评估燃气电厂烟气CO_2捕集的经济技术可行性和进一步探索碳捕集利用与封存的应用技术提供重要的参考和指引，对推进电力行业CO_2减排工作意义重大[12]。

3.4.5　膜法

3.4.5.1　示例：南化公司研究院

南化公司研究院负责捕碳膜分离系统集成工艺研究及示范装置建设和运行，如期建成了 50000Nm^3/d 捕碳工业示范装置，运行达到项目任务目标，二氧化碳捕集能力达到国际先进水平。项目组通过前期上百次的集中研讨、试验攻关，并及时根据装置运行情况对管道、设备开停车、工艺等进行调整优化，二氧化碳捕集率达81%，捕集纯度达 95%。膜法捕碳技术具有环境友好、占地面积小、放大效应不显著、适用各种处理规模等优点。它全面提高了我国膜法捕碳技术水平，加快推进了我国膜法捕碳技术的工业化进程[4]。

3.4.5.2　示例：天津大学环境学院大气环境与生物能源团队

天津大学环境学院大气环境与生物能源团队创新思路，打破了以水和乙醇作为聚醚嵌段聚酰胺膜材料制备溶剂的常规做法。他们反复实验，探究不同溶剂对膜气体分离性能的影响。实验结果表明，以*N*-甲基吡咯烷酮作为制备溶剂，生成的膜材料中碳纳米管分布更加均匀，更加“透气”，可以有效提升膜材料气体分离效能和速率。用这种新技术制备的混合基质膜，二氧化碳分离性能接近了目前此类膜材料的理论分离上限[5]。

3.4.5.3 示例：北京化工大学韩景宾团队

膜分离技术在天然气/合成气净化、烟道气中裂解气回收及温室气体减排等 CO_2 分离领域具有重要的应用前景，高性能 CO_2 分离膜材料的设计与构筑是实现膜分离技术实际应用的关键。传统聚合物膜材料普遍存在渗透性和选择性此消彼长（Trade-off 效应）的限制，利用二维材料在其面内进行孔结构设计或层间构筑（亚）纳米通道成为一个有潜力的突破点。但是，由于二维材料的层间距和孔径难以精确调控，造价高昂、制备可重复性差等问题使其大规模应用受到限制。因此，亟须制备一种兼具 CO_2 高渗透性和选择性的二维膜材料。

层状双金属氢氧化物（Layered Double Hydroxides，LDH）是一类重要的阴离子型二维层状材料，采用液相剥层或化学合成手段均可以成功制备得到单层 LDH 纳米片，具有表面带正电荷、理化性质丰富、尺寸可控、机械强度高等特点，近年来该类材料在二维膜领域的研究引起了国内外学者的广泛关注。在前期工作中，北京化工大学化学学院卫敏教授和韩景宾教授课题组发现了 LDH 具有优异的气体阻隔性能[6-9]，实现了对 O_2、N_2、H_2O、He、H_2、CH_4 等气体分子的高效阻隔。在对比多种气体分子的渗透速率后，发现 LDH 二维材料对不同气体分子的阻隔作用大小存在显著差异，部分气体分子（如 CO_2）受到的阻隔作用较弱。

在此基础上，该课题组和牛津大学化学系 Dermot O'Hare 教授开展合作研究，提出在多孔透气基底上构筑 LDH 基气体选择性阻隔层，通过优化选择性层的结构及理化性质，控制气体选择性阻隔和渗透性之间的平衡，以优化膜的性能，实现了 CO_2 气体的高效分离。研究人员利用 MgAl-LDH 剥层纳米片和甲脒亚磺酸（FAS）通过层层自组装后旋涂聚二甲基硅氧烷（PDMS），成功制备得到 $(LDH/FAS)_{25}$-PDMS 二维杂化膜材料（见图 3.4），获得的薄膜材料表现出优异的 CO_2 分离性能。研究结果表明，$(LDH/FAS)_{25}$-PDMS 薄膜的 CO_2 传输速率可达 7748GPU，CO_2 选择性因子（*SF*）：$SF(CO_2/H_2)$、$SF(CO_2/N_2)$ 和 $SF(CO_2/CH_4)$ 分别高达

43、86 和 62，超过了 Robeson 2008 上限（Robeson 上限表示的是均相聚合物膜对特定气体对的分离性能的极限）（见图 3.5）。

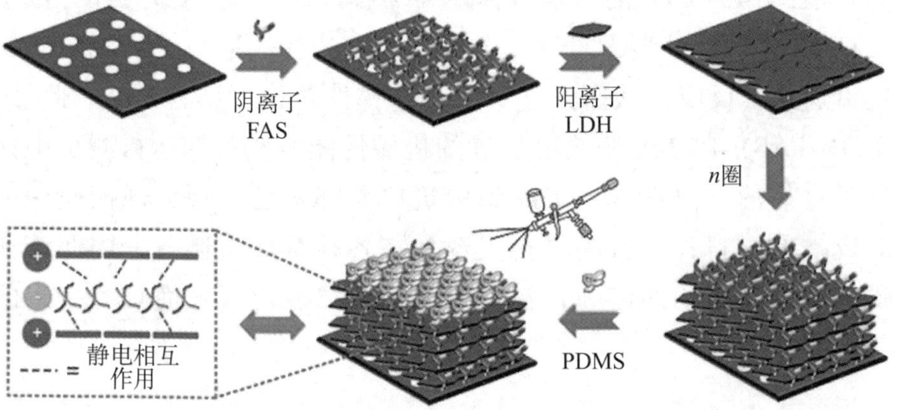

图 3.4　(LDH/FAS)$_{25}$-PDMS 二维杂化膜的制备过程 [6]

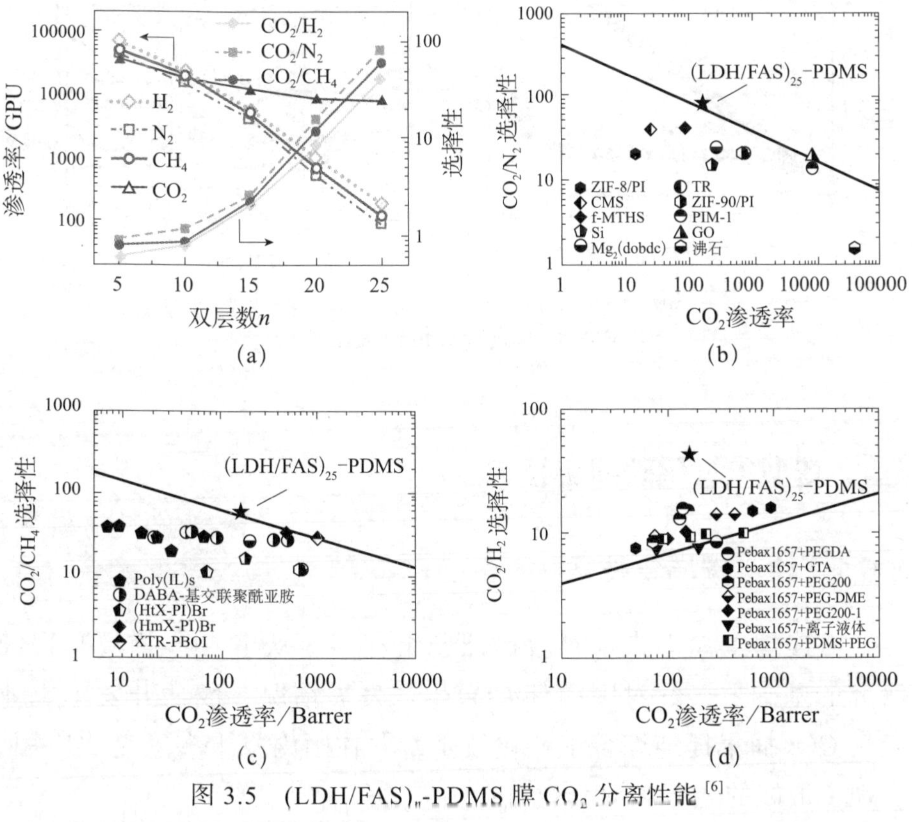

图 3.5　(LDH/FAS)$_n$-PDMS 膜 CO_2 分离性能 [6]

机理研究表明：LDH/FAS 超晶格有序结构为 CO_2 的透过提供了与其分子尺寸相匹配的传输通道；LDH 的表面碱性及 FAS 的脒基官能团作为 CO_2 的传输载体，显著提高了 CO_2 的渗透性；位于 LDH 纳米片之间 FAS 分子上的脒基能够选择性地与 CO_2 结合，发生可逆化学反应，从而促进 CO_2 的选择性转化（见图 3.6）。此外，$(LDH/FAS)_n$-PDMS 膜具有良好的机械性能，在长期运行测试中保持了良好的分离性能。考虑到构筑单元都是已实现大规模应用的低成本原材料，而且膜材料很容易在各种基底上制备，因此该薄膜具有实际应用的潜力，在捕获和分离二氧化碳方面具有一定的应用前景 [6]。

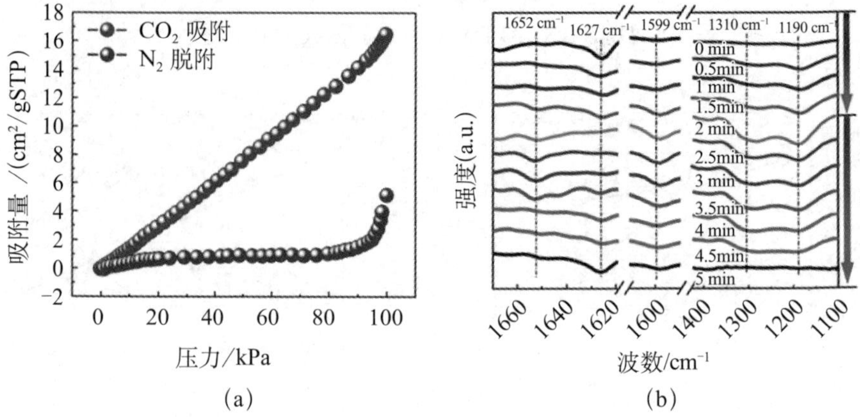

图 3.6 CO_2 选择性传输机理研究 [6]

3.5 新型二氧化碳捕集技术

3.5.1 综合碳捕集技术

大连理工大学张永春教授课题组在多年从事 CO_2 捕集和提纯研究的基础上，针对国内外 CO_2 生产发展情况，成功开发了工业废气 CO_2 捕集提纯综合工业化技术，并在国内二十多家企业应用，实现了很好的经济和社会效益。

溶剂吸收法适用范围广，首先将电厂烟道气、炼钢厂尾气、水泥厂分解气中的二氧化硫用保碳脱硫溶剂脱除，再用新型复合溶剂对低浓度 CO_2 进行捕集，使其浓度从 20% 以下提升至 95% 以上。该方法比传统的 MEA 溶剂法装置投资小、工艺流程简单，能量消耗少，稳定性好。该技术已经在辽河油田实现了工业化放大。

对于已经提浓到 95% 以上纯度的二氧化碳气源，采用吸附精馏法进行提纯净化。该方法包括压缩、吸附、液化、精馏等步骤。首先采用多种吸附剂吸附脱除各种 CO_2 气源中的氮氧化物、硫化物、醇、醛、轻烃、苯等高沸点杂质；联合低温精馏的方法脱除氢气、氧气、氮气、轻质烃类等低沸点物质，从而可以得到纯度大于 99.99% 的 CO_2 产品，产品中各种杂质的含量满足国家食品级和国际饮料技术协会（ISBT）对食品级 CO_2 的指标要求。该工艺技术的核心技术产品吸附剂，具有高度选择性、吸附容量大、抗毒能力强、强度高、寿命长的突出特点，可以使工艺过程简单、能量消耗低、设备投资少、产品纯度高。

该技术已经在辽阳、海城、锦州、天津、营口、盘锦、苏州、四平、开封、嘉兴、徐州、北京等地二十三家生产装置中推广使用，实践证明该技术可以捕集发电厂、炼钢厂、水泥厂、化肥厂、炼油厂、制氢、矿石回转窑、环氧乙烷副产气、玉米发酵气等多种生产过程中排放的 CO_2，生产的 CO_2 产品可以被广泛应用在化学合成工业、生物制药、超临界萃取、可降解泡沫塑料、机械保护焊接、碳酸饮料灌装、石油开采、消防灭火、农业气肥等多种行业，促进了这些行业的快速发展。由此可以看出，该技术进一步向国内外推广的市场前景非常广阔[14]。

3.5.2 新型高效的二氧化碳捕集工艺及装备

CO_2 捕集方法众多，以醇胺溶液为吸收剂的化学吸收法具有吸收容量大、稳定性好、吸收速率高、溶剂成本低等优点，被认为是目前发展较为成熟、较接近工业应用的方法之一。但是，该方法能耗高（3 ～ 5GJ/tCO_2），致使 CO_2 捕集成本高（约 300 元 /tCO_2），从而成为制约该技术大规模工业应用的瓶颈。

针对以上问题，西安交通大学余云松团队创新性地提出了热-光-电多能捕集 CO_2，开发了 3 代高效吸收剂（混合吸收剂、非水溶剂等），以及热电共驱反应器、喷雾塔等高效捕集装备，形成了非水溶剂捕集 CO_2、热电协同捕集 CO_2、太阳能直接捕集 CO_2 等新工艺，实现了专利转化 2 件，成功应用于能源化工行业，取得了显著的经济和社会效益。获得的研究成果为集中点源高效、低成本 CO_2 捕集技术的工业应用提供了重要的科学依据和技术支撑。

该技术有望弥补传统化学吸收法高能耗的不足，实现高效低成本的碳捕集技术推广应用（能耗 2.1GJ/t 以内），捕集成本可控制在 150 元 /tCO_2 以下，捕集率在 90% 以上。该技术可用于电厂、化工厂、水泥厂等大规模 CO_2 集中排放源，市场容量巨大[15]。

参 考 文 献

[1] 中国清洁发展机制基金 . 直接空气捕获是实现净零目标的关键技术 (cdmfund.org) [EB/OL]. (2022-05-18).

[2] 上海交通大学机械与动力工程学院 . 制冷与低温工程研究所 (sjtu.edu.cn) [EB/OL]. (2021-07-12).

[3] 中国江苏网 . 南化公司碳捕集技术在国内最大捕集项目成功应用 (jschina.com.cn)[EB/OL]. (2021-06-29).

[4] 江苏经济报 . 南化膜法捕碳技术及工业示范项目通过国家验收 (10jqka.com.cn)[EB/OL]. (2022-04-11).

[5] 中国教育新闻网 . 天津大学新技术让二氧化碳捕集材料“深呼吸”(baidu.com)[EB/OL]. (2020-07-16).

[6] xmol 资讯 . 北京化工大学韩景宾等：利用 LDHs 基二维膜材料实现 CO_2 高效分离 - X-MOL 资讯 [EB/OL]. (2021-06-08).

[7] 许世森 . 燃煤电厂 3000 吨 / 年二氧化碳捕集装置自主研发及工程示范 [Z]. 西安 , 西安热工研究院有限公司 , 2008-07-24.

[8] 中国电力新闻网. 国家洁净煤发电示范工程 华能天津IGCC打破世界纪录——中国水力发电工程学会 (hydropower.org.cn)[EB/OL]. (2018-09-26).

[9] 杜云贵 . 自主研发燃煤电厂烟气二氧化碳捕集装置成套技术及工程示范 [Z]. 重庆 , 中电投远达环保工程有限公司 , 2012-03-26.

[10] 浙江大学杭州国际科创中心 . Science！ 浙江大学杭州国际科创中心崔希利在二氧化碳高效捕集取得重要进展 (zju.edu.cn)[EB/OL]. (2021-07-16).

[11] 新材料科讯 . 大连理工郭新闻教授团队在二氧化碳捕集与催化转化领域取得新进展 | 催化剂 | 吸附剂 | 加氢 _ 网易订阅 (163.com)[EB/OL]. (2021-01-18).

[12] 许世森 . 燃气烟气 1000 吨 / 年二氧化碳捕集技术研发与工程示范 [Z]. 北京 , 中国华能集团清洁能源技术研究院有限公司 , 2013-08-02.

[13] 毛宇 . 富氧燃烧装备研发及系统集成示范 [Z]. 自贡 , 东方电气集团东方锅炉股份有限公司 , 2017-08-14.

[14] 教育部科技发展中心 . 工业废气二氧化碳捕集提纯综合工业化技术 (cutech.edu.cn)[EB/OL]. (2012-01-21).

[15] 西安交通大学国家技术转移中心 . 新型高效的二氧化碳捕集工艺及装备——西安交通大学国家技术转移中心 (xjtu.edu.cn)[EB/OL]. (2022-06-27).

第 4 章　国外典型公司碳捕集技术最新进展

4.1 美国 Honeywell UOP 公司

美国 Honeywell UOP 公司始终认为碳捕集将是实现碳中和目标的重要途径，因此也坚持发展多样化碳捕集技术，助力实现碳中和[1, 2]。

Honeywell UOP 公司将 50% 的研发预算用于节能减排，并支持可再生能源利用的技术和创新，包括工业碳捕集及封存技术。

4.1.1 美国 Honeywell UOP 公司主要研发的碳捕集技术

（1）化学溶剂（Chemical Solvent）

美国 Honeywell UOP 公司（以下简称 Honeywell UOP）主要致力于以下四种化学溶剂（工艺）的研发。

1）AmineGuard™ Process

AmineGuard™ Process 是 Honeywell UOP 研发的最大的高纯度 MEA 的系统。具有该工艺的系列专利权。

2）AmineGuard FS Process

AmineGuard FS Process 用于工业二氧化碳捕集项目。即使在低压环境下也可有效运行。与 MEA 相比有更低的运营支出。

3）Benfield

Benfield 由 Honeywell UOP 研发，是一种无机溶剂，适用于加压烟气和工业过程。

热碳酸钾工艺（HPC）最初是由美国矿业局（USBM）开发的，然后由 USBM 的前雇员和 Honeywell UOP 进行了优化。该工艺现在被称为 UOP Benfield ™工艺，可用于从生产氢气的合成气中去除 CO_2 和其他酸性气体。这种工艺已经在 700 多个装置中使用了几十年。

多年来，Honeywell UOP 对这一工艺不断进行优化改进[3]。其中一个改进是研发了 Benfield ACT-1 ™活化剂，它是一种胺添加剂，其对 CO_2 的吸收率优于标准活化剂 DEA。因此，随着下游 CO_2 量的降低，原料气通量可增大 5% ～ 15%。Benfield ACT-1 ™活化剂的潜在优势还包括再生器负荷可降低 15%，循环率可降低 15%。此外，这种活化剂的稳定性和抗降解性好，因此泡沫扰动小，只需要较少的消泡剂。

另一个升级工艺是 LoHeat™ Technology[3]。该工艺只使用了三台设备，资金成本相对较低，可以节省 30% ～ 40% 的能源。通过该集成工艺，再生器中的半固态碳酸钾溶液被送到 LoHeat 闪蒸器中。蒸汽喷射器使溶液的压力降低，溶液流经闪蒸器中的多个隔室，以再生 CO_2。CO_2 和蒸汽再被送回再生器，半固态溶液则从闪蒸器中被送回吸收器。低温移出液随后被送到一个新的冷凝塔再沸器中，使来自再生器的回流水汽化，为喷射器产生动力蒸汽。再沸器中的冷凝水在新的冷凝水分离器中去除。

此外，Benfield 工艺也通过在吸收塔和再生塔列中加入 Raschig Super Ring 随机填料，进行了改进。此改进可将质量传输效率提高 5% ～ 40%。

4）ASCC

ASCC 是由 Honeywell UOP 研发的用于碳捕集的先进溶剂，可从炼油、电力、钢铁、水泥和天然气行业的烟气中直接捕集 CO_2。

一般地，烟气（催化再生气，燃料燃烧等）脱除 CO_2 采用化学溶剂法，最常用的有 MEA（液胺）或者 K_2CO_3。

然而，MEA 在有氧环境中的热稳定性差，所以为了保持低温，再生塔都必须在低压下操作，使得再生的 CO_2 压力低；K_2CO_3 反应速度慢，因此需要大型吸收塔，增加投资成本。

相比之下，Honeywell UOP 开发的新溶剂 ASCC 具有以下优势：

①有氧环境下热稳定性好，再生塔可以在较高温度和压力下操作，CO_2 压力可以达到 6 ～ 7bar。

②可耐受含更高 O_2 含量的进料。

③低温吸收时反应动力学快，吸收塔小、投资成本低。

目前，Honeywell UOP 已经设计超过 1200 套化学溶剂装置，ASCC 将作为 CCUS 应用的最新升级溶剂。图 4.1 展示了 Honeywell UOP ASCC 先进溶剂脱碳工艺。

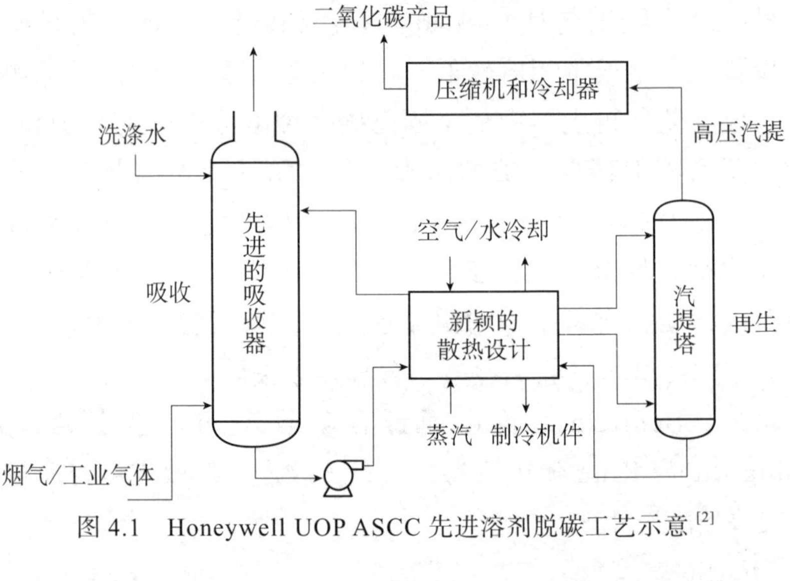

图 4.1　Honeywell UOP ASCC 先进溶剂脱碳工艺示意 [2]

Honeywell UOP ASCC 先进溶剂技术应用案例：

美国得克萨斯天然气联合循环（NGCC）电厂碳捕集项目便使用了 Honeywell UOP ASCC 先进溶剂技术，目前处于设计阶段。

该项目于 2022 年第 2 季度交付设计文件，装置配备有 2 个

460MW 燃气轮机以及 1 个 460MW 蒸汽轮机，预计 CO_2 捕集能力可达 160 万 t/a，CO_2 评估捕集率可达 98%。

图 4.2 为美国得克萨斯 NGCC 电厂碳捕集项目选址地点。

图 4.2　美国得克萨斯 NGCC 电厂碳捕集项目选址地点 [2]

（2）物理溶剂（Physical Solvent）

目前，Honeywell UOP 主要致力于 SELEXOL 工艺与 SeparALL™ 工艺。

1）SELEXOL 工艺

该工艺使用 SELEXOL 溶剂对含硫来源烟气进行 H_2S/CO_2 选择去除，适用于中国煤造气系统的脱硫、脱碳过程，可与整体煤气化联合循环发电系统、氢气及化学品生产中的脱硫、脱碳相匹配。一般地，使用聚乙二醇二甲醚组成的物理溶剂进行物理脱碳的过程中，经常用到 SELEXOL 工艺。处理后的合成气可用于电力、化工、氢和液体燃料生产。

该工艺在氧化条件下稳定性高，且装置内蒸气压低，溶剂损失低；避免了热稳定盐的形成以及无泡沫或污垢问题；所需的输入热量非常低，减少了能源使用和运营成本；可与其他技术（如 PSA 技术、膜分离技术、低温技术）一起用于混合循环，以优化 CO_2 捕集效率。目前，已有超过 60 台 SELEXOL 装置被用于天然气和（煤）气化应用，包括意大利 Sarlux 和 API IGCC 工厂。

2）SeparALL™ 工艺

此外，Honeywell UOP 与 Dow Gas Treating Products and Services 共同开发了 SELEXOL MAX 溶剂[3]。利用 SELEXOL MAX 溶剂，可以从原料气中去除 95% 以上的 CO_2。据说 SELEXOL MAX 溶剂，相比 SELEXOL 溶剂，可以将酸性气体溶解度提高 10%、黏度降低 40%。

此外，使用 SELEXOL MAX 溶剂可使溶剂循环速度降低 35%，从而降低制备和运营成本。由于 SELEXOL MAX 溶剂的高抗热降解性和低挥发性，即使再生温度高达 177℃，仍可使用 SELEXOL MAX 溶剂。

（3）吸附技术（Adsorption）

Honeywell UOP 现致力于 Polybed™ PSA 系统以及 MolSiv™ TSA 系统。

1）Polybed™ PSA 系统

该系统的特点是使用先进的吸附剂和优化的循环工艺设计流程，来实现 CO_2 的捕获。Honeywell UOP 研发的 CO_2 PSA 分离技术具有以下优势：

①相比其他相对成熟的碳捕集技术，CO_2 PSA 分离技术的投资及运行成本最低。

② CO_2 回收率可高达 98%。

③无须消耗蒸汽。

④下游增加精制设备，可使 CO_2 纯度达到食品级。

2）MolSiv™ TSA 系统

该系统可作为预处理单元或独立单元，实现 CO_2 的单独脱除。

（4）液体 CO_2 和膜分离技术（CO_2 fraction and CO_2 membrane）

液体 CO_2 和膜分离技术适用于在高压条件下捕获 CO_2。

1）Separex™ 膜系统

该系统目前是较为成熟的系统，在大型 CO_2 捕集和封存项目方面被广泛使用。

2）Ortloff CO_2 分馏

Ortloff CO_2 分馏不但可捕获 CO_2，而且可提供高纯度液体 CO_2 作为产品，同时还可提供副产品。

UOP 的深冷 CO_2 分离技术具有以下优势：

①可直接产出高纯 CO_2 液体产品，也可转为高压 CO_2 气体产品，便于运输和存储。

②可副产高纯度 H_2 产品，额外提升整体 10%～20% H_2 回收率。

③几乎无须对已有装置进行改造。

④ CO_2 回收率 >99%。

⑤可完美对接下游 EOR 应用。

此外，该技术也可耦合于蓝氢应用技术，帮助化石燃料制氢实现低碳化。

图 4.3 为 Honeywell UOP 深冷分离技术与 Polybed™ PSA 系统在 SMR 蓝氢系统中的应用示意。

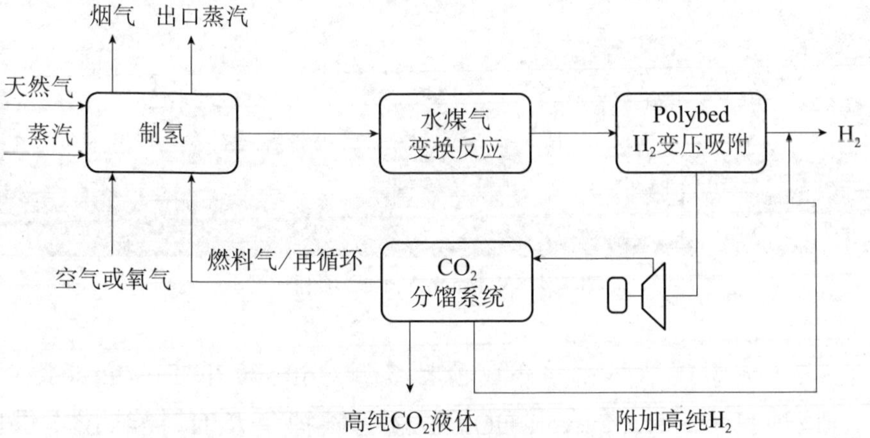

图 4.3　Honeywell UOP 深冷分离技术与 Polybed™ PSA 系统在 SMR 蓝氢系统中的应用示意[2]

值得注意的是，膜分离技术和低温技术可以与其他碳捕集技术相耦合，以降低总体 CO_2 捕获成本。

4.1.2 Honeywell UOP 典型碳捕集技术耦合应用案例

（1）全球最大碳捕集项目 Wabash Valley[2]

该项目中，Honeywell UOP 被选为碳捕集及 H_2 提纯技术供应商。该项目是最大的 CCS 项目，每年可捕获 1.65t CO_2，同时，也是全美第二大碳捕集 / 碳封存项目（非驱油）。该大型碳捕集项目结合了 Honeywell UOP 的 Modular Molsiv、Modular CO_2 Fractionation System 以及 Modular PSA 等技术，实现了商业化利润。

图 4.4 为 Wabash Valley 项目。

图 4.4 Wabash Valley 项目[4]

（2）大型碳捕集化学合成项目案例 Coffeyville Resources

该项目中，Honeywell UOP 被选为碳捕集及 H_2 提纯技术供应商。该项目为合成尿素项目（UAN），用作脱碳与脱硫，气体处理量可达 160000Nm^3/h。Coffeyville Resources 应用了 Honeywell UOP 的 SeparALL^{TM} 技术与 Modular PSA 技术。

图 4.5 为 Coffeyville Resources 项目流程示意。

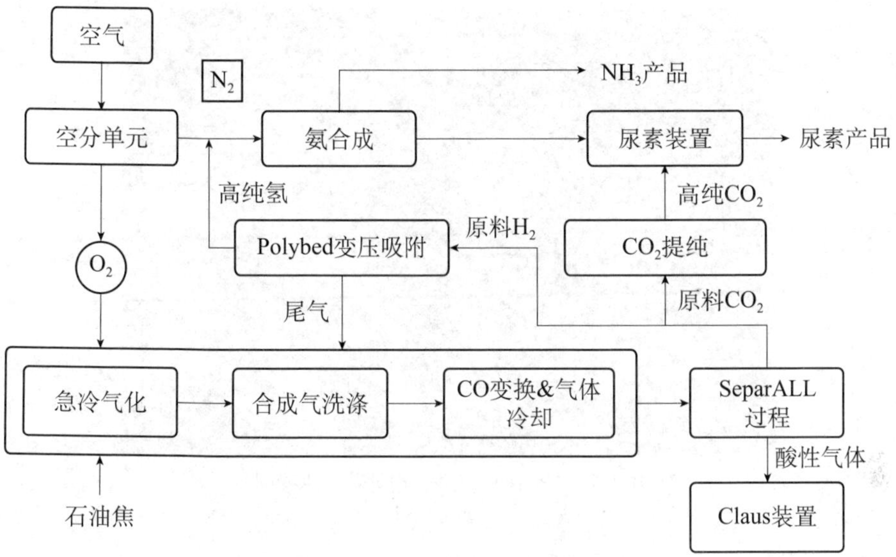

图 4.5　Coffeyville Resources 项目流程示意[2]

4.2 冰岛 Carbfix 公司

在位于冰岛西南的 Hellisheiði 发电厂西南 3km 处，一座世界性的二氧化碳固定工厂正在悄然运行着，源源不断的二氧化碳正在被打入地下。在不到 2 年的时间，这些 CO_2 可以转化成地下的石头，放置千年都能稳定存在。自 2014 年以来，这里共有 7 万 t CO_2 注入地下，以石头的形式被“永久地”储存在地下。

图 4.6 为 Carbfix 二氧化碳矿化装置。

Carbfix 发现，通过植被的光合作用固定二氧化碳并不是自然界唯一的“减碳”形式，其实用岩石也可以固定二氧化碳实现碳汇。

Carbfix 技术团队将二氧化碳溶解到水里，然后将这些富含二氧化碳的水注入岩层中，二氧化碳可以与玄武岩等活性岩层发生化学反应，形成稳定的矿物，这些矿物可以被永久地储存。

值得一提的是，在 Carbfix 项目中，二氧化碳在玄武岩层中的矿化速度非常惊人，远远超过了研究人员的预期，在不到 2 年的

图 4.6 Carbfix 二氧化碳矿化装置 [5]

时间，该项目近 95% 的二氧化碳被矿化。而在早期的观念中，利用矿物封存二氧化碳的过程过于缓慢，往往需要成百上千年，这使得该方法不受重视，Carbfix 工艺基于扎实的科学研究，并已被证明在工业规模上是成功的。

Carbfix 项目所采用的岩石是玄武岩 [5]，这种岩石具有较高的反应性，并且富含钙、镁、铁等能够永久固定二氧化碳的元素，疏松多孔的结构使其能够和碳酸水充分接触，利于反应的进行。另外玄武岩是地球表面常见的岩石类型之一，可覆盖 5% 的大陆和大部分的海底，其储存二氧化碳的容量远远大于现在大气减碳所需的目标。

自 2014 年以来，Carbfix 技术已被应用于显著减少 Hellisheiði 电厂的二氧化碳排放量，Hellisheiði 的现场 CCS 永久储存成本为 29 ～ 66 欧元 /t，而欧盟排放交易体系中一项碳配额的近期平均价格为 44 欧元 /t，应用 Carbfix 技术取得了显著的经济效益。

由于每吨二氧化碳的矿化过程需要消耗将近 25m^3 的水，因此这一技术并不是在地球上所有地方都适用，只有在水资源丰富的地区，这一技术才比较容易实现。此外，在冰岛上还在建 CODA 终端，船只可以将其他区域的二氧化碳转运到这里来，将二氧化碳泵入 Carbfix 的固碳网络中。该项目计划于 2034 年前完成，有六艘船只在经营这一任务，每年可输送二氧化碳 300 万 t。

图 4.7 展示了将二氧化碳通过海洋运输至冰岛的 CODA 终端。

图 4.7　将二氧化碳通过海洋运输至冰岛的 CODA 终端 [5]

目前 Carbfix 团队正在进行在注入之前使用海水溶解二氧化碳的基础研究，希望扩大该技术在缺水地区、沿海和近海地区的适用性。与此相关的 Carbfix2 是欧盟资助的 H2020 研究项目，Carbfix 与 Climeworks 合作的 DACCS 项目 Orca[6-8]，该项目将直接空气碳捕集技术与 Carbfix 技术相结合，希望直接捕获空气中的二氧化碳并注入地下。

参 考 文 献

[1] 刘志刚 . CO_2 捕集技术的研究现状与发展趋势 [J]. 石油与天然气化工 , 2022, 51(4): 24-32.

[2] 佚名 . 埃克森美孚采用霍尼韦尔碳捕集技术 [J]. 化工装备技术 , 2023, 44(2): 72.

[3] Worldwide, Refining, Business, et al. Worldwide Refining Business Digest: The Fast-read Comprehensive Newaletter for Busy Professionals Working in the Refining Industry[J].Worldwide Refinery Processing Review, 2014(Dec.). 64.

[4] Amanda Jasi. Wabash Valley Resources closes investment for CCS project[J]. Industry, 2019(May).

[5] 化学渣货铺：碳中和里的黑科技 01：我们将二氧化碳变成石头！知乎 [EB/OL]. (2021-08-09).

[6] 私有及待上市公司 大气治理公司：瑞士商业二氧化碳去除技术公司独角兽：Climeworks AG, 美股之家 [EB/OL]. (2022-05-30).

[7] Climeworks：逆转气候变化的技术 . 世界知识产权组织 .

[8] 碳捕获公司有史以来最大融资：Climeworks 完成 6.5 亿美元融资 _ 腾讯新闻 (qq.com)[EB/OL]. (2022-04-05).

第 5 章　国外典型国家双碳方面政策法规及借鉴意义

进入 21 世纪以来，由于工业化步伐的加快以及全球变暖趋势的加剧，CO_2 捕集项目受到越来越多国家的重视。美国、加拿大、欧盟及日本等国家和地区加速推进 CO_2 捕集项目的工业化，为此也相继出台多个相关的政策法规。下面按照国家的不同，依次进行介绍。

5.1 美国

5.1.1 《基础设施投资和就业法案》

在全球碳捕集技术领域内，目前，美国仍然是领跑者，2021 年新增设施 36 个，主要得益于美国相关政策对行业和投资的引导作用。2021 年美国国会通过的《基础设施投资和就业法案》将 CCS 作为减少二氧化碳排放的重要途径 [1]。

同年，美国国会为碳捕集、利用与封存拨款 2.283 亿美元，给化石能源和碳管理办公室的资金比前一年增加了 1050 万美元。美国能源部（US DOE）利用这笔资金和上一财年的资金，承诺或授予共同资助协议，用于相关技术的前端工程和设计（FEED）研究，包括从工业和天然气源捕集二氧化碳的技术、DAC 和二氧化碳利用和地质封存。美国能源部还发布了一项氢能战略，详细说明了 CCS 在向氢能经济过渡中所发挥的作用。

5.1.2 《美国能源法案 2020》

《美国能源法案 2020》则授权 60 多亿美元用于 CCS 的研究、开发和示范。《美国能源法案 2020》作为经济刺激法案的一部分于 2020 年 12 月通过 [2]。超过 60 亿美元被授权用于能源部和环境保护署（EPA）2021—2025 财年的 CCS 研究、开发和示范（RD&D）项目 [3, 4]，包括：

① 26 亿美元用于六个商业规模的示范项目（天然气、煤炭、工业）；

② 10 亿美元用于大规模试点项目；

③ 9.1 亿美元用于美国能源部的低技术就绪水平（TRL）3 研发；

④ 8 亿美元用于大规模碳封存和验证项目；

⑤ 2 亿美元用于 FEED 研究；

⑥超过 10 亿美元用于其他活动。

5.1.3 《45Q 税收抵免法规》

美国财政部和国税局（IRS）在 2021 年 1 月通过了《45Q 税收抵免法规》(以下简称《法规》)。该法规包括对地质封存认证的重要细节、多项目汇合、缩短碳信用回收的追溯期以及对碳利用作了更全面的定义。

前文提到的《美国能源法案 2020》将开始建设的最后期限延长到 2026 年 1 月 1 日。

在 2021 年期间，美国国会提出了一些重要的法案，对 CCS 提供了明确的支持 [3, 4]。总体而言，这些立法文件（在本报告定稿时，这些文件都尚未正式立法）都包含支持 CCS 部署的内容，包括：

①修订 45Q；

②大幅提高地质封存、利用和 DAC 的信用价值；

③提出直接支付这一选项；

④将开工期限延长十年；

⑤允许跨国公司拿碳信用抵消纳税义务。

《法规》采用递进式 CO_2 补贴价格的设定方式。其中，CO_2 地质封存的补贴价格由 25.70 美元 /t CO_2（2018 年）递增至 50.00 美元 /t CO_2（2026 年），非地质封存（主要指 CO_2-EOR 和 CO_2 利用）的补贴价格由 15.29 美元 /t CO_2（2018 年）递增至 35.00 美元 /t CO_2（2026 年）。《法规》使抵免资格分配制度更加灵活，明确私人资本有机会获得抵免资格。这种方式使得投资企业可以确保 CCUS 项目的现金流长期稳定，并大大降低了项目的财务风险，从而鼓励企业投资新的 CCUS 项目。

在实现 1.5℃目标的前提下，2030 年、2040 年和 2050 年，美国 CCUS 的减排量分别为（0.91 ～ 8）亿 t、（6 ～ 17.3）亿 t 和（9 ～ 24.5）亿 t。与 2020 年运行中的 3000 万 t CCUS 设备容量相比，美国需要在 2050 年前新建大量的 CCUS 项目来实现其气候目标 [1]。

5.2 加拿大

5.2.1 《健康的环境和健康的经济》

为了鼓励私人投资 CCUS 项目，加拿大正依靠其碳排放价格、投资税收抵免，以及要求降低燃料排放强度的清洁燃料法规（CFR）加速 CCUS 发展 [5]。根据加拿大政府的数据，加拿大现有 4 个 CCUS 项目占全球碳捕获总能力的 15%，目前每年可捕获 400 万 t 碳。

加拿大政府在 2020 年 12 月发布了《健康的环境和健康的经济》政策文件。这份政策文件建议为加拿大制定一个全面的 CCUS 战略，并向大规模工业排放者发起净零挑战，以推动到 2050 年实现净零排放的计划。

5.2.2 《2030年减排方案》

加拿大的平均气温上升幅度是全球平均水平的两倍，减少污染并采取措施从空气中去除多余的碳是加拿大历史上最重要的任务之一。2022年3月29日，加拿大政府公布气候变化战略文件，即《2030年减排方案》（以下简称《方案》）[6]，这份文件是加拿大当前最重要的控制气候变化的国家战略，具有里程碑的意义。《方案》描述了已经推动大幅减排的许多行动，以及将确保加拿大在整个经济中减少排放的新措施，以实现2030年比2005年排放降低40%～45%的减排目标，从而保障2050年实现净零排放的目标，这将为2050年实现净零排放提供有力支持[3]。

确定减排重点领域。根据《方案》提出的五个政策支柱，加拿大明确把建筑、交通、电力、能源及工业领域作为推动实现碳中和的关键领域，并针对这些行业领域制定了相应的减排措施。其中包括在建筑领域提高房屋能源效率，开发低排放的建筑材料供应链，如低碳水泥、节能窗户和绝缘材料；在交通领域鼓励发展电动车、氢燃料电池车等绿色交通工具，并且计划于2035年禁止销售所有汽油动力车辆；在电力领域支持可再生能源发电和智能电网项目；在能源及工业领域支持增加低碳燃料（例如氢气、生物原油、可再生天然气、柴油、纤维素乙醇）的生产和使用。加拿大联邦政府通过在这些减排重点领域进行有针对性的政策部署，进一步引导相关行业企业加强技术创新，提高减排效率，寻找更为低碳的发展模式。

提供投资和财税支持。在确立上述减排重点领域的基础上，加拿大联邦政府推出了一系列财税政策，加大了重要项目的投资力度以加快减排步伐。例如设立低碳和零排放燃料基金，以增加对国内低碳燃料生产及采用的支持；向净零加速器基金投资，以加快排放大户的脱碳项目，扩大清洁技术的规模，并加速加拿大各行业的工业转型。扩大投资规模发展创新型绿色技术、帮助企业和消费者降低减排成本，是加拿大向净零排放过渡的关键行动，各类减排项目投资和有利的财税政策为化石燃料向可再生能源的转化，智能电网、能效措施，以及交通、建筑及工业等部门的电气化提供了资金。同时也将鼓励更多清洁技术和产品的生产与使用，帮助相关企业和消费者减少对化石燃料的依赖，从而推动经济绿色低碳发展。

拟建立新的联邦温室气体抵消系统。2020 年 12 月 19 日，加拿大颁布了拟议的联邦清洁燃料法规（CFR），指出到 2030 年液体燃料碳强度要比 2016 年水平下降约 13%，并将建立一个新的联邦温室气体抵消系统，即基于产出分配的碳定价体系，让供应商灵活地满足年度减排要求。其中，受监管方（主要是炼油厂）必须创建或购买信用额度以符合绩效标准。减少或消除温室气体的项目可以产生信用，并将其出售给超过加拿大碳税规定的排放限制的工业设施（如水泥厂或炼油厂）。拥有超额信用的各方可以将其存入银行以备日后使用或出售。创建信用的方法有三种：一是开展降低化石燃料生命周期碳强度的项目（例如碳捕集和储存、可再生能源发电等）；二是为客户提供低碳强度燃料（例如乙醇、生物柴油）；三是投资于先进的汽车技术（例如电动或氢燃料电池汽车）。在碳税基础上结合市场调节手段，将进一步提升减排效率，为实现碳中和起到积极促进作用。

5.2.3 《清洁燃料标准》

加拿大环境部起草了与低碳燃料标准（Low Carbon Fuel Standard，LCFS）相近的清洁燃料标准 CFS（Clean Fuel Standard），从 2020 年 12 月起征求意见[4, 7]，并于 2021 年底公布了修订文本，自 2022 年 12 月起生效。CFS 强制液体化石燃料（汽油、柴油、家庭取暖用燃料油等，但航空燃料不在范围内）生产或进口商降低其产品碳强度（Carbon Intensity，CI）值。CFS 设定了随年份变化的各类液体燃料的CI基准值，汽油、柴油、煤油分别从2021年的93.6gCO_2e/MJ、93.6gCO_2e/MJ和84.6gCO_2e/MJ下降到了2030年的84.0gCO_2e/MJ、84.0g CO_2e/MJ和75.0gCO_2e/MJ。CFS还规定了低CI燃料最低混配量，其中汽油是5%、柴油是2%。为保护加拿大氢能和生物燃料产业，CFS仅规制液体燃料。加拿大评估到2030年时，因CFS可减少碳排放达2000万t/a，相当于减少500万辆燃油车的排放。CFS配套了信用额度交易市场，使利润从传统化石燃料供应商向低碳燃料生产商流转，以扶持相关企业和促进技术进步。生成信用额度的方式有3种：①参与碳捕集等项目；②生产如乙醇等低CI燃料；③投资电动车或燃料电池车等先进技术。2021年CFS发布后，获审批通过的实体即可开始积累信用额度，以便于标准实施后交易或自用。

5.2.4 《2023年预算案》

加拿大2023年新财年预算中，支持清洁经济增长和应对气候变化的重点内容中也包括CCUS的投资税收抵免：当CCUS税收抵免与加拿大碳定价系统和清洁燃料法规的信贷叠加时，许多CCUS项目的投资决策现在将获得它们快速进步所需的资金。当政府执行碳差价合约（CCfD）时，这将增加碳价格的确定性，进一步支持CCUS项目的投资决策。预计将在五年内耗资约5.2亿美元，适用于投资储存二氧化碳或将其用于其他工业过程的企业。

5.2.5 《2018年温室气体污染定价法》（GGPPA）

在多省提出立法请求后，加拿大最高法院在2021年3月依宪法通过《2018年温室气体污染定价法》（GGPPA）。GGPPA为碳基燃料和二氧化碳排放行业的排放制定了最低国家标准。加拿大最高法院认定气候变化攸关国家前途。这项立法将实现加拿大提高碳价的目标。碳价将从2021年4月1日的40加元/t CO_2提高到2030年的170加元/t CO_2。

5.2.6 省政府相关政策

加拿大阿尔伯塔省政府在 2020 年 9 月宣布，将向技术创新和减排（TIER）计划投入高达 7.5 亿加元以资助减排，其中包括投入 8000 万加元到工业能效和碳捕集利用与封存拨款计划。拨款将用于改造升级受 TIER 计划监管或有资格受其监管的设施。TIER 计划还将通过阿尔伯塔省减排计划投资 950 万加元支持 CCUS 项目。

阿尔伯塔省政府在不断推进 CCS 相关政策，如正在制定的氢气路线图将规划阿尔伯塔省低碳氢气产业建设。阿尔伯塔省能源部还发布了 2021-19 号公开信息函，介绍计划中的碳封存使用权管理程序。阿尔伯塔省政府将通过竞争筛选流程发放碳封存权，以推动碳封存枢纽的发展。该流程仅适用于专用地质封存枢纽，并不适用于提高石油采收率（EOR）二氧化碳封存项目。

5.3 欧盟

欧盟 CCS 相关政策多与能源、气候变化政策联系在一起，如《2030 年气候与能源政策框架》指出 CCS 是欧盟能源和碳密集行业大幅减排的关键技术，要加大 CCS 研发力度和商业示范；《2050 长期战略》将 CCS 作为实现碳中和目标的七大战略技术领域之一；欧盟委员会在《欧洲绿色协议》中提出将 CCS 纳入向气候中立过渡所需的技术，将其视为关键工业部门脱碳的优先领域之一[3, 9]。2021 年通过的《欧洲气候法》把气候中立的政治承诺转变为法律义务，预计未来将继续加大 CCS 相关政策的支持力度。

欧盟多个研发资助计划支持 CCUS 的研发和部署。地平线欧洲计划将在 2021 年和 2022 年分别提供 3200 万欧元和 5800 万欧元资金资助 CCUS 技术研发。截至 2021 年 9 月，欧盟有 35 个商业 CCUS 项目。

欧盟 2020 年有 13 个商业 CCUS 项目正在运行，其中爱尔兰 1 个，荷兰 1 个，挪威 4 个，英国 7 个，另有约 11 个项目计划在 2030 年前投运。

欧洲主要的商业 CCUS 设施集中于北海周围，而在欧洲大陆的 CCUS 项目由于制度成本以及公众接受度等各种因素，进展较为缓慢。与美国不同，欧洲 CCUS 项目的 CO_2 减排价值主要依靠欧盟碳交易市场（EUETS）和 EOR 来体现。

2020 年前，欧洲碳交易市场的 CO_2 价格较低，该市场对 CCUS 项目的支持力度有限。另外，碳交易市场的碳价不确定性也影响了企业对 CCUS 投资的判断[4, 10]。

欧盟一直积极推进低碳经济，并采用积极的政策与制度来推进低碳转型。2020 年欧洲绿色协议（European Green Deal）和欧洲气候法案（Climate Law）将 2050 年净零排放的目标变成了政治目标和法律义务，这使得今后欧洲可能施行更多的减排政策。

由于 CCUS 是一项重要的减排手段，可以预见欧洲将会采取更加积极的政策来支持 CCUS。2020 年 6 月创立的总额为 100 亿欧元的欧洲创新基金（Innovation Fund）被广泛认为会成为今后 CCUS 项目的主要公共资金来源[3, 4]。值得注意的是，与其他低碳能源项目相比，欧盟的政策对于 CCUS 的支持是谨慎和保守的。

欧盟计划通过欧盟的银行和市场发放大量资金以实现其气候目标。欧盟的分类法明确了哪些经济活动有助于减缓和适应气候变化。这个以科学为基础的工具认可 CCS 的作用，从而为该技术获得欧洲绿色债券创造了机会。

随后，欧盟提出了“顺应 55% 减排目标”的立法建议，概述了与 CCS 有关的变化。该方案的核心是修订占欧盟排放量 40% 的欧盟排放交易计划（ETS）。具体变化有：

①提高配额的年度削减率，以实现欧盟 2030 年的新目标；

②认识到二氧化碳运输方式不仅有管道运输，还应涵盖所有二氧化碳运输方式；

③将创新基金的规模扩大一倍；

④增设碳边境调整机制，对进口的目标产品（如钢铁和水泥）设定碳价格，以避免“碳泄漏”。

目前谈判仍在进行，立法应该在未来几年内完成。鉴于国家政策支持有增无减，又加之投资者对气候风险认识不断加深，整个欧洲难以减排的行业都在加紧探索 CCS。

在实现 1.5℃目标的前提下，2030 年欧盟 CCUS 减排量为 2000 万 t 至 6.04 亿 t；2040 年为（1.4 ～ 15.7）亿 t；2050 年为（4.3 ～ 22.3）亿 t。在欧盟官方于 2018 年公布的 1.5LIFE（可持续生活情景）和 1.5TECH（技术情景）中，2050 年 CCUS 减排量为（3.7 ～ 6）亿 t。

值得注意的是，与其他综合评价模型的减排量相比，在欧盟政策制定过程中参考使用的官方模型 POLES 以及欧盟官方公布的 1.5℃情景中 2030—2050 年 CCUS 减排量明显偏低。

5.4 澳大利亚

5.4.1 碳减排路径

2020 年，澳大利亚政府发布了《技术投资路线图：第一份低排放技术声明》，将 CCS、清洁氢气、储能、低碳材料和土壤固碳确定为优先技术。在技术投资路线图的指导下，澳大利亚政府宣布斥资 2.637 亿澳元支持 CCS/CCUS 项目和枢纽，以及 2.755 亿澳元支持四个清洁氢气枢纽。之前宣布的 5000 万澳元 CCUS 发展基金授予了六个项目，涵盖天然气处理、水泥、DAC、沼气和二氧化碳利用 / 矿化[3, 4]。

2021 年 6 月，澳大利亚和新加坡宣布了一项包括清洁氢气和清洁氨气在内的低排放燃料和技术联合倡议。

5.4.2 《CCS 方案草案》

该方案将 CCS 纳入减排基金。重要的是，该方案允许符合条件的 CCS 项目获得澳大利亚碳信用单位（ACCU）[3, 4]，这些信用单位可以按合同出售给政府或通过二级市场出售给私人实体。

这是亚太地区第一个针对 CCS 的二氧化碳减排财政激励计划，这对 CCS 项目的广泛部署具有重要意义。各个管辖区之间形成统一做法非常重要，特别是在资格审查、监测和核实方面。为此，澳大利亚全球碳捕集与封存研究院成立了澳大利亚 CCS 监管机构网络，以促进监管者之间的信息交流。

5.5 日本

日本长期致力于低排放发展战略，将 CCUS 技术与氢能、可再生能源、储能、核能等并列为日本实现碳中和目标的关键技术。在《能源技术战略路线图》《国家能源新战略》《第五期能源基本计划》[11] 等政策规划中均提出要加紧开发 CCUS 相关技术。2014 年推出的《战略能源计划》提出要在 2020 年前后实现 CCUS 技术的实际应用，并尽早建设 CCUS 就绪的设施，以支持 CCUS 的商业化。因为日本资源匮乏以及没有可用于 EOR 的油气产区地质条件等原因，日本在国际上积极参与海外 CCUS 项目投资，如美国的 PetraNova，在国内致力于发展碳循环利用技术，并于 2019 年发布了《碳循环利用技术路线图》，设定了碳循环利用技术的发展路径，为加快 CCUS 技术战略部署的脚步，2021 年对该路线图进行了修订以促进其进一步发展。2020 年发布的《革新环境创新战略》和《实现 2050 碳中和的绿色增长战略》均提出要大力发展 CCUS 和碳循环利用技术，以积极抢占碳循环利用技术创新高地。

在技术研发方面，日本新能源产业综合开发机构（NEDO）是发展 CCUS 技术的主要政府科研机构，目前主要通过 NEDO 的碳循环和下一代火力发电等技术开发计划（2016—2025 年）、CCUS 研发 / 示范相关计划（2018—2026 年）等促进 CCUS 技术研发[3, 12]。2021 年，NEDO 宣布将在“碳循环和下一代火力发电等技术开发”框架下，于 2021—2025 年投资 130 亿日元用于支持 CO_2 循环利用技术发展；2022 年 1—2 月，NEDO 相继宣布在绿色创新基金框架下投资 382.3 亿日元用于碳分离和回收，1152.8 亿日元用于支持将 CO_2 等转化为运输用合成燃料、可持续航空燃料、甲烷以及绿色液化石油气等技术开发，490 亿日元用于支持 CO_2 还原制化学品。

日本因为地质条件原因，没有可用于 EOR 的油气产区，所以日本的 CCUS 项目多为海外投资，例如美国的 Petra Nova 项目、东南亚的 EOR 项目等[4, 13]。

日本本土的全流程项目有 2012 年开始建设、2016 年开始运行的苫小牧 CCS 项目[4, 13]。广岛的整体煤气化联合循环发电项目已经开始了 CO_2 捕集，并准备在今后开展 CO_2 利用的实证试点。

日本政府在 2020 年宣布了 2050 年净零排放的目标，同年议会通过了成长战略并且制定了施行计划。CCUS 作为 14 个重点领域中的一个，经济产业省为其制定了在水泥、燃料、化工和电力领域的普及路线图。

在实现 1.5℃目标的前提下，2030 年、2040 年和 2050 年，日本计划 CCUS 减排量分别为（0.2 ～ 2.1）亿 t、（0.23 ～ 4.3）亿 t 和（1.1 ～ 8.9）亿 t。

5.6 挪威

根据挪威政府制定的气候目标，该国到 2030 年，温室气体排放量将较 1990 年减少 50% ～ 55%，到 2050 年减少 90% ～ 95%。2021 年挪威政府正式对外发布《2021—2030 年气候行动计划》[3]，重点制定欧盟排放交易系统（EUETS）范围外温室气体的减排计划。据报道，当前 EUETS 仅对石油天然气及工业生产领域碳减排做出了规定，而非 EUETS 温室气体排放源主要涉及运输、废弃物、农业、建筑物等产业领域。根据该行动计划，到 2030 年挪威非 EUETS 温室气体排放水平将较目前下降 40% 左右，该国政府将主要通过提高碳税、加强监管、推动政府采购清洁转型、支持绿色技术开发应用等手段促进非 EUETS 温室气体减排。其中，到 2030 年，该国碳税税率将从目前的 57 欧元 /t 提升至 193.2 欧元 /t；交通运输领域则将从 2022 年起全面启动零排放清洁替代工作。

这份“以减排为核心”的气候行动指南明确提出，挪威将大力发展浮式海上风电、氢能、电动汽车、碳捕捉和封存技术等。指南中提及的“逐步上调碳排放税”更是成为业界关注的焦点 [4, 14]。

全面推广电动汽车。挪威气候和环境部长 Sveinung Rotevatn 表示，这是挪威政府首次提出服务于气候目标的行动指南，旨在降低各个领域的排放水平。他补充称，为紧跟全球气候行动步伐，这份行动指南将每隔几年更新一次。挪威政府在气候行动指南中提议，2022 年起，挪威公共服务系统将仅购买零排放汽车和货车，2023 年起渡轮开始适用此规，2025 年起城市公交系统开始适用此规，最迟 2025 年底挪威将全面禁售燃油车。值得一提的是，2020 年，挪威已经成为全球首个电动汽车销量超过燃油车的国家。挪威公路联合会的数据显示，2020 年，挪威总共销售汽车 14.1412 万辆，其中纯电动汽车为 7.6789 万辆，市场份额达 54%，同比增长 12%，在欧洲电动汽车市场的份额也超过 10%。

上调碳排放税。这份气候行动指南中最受关注的是碳排放税部分。挪威政府计划，未来 10 年间逐步提高二氧化碳排放税，到 2030 年，将从目前 95 美元 /t 增至 240 美元 /t。挪威行业媒体《上游在线》指出，作为西欧地区的最大产油国，挪威大幅上调碳税无疑是想借此向油气生产商施压，这将给整个油气行业带来负面影响，进而影响挪威的财政收入、国民经济，甚至是就业市场。

力推 CCS 商业化。2021 年 1 月 11 日，挪威政府宣布，正式启动国家工业史上最大规模的气候项目“Longship”，总价值 250 亿挪威克朗（约合 29.63 亿美元）。据《金融时报》报道，该项目重点集中于水泥、玻璃、造纸和化肥等重度排放行业，挪威政府将承担 4/5 的投资，并负责 2024 年投建碳捕集工厂额外所需的 33 亿挪威克朗（约合 3.91 亿美元）。作为“Longship”项目的一部分，挪威另一 CCS 项目“北极光”也随即得到了批准。这个由挪威国家能源公司 Equinor、壳牌和道达尔联合开展的项目，总投资约 251 亿挪威克朗（约合 29.74 亿美元），旨在将捕获的二氧化碳运输并掩埋在北海的近海地层中。“北极光”项目将是挪威建立 CCS 价值链的第一步，首阶段预计 2024 年启动。

壳牌表示，挪威政府在加速建立 CCS 价值链方面表现出了领导力，相信该国有潜力为整个欧洲的 CCS 项目提供清晰明确的指导方向。根据国际能源署的报告，全球每年可储存的二氧化碳总量预计达 4.5 亿 t，如果全球持续投资发展相关技术，储存二氧化碳的成本就能够持续下降，只要每吨储存成本降至 40 美元以下，就能够激励更多企业参与。

5.7 小结

通过对以上碳捕集技术较为发达国家和地区的发展路线研究，结合我国国情及碳捕集技术发展现状，应首先明确我国面向碳中和目标的 CCUS 发展路线，同时完善 CCUS 政策支持，并制定相应的标准规范体系，合理规划布局 CCUS 基础设施建设，并开展大规模 CCUS 示范与产业化集群建设，以争取最大减排效益 [3]，推动碳捕集技术快速良性发展。

参 考 文 献

[1] 石油化工要闻 总第 2025 期 .

[2] 黄晟 , 王静宇 , 李振宇 . 碳中和目标下石油与化学工业绿色低碳发展路径分析 [J]. 化工进展 , 2022, 41(4): 1689-1703.

[3] 生态环境部环境规划院 . 中国二氧化碳捕集利用与封存（CCUS）年度报告（2021）[R]. 北京：生态环境部环境规划院 , 2021.

[4] 全球碳捕集与封存研究院 . 全球碳捕集与封存现状 2021[R]. 北京：全球碳捕集与封存研究院 , 2021.

[5] 孙莉 . 加拿大实现碳中和的政策部署与路径 [J]. 全球科技经济瞭望 , 2022, 37(1): 8-11.

[6] 石油化工要闻 总第 2021 期 .

[7] 石油化工要闻 总第 2017 期 .

[8] 环球零碳 . 美、加新财年预算提案公布：千亿美元绿色经济投资怎么花 | 税收 | 拜登 | 预算案 | 清洁能源 | 加拿大政府 _ 网易订阅 (163.com)[EB/OL]. (2023-04-03).

[9] 曲建升 , 陈伟 , 曾静静 , 等 . 国际碳中和战略行动与科技布局分析及对我国的启示建议 [J]. 中国科学院院刊 , 2022, 37(4): 444-458.

[10] 田聿申 . 全球典型国家碳中和目标实现路径对我国的启示 [J]. 中国能源 , 2021, 43(9): 80-88.

[11] CCID 赛迪智库前瞻 总第 624 期 .

[12] 李东坡 , 周慧 , 霍增辉 . 日本实现“碳中和”目标的战略选择与政策启示 [J]. 经济学家 , 2022(5): 117-128.

[13] 石油化工要闻 总第 1952 期 .

[14] 3060 碳目标下能源政策信息动态跟踪与分析报告 -37 期 .

第 6 章　二氧化碳捕集技术开发的相关问题与建议

6.1 美国 CCUS 技术发展路线图

目前，美国作为全球碳捕集技术领域内的领跑者，其发布的《CCUS 规模化部署路线图》值得其他国家及高碳排行业进行借鉴。

2020 年，美国国家石油委员会（NPC）发布了受美国能源部委托完成的《CCUS 规模化部署路线图》报告，提出了在 25 年内实现大规模部署碳捕集、利用与封存技术的发展路线。报告指出 CCUS 技术是提供可负担、可靠的能源并同时解决气候变化风险双重挑战的关键技术之一，美国在 CCUS 领域处于全球领先地位，并具有推动 CCUS 广泛部署的强大能力，应通过启动、扩张和规模化应用三个阶段实现 CCUS 在美国的大规模部署。报告提出了未来 25 年 CCUS 大规模部署的路线图，以及未来 10 年的研发资助建议，关键内容如下。

（1）启动阶段：未来 5 ～ 7 年

CCUS 累计投资达到 500 亿美元，其中包括 20 亿美元的基础设施投资，就业岗位达到 1 万个，CCUS 规模由当前的 2500 万 t/a 增至 6000 万 t/a，捕集、运输和封存的 CO_2 量相当于美国原油基础设施系统排放量的 10%。

（2）扩张阶段：未来 15 年

CCUS 累计投资达到 1750 亿美元，其中包括 90 亿美元的基础设施投资，就业岗位达到 4 万个，CCUS 规模增至 1.5 亿 t/a，捕集、运输和封存的 CO_2 量相当于美国原油基础设施系统排放量的 25%。

（3）规模化应用阶段：未来 25 年

CCUS 累计投资达到 6800 亿美元，其中包括 280 亿美元的基础设施投资，就业岗位达到 23 万个，CCUS 规模增至 5 亿 t/a，捕集、运输和封存的 CO_2 量相当于美国原油基础设施系统排放量的 75%。

路线图中对碳捕集技术提出了如下的研发资助建议：

建议未来 10 年内对碳捕集研究、开发与示范的公共投入约为 10 亿美元 /a，具体包括：每年投入约 2.4 亿美元用于碳捕集和先进发电循环系统开发的基础科学和应用研究、实验室规模和小型试点项目，其中联邦投入占 80%；每年投入约 2.4 亿美元用于大规模试点项目；每年投入约 5 亿美元用于支持 CCUS 示范项目。建议的研究重点包括：

① 改进碳捕集技术以用于燃煤烟气、天然气烟气和工业 CO_2 排放源；

②推进开发用于气体分离的溶剂、吸附剂、膜和低温工艺，以及开发新型的具备碳捕集功能的能量循环系统；

③制定成本和性能基准并进行公开评估；

④降低碳捕集的总体成本以及资本、运营和维护成本；

⑤提升碳捕集系统的运行灵活性以适应加速循环；

⑥评估碳捕集技术以确定最具技术性和经济性的选择；

⑦探索复合碳捕集系统的应用。

6.2 二氧化碳捕集典型技术路线面临的主要问题

6.2.1 直接空气捕集

直接空气捕集技术的主要难点在于空气中 CO_2 分压低（40Pa）、

浓度低（400μL/L）、CO_2 吸附 / 再生效率低、再生能耗和成本高。关于如何降低能耗，国外相关机构也做了很多研究，苏黎世联邦理工学院 Nikulshina 团队探索 Na 基吸附剂在常温下碳酸化的可能性，其捕集能耗与 Ca 基相比有大幅下降，仍很难在实际中得以应用；瑞士 Climeworks 即使已是商业化的装置，美国麻省理工学院高级研究工程师 Howard Herzog 估计，空气捕捉系统的总成本约为每吨 CO_2 1000 美元，大约是化石燃料工厂去除碳成本的 10 倍。因此，尽管直接空气捕获技术可以直接减少大气中的二氧化碳，同时该技术也是平衡难以避免的碳排放的负排放技术，但是如何降低能耗依然是该技术在全球范围内面临的严峻和亟待解决的难题。

6.2.2 燃烧前捕集

燃烧前捕集技术是指将氢气、天然气、煤气和合成气等可燃气体中的 CO_2 进行分离与捕集的技术。该技术的主要特点是工艺过程中 CO_2 分压较高、分离难度较低以及分离成本低。该技术路线的不足之处是工艺系统较为复杂，稳定性相对较差。

（1）低温甲醇洗工艺

①由于低温甲醇洗在低温下操作，因而对设备和管道的材质要求较高，在制造上也有一定的难度；

②为了降低能耗、回收冷量，换热设备特别多，流程显得很复杂，投资费用较大；

③尽管甲醇是一种低价、易得的溶剂，但有毒，给操作和维修带来一系列困难。

（2）碳酸丙烯酯工艺

①溶液价格较高；

②溶液稍有漏损就会造成操作费用的增高。

6.2.3 燃烧中捕集

富氧燃烧技术大规模应用面临的主要问题之一就是该技术需

要提供纯氧，因此需要建立与大型电站锅炉的富氧燃烧系统相对应的大型空分系统，如果采用深冷法制取纯氧的话，大型空分系统将大量消耗电能，大幅增加能耗。研究表明，在原有电站效率的基础上，进行富氧燃烧系统改造将会使系统效率下降7%～11%，消耗掉原有电厂发电量的15%～30%。目前这种技术尚处于研究和中试规模示范阶段，在燃烧机理、污染物的排放及协同控制技术、锅炉的改造设计、大规模锅炉运行经验、烟气再循环量等方面仍需进一步研究。

6.2.4 燃烧后捕集

燃烧后捕集其缺点是因处理烟气流量大、CO_2分压低、组分复杂等导致碳捕集能耗偏高。

（1）相变吸收法

虽可在吸收CO_2后分为两相，只需对其中一相进行解吸，能耗大大降低；但液固相变过程存在堵塞、热效率低以及吸收效率低等问题。

（2）MEA吸收法

MEA虽然对CO_2的吸收性能良好，但因MEA需要高温才能再生，导致使用该法进行碳捕集的成本较高。另外，MEA法在吸收CO_2过程中会生成氨基甲酸盐，而氨基甲酸盐会对设备造成严重腐蚀。

（3）MDEA吸收法

缺点为MDEA对CO_2的吸收速率较小。

（4）膜分离法

膜分离法通常适用于CO_2含量较高且气质情况复杂的气体中，并且用于分离的膜对CO_2的选择性较高。其缺点是分离出的CO_2纯度不够高。目前，对于火电厂烟气中捕集CO_2而言，由于膜分离法的纯度低、选择性差，还处于初期研究阶段，尚未达到工业应用的要求。

（5）PSA 法

PSA 法也存在一定的技术瓶颈，PSA 脱除或提纯 CO_2 技术较适合 CO_2 体积分数在 20% ～ 60% 的气体，CO_2 提取率大于 75%；PSA 法属于物理吸附，虽与化学吸附相比，其吸附容量有限且选择性较低，但 PSA 工艺流程简单，吸附剂使用寿命长、易再生且能耗低，同时还具有自动化程度高、环境效益好、操作弹性大等优势。特别是处理高压原料气，通常无须再次加压。

6.3 建议

总体来看，我国 CCUS 技术正处于工业化示范阶段，与国际整体发展水平相当，但部分关键技术仍落后于国际先进水平，不同地区的陆上封存潜力差异较大。在捕集技术上，比较成熟的化学吸收法、吸附法，存在能耗高、成本高的问题，而在 BECCS 或直接碳捕集技术方面的探索仍亟待开展。

通过借鉴美国 CCUS 技术发展路径，根据碳捕集主流技术的成熟度和瓶颈问题，基于中国石化自身发展情况，提出了石化行业发展碳捕集技术路线图，并提出以下九方面建议：加强顶层设计；大力发展碳捕集技术；规划布局 CCUS 基础设施建设；加快部署大规模碳捕集产业化示范项目；形成研发联盟，协同创新，加速技术产业化进程；开展产业化集群与共享网络建设；开展产业集成行动；积极拓展国际合作、加强技术交流；建立制度保障体系，以期推动石化行业在碳捕集技术领域处于领先地位，助力我国“双碳”目标实现。

参考文献

[1] 胡昕 . 煤炭分级利用与富氧燃烧技术机理及应用研究 [D]. 杭州：浙江大学，2013.

[2] 生态环境部环境规划院 . 中国二氧化碳捕集利用与封存（CCUS）年度报告

（2021）[R]. 北京：生态环境部环境规划院 , 2021.

[3] 高国雪 , 符慧 . 中国石化打造大型 CCUS 一体化示范样板 [N]. 中国石化报 , 2022-08-29(002).

[4] 佚名 . 我国首个百万吨级 CCUS 项目全面建成 [J]. 节能与环保 , 2022(2): 7.

[5] 张帆 , 林志坚 , 方飞 . 国内外碳捕集技术发展现状分析 [J]. 能源化工 , 2022, 43(5): 13-19.

[6] 孙国超 , 祁建伟 , 袁圣娟 . 我国碳捕集利用与封存技术现状及中国石化集团南京工程有限公司“双碳”相关技术研发进展 [J]. 磷肥与复肥 , 2021, 36(10): 6-10.

[7] 佚名 . 中国石化成立碳捕集、利用与封存（CCUS）重点实验室 [J]. 油气地质与采收率 , 2021, 28(5): 80.

[8] 符慧 , 秦紫函 , 尹倩 . CCUS：减碳新“风口”[N]. 中国石化报 , 2021-07-19(005).

下篇

国内外二氧化碳储运技术现状

第 1 章　CO_2 输送概况与挑战

1.1　CO_2 储运背景与意义

近年来，地球气候显著变暖，世界各地自然灾害频发，其主要原因之一就是人类过多地使用化石能源，使大气中以 CO_2 为主的温室气体浓度快速上升。为此，各国纷纷出台减碳政策，相继提出“碳中和”目标，以应对全球气候变暖。2019 年我国碳排放量超过 11.3Gt，为美国的两倍多、欧盟的三倍多，约占全球的 30%，实现碳中和所需的碳排放减量远高于其他经济体。2015 年 11 月习近平主席在巴黎气候大会上承诺：2030 年中国 CO_2 排放达到峰值，单位 GDP 的 CO_2 排放比 2005 年下降 60% ～ 65%。2016 年 9 月 G20 峰会中国率先签署应对气候变化的“巴黎协定”。党的十九大报告提出“积极参与全球环境治理，落实减排承诺”。2020 年 9 月 22 日习近平主席在联合国大会上表示：“中国将提高国家自主贡献力度，采取更加有力的政策和措施，二氧化碳排放力争于 2030 年前达到峰值，争取在 2060 年前实现碳中和。”习近平总书记在党的二十大报告中指出：“协同推进降碳、减污、扩绿、增长，推进生态优先、节约集约、绿色低碳发展。”这是对统筹做好碳达峰碳中和工作提出的明确要求，也是实现“双碳”目标的战略路径和重点任务。

据 Jiang 等基于 1.5℃情景下的预测，与 2020 年相比，2050 年需减少近 10Gt 年均 CO_2 排放量，采用的措施包括大幅削减煤炭等传统能源使用，大力发展核能、风能等清洁能源，同时加速化石燃料附加 CCUS（Carbon Capture，Utilization and Storage）技术。CCUS 技术具有减少整体减排成本以及增加实现温室气体减排灵活性的潜力，成为当前碳减排主要途径之一，也是 2060 年实现碳中和的兜底技术。

IEA 指出，CCUS 技术是实现减排目标中唯一既能直接减少关键领域碳排放，又能降低已有 CO_2 浓度以平衡无法避免的碳排放的技术。根据 IEA 的数据，21 世纪末要实现全球气温升幅控制在 1.5℃以内的目标，32% 的碳减排任务需要依靠 CCUS 技术，预计到 2050 年，CCUS 将贡献 14% 的 CO_2 减排量。国际能源署进一步分析得到，在可持续发展情景下，到 2070 年，CCUS 将占据 CO_2 年减排贡献的 19.2%，累计碳减排贡献的 15%。大规模、低成本、商业化将是 CCUS 工程未来发展趋势。CO_2 输送是 CCUS 实现源汇匹配的关键环节，是气源和封存场地之间的纽带[1-8]。

1.2 CO_2 性质与相图

1.2.1 CO_2 的基础性质

CO_2 在不同的温度压力下会呈现不同的相态，在常温常压下，它既没有颜色也没有气味，是人们生活中熟知的气体。动植物的新陈代谢均会产生和利用它。但是随着社会经济发展，工业化生产的 CO_2 排放量大量增加，使得它成为温室效应的最大影响气体。温室效应导致气候变暖，随着气候变暖使得南北极冰川融化，海平面因此上升。这均是由于这一特殊气体（CO_2）造成的自然现象。

从微观上看，CO_2 分子是由一个碳原子与两个氧原子组成的，相对分子质量约为 44，比空气重。CO_2 的一般性质为：它的密度等物理性质随着所处相态的不同而不同，当其处于气态时的密度为 1.97g/L，处于液态时的密度为 1.17kg/L，处于临界状态（临界温度为 31.06℃，临界压力为 7.38MPa）时的密度约为 0.468g/mL。当处于临界状态时，其黏度约为 0.0334mPa · s，压缩因子为 0.275，比容（单位质量的物质所占有的容积）为 2.135L/kg。作为无机物的一种，CO_2 的独特化学性质使得它的应用非常广泛。CO_2 可溶于水生成碳酸（碳酸饮料便是利用这一性质，给人以独特口感），其水溶液呈酸性，具有一定腐蚀性，因此 CO_2 也被称为酸性气体；CO_2 没有毒性，是一种惰性气体，不能燃烧同时也不支持燃烧（除部分活泼金属外，如 Mg 等），利用这一性质，它被广泛用于消防灭火中，如 IG541 气体灭火系统中的介质便添加了一定比例的 CO_2。由于 CO_2 的窒息作用，在生产及工程应用中依然存在危险，比如人体过量吸入后会出现头晕、恶心等生理反应，当 CO_2 浓度过高（超过 10%）时，可能导致窒息甚至死亡。

1.2.2　CO_2 的相图

CO_2 的相态变化理论是研究液态 CO_2 管路注入输送过程中相变特性的基础，因此需要分析 CO_2 的相态特征。CO_2 处于气体状态、液体状态、固体状态及超临界状态时的温度和压力均不相同。

图 1.1 为 CO_2 相图。从图 1.1 中可以看出：CO_2 临界压力为 7.38MPa，临界温度为 31.06℃，三相点压力为 0.52MPa，温度为 −56.6℃。在压力低于 0.7MPa 时，CO_2 一般为气、固相平衡，只存在气相和固相。CO_2 的相态特性随着温度压力的小幅变化有很大的改变。

CO_2 相态可分为 5 个区域。

①超临界气体区域：压力要高于 7.38MPa，温度高于 31.06℃；

②密相区域：压力高于 7.38MPa，温度高于 −56.6℃且低于 31.06℃；

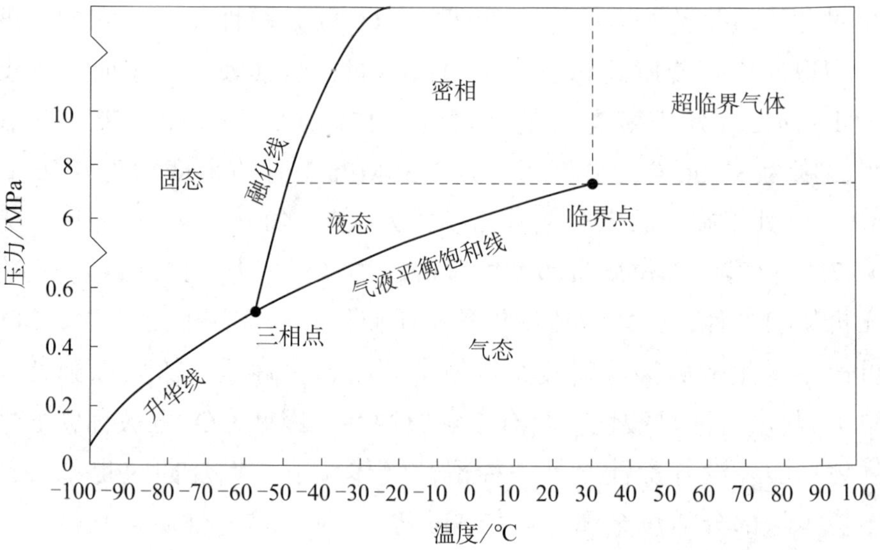

图 1.1 CO_2 相图[9]

③一般液态区域：压力低于 7.38MPa，温度高于 -56.6℃且低于 31.06℃，且在气液平衡饱和线之上；

④固态区域：温度低于 -56.6℃ ；

⑤一般气态区域：压力低于 7.38MPa，温度高于 -56.6℃，且在气液平衡饱和线之下。

由图 1.1 CO_2 相图可知，在 CO_2 相图中，有着以下两个特征：在 0.52MPa、-56.6℃的"三相点"和在 7.38MPa、31.06℃的"临界点"。在三相点时，CO_2 可以固、液、气三种相态共存的形式存在。将临界点的压力和温度称为临界压力和临界温度。在 CO_2 相图中，连接"三相点"和"临界点"的是气液平衡饱和线，此时 CO_2 可以气、液两相共存。将大于临界压力和临界温度以上的区域称为"超临界区域"。

在超临界区域，CO_2 不再有气相和液相之分。当温度高于 31.06℃（CO_2 的临界温度）时，无论压力如何增加，CO_2 都无法液化。在超临界态时，CO_2 的密度略小于液相的密度；而其黏度则远小于液相时的黏度，与气相时的黏度相近。这样的物理性质决定了在超临界态下，更有利于长距离的二氧化碳管道输送。

1.3 CO_2 的物性参数分析

在输送液态 CO_2 过程中，由于温度和压力的变化导致液态 CO_2 发生相变，可能汽化为气态 CO_2，也可能形成固态干冰。在温度和压力变化时，CO_2 的相态也会变化进而引起物性参数（如密度、动力黏度、比热容、导热系数等）的变化。分析在不同温度和压力下的 CO_2 的物性参数变化特征，有助于更好地理解输送过程中液态 CO_2 的相变过程。

1.3.1 CO_2 的密度

图 1.2 为不同温度压力下的 CO_2 密度变化曲线。从图 1.2 中可以看出，在相同的压力下，CO_2 的密度会随着温度的升高而逐渐降低。当温度在 0℃以上时，压力越高，CO_2 的密度随温度升高而降低的速度越大。在相同的温度下，CO_2 密度会随着压力升高而逐渐增大，当压力增大到一定值时，密度增大幅度变小，说明高

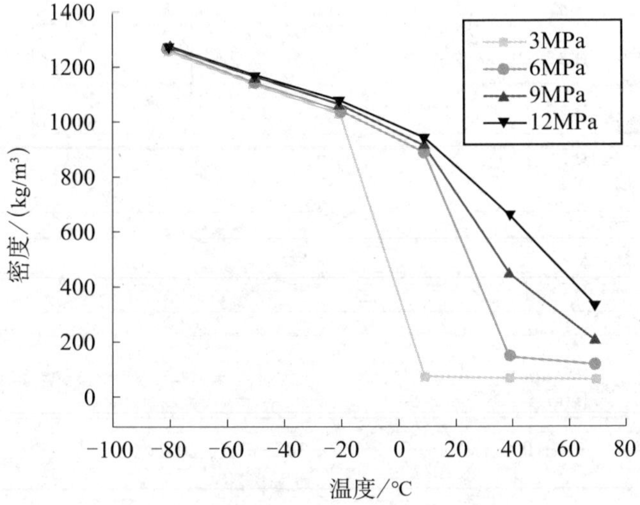

图 1.2　不同温度压力下的 CO_2 密度变化[9]

压下 CO_2 密度受温度影响较大；当压力高于临界压力 7.38MPa 时，CO_2 由液态转变为超临界态，随着温度的升高，密度连续变化，逐渐减小，没有明显的突变。当压力在临界压力 7.38MPa 以下（如图 1.2 中 3MPa、6MPa）时，可以看出液态 CO_2 的密度随压力的变化而变化较小，但随着温度的不断增大，液态 CO_2 汽化，密度瞬间下降，发生明显的突变。

1.3.2 CO_2 的动力黏度

在 CO_2 的管路输送过程中，影响输送效率和压降的主要因素是沿程阻力，而输送 CO_2 的黏度直接影响介质流动特性进而影响沿程阻力的大小。图 1.3 为不同温度压力下 CO_2 的黏度变化曲线。

从图 1.3 中可以看出，在同一压力条件下，CO_2 的黏度随温度的升高而减小，CO_2 黏度随温度的变化同密度变化相似。在同一温度下，压力越高，CO_2 的黏度越大，但变化幅度不大，说明黏度受压力的影响不大，而主要受温度的影响。当压力高于临界压力 7.38MPa 时，CO_2 由液态转变为超临界态，随着温度的升高，黏度基本不变，没有明显的突变。当压力下降到 7.38MPa 以下时，可以看出在各个

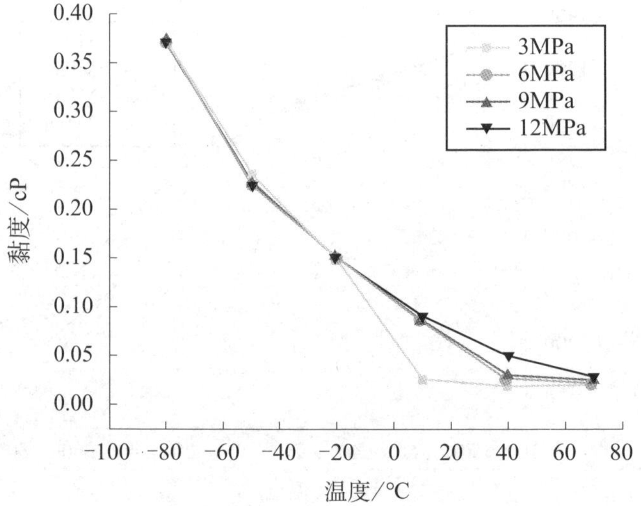

图 1.3 不同温度压力下 CO_2 的黏度变化[9]

压力下，CO_2 的动力黏度几乎相同。压力为 3MPa 时，液态 CO_2 随着温度的升高而相变为气体时，CO_2 的动力黏度发生明显的突变。

1.3.3 CO_2 的比定压热容

为了研究液态 CO_2 管路输送的相变过程，输送过程中的温降是非常重要的参数，而 CO_2 的比热容随温度压力的变化比较特殊，因此比热容将直接影响 CO_2 在不同相态时的温降。图 1.4 为 CO_2 的比热容随温度和压力的变化情况。

从图 1.4 中可以看出，CO_2 的比热容在相同压力下随温度的变化情况与密度和动力黏度变化情况有明显不同。在压力相同条件下，CO_2 的比热容表现出随温度的升高先增大，当在一定的温度下增大到最大值后，又随着温度的升高而减小。在同一温度下，随着压力升高，CO_2 的比热容呈现相同的变化规律。从图 1.4 中可以看出，压力为 3MPa 时的比热容最大值小于压力为 6MPa 时，压力为 6MPa 时的比热容最大值小于压力为 12MPa 时，但都小于压力为 9MPa 时的比热容。当压力上升并超过 7.38MPa 时，温度的升高，会出现比热容极大值的温度大于临界温度。当压力下降到

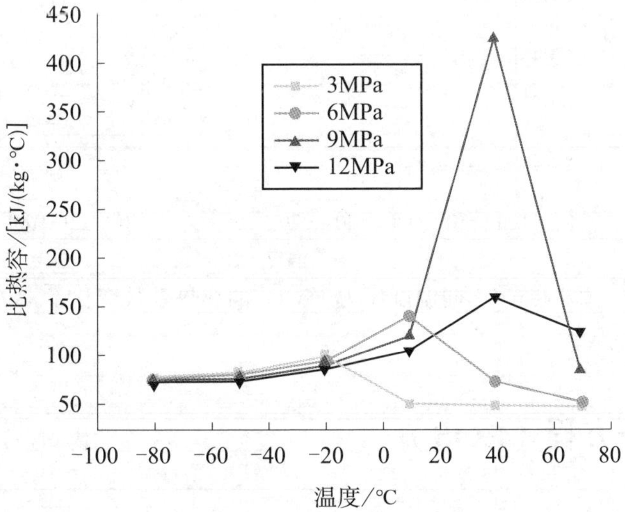

图 1.4 不同温度压力下 CO_2 的比热容变化 [9]

7.38MPa 以下时，出现比热容极大值的温度小于 31.0℃。

1.3.4 CO_2 的导热系数

CO_2 的导热系数会影响在输送管内 CO_2 的传热。图 1.5 为 CO_2 的导热系数随温度和压力的变化情况。从图 1.5 中可以看出，在同一压力条件下，CO_2 的导热系数随温度的升高而减小，CO_2 导热系数随温度的变化同密度、黏度变化相似。在同一温度下，压力越高，CO_2 的导热系数越大，但变化幅度不大，说明导热系数受压力的影响不大，而主要受温度的影响。当压力高于临界压力 7.38MPa 时，可以看出各压力下，导热系数几乎相同，CO_2 由液态转变为超临界态，随着温度的升高，导热系数基本不变，没有发生明显的突变情况。当压力下降到 7.38MPa 以下时，液态 CO_2 汽化时，导热系数下降，并发生明显的突变。当 CO_2 处于固态或液态时导热系数最大，处于气态时导热系数最小。

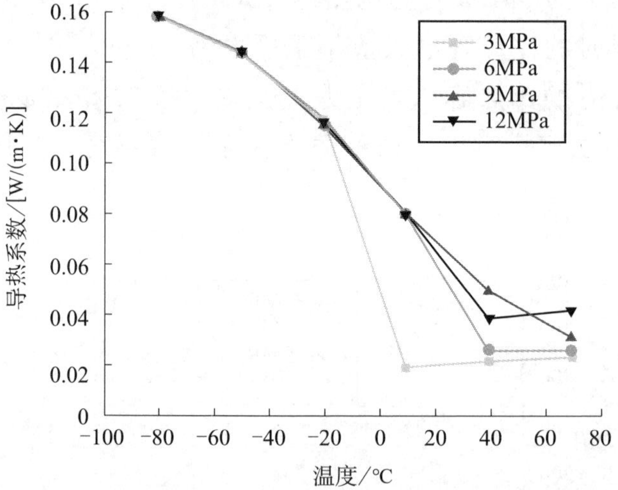

图 1.5 不同温度压力下 CO_2 的导热系数变化 [9]

1.4 状态方程（EOS）

流体 *P-V-T* 性质是最基本的热力学性质，其函数关系称为状态方程（Equation of State，EOS），超临界 CO_2 兼有气体与液体的双重特性，CO_2 的 EOS 尚未有统一的方程式，常用的状态方程包括 SW 状态方程、SRK 状态方程、PR 状态方程、BWRS 状态方程及 GERG-2008 状态方程，选择不同的 EOS 会对管道设计产生重大影响。

1.4.1　SW 状态方程

1996 年，Span 和 Wagner 提出 Span Wagner（SW）状态方程，专门用于纯 CO_2 物性和相平衡计算。对于纯 CO_2 的物性计算，SW 状态方程较为准确，误差在工程允许范围之内，因此得到广泛使用。$\varphi(\delta,\tau)$ 是亥姆霍兹自由能，受作用于温度和密度两个独立变量，包括理想流体 φ^{θ} 和残余流体 φ^{r}。

$$A(\rho,T)/(RT)=\varphi(\delta,\tau)=\varphi^{\theta}(\delta,\tau)+\varphi^{r}(\delta,\tau) \tag{1-1}$$

理想气体：

$$\varphi^{\theta}\left(\delta,\tau\right)=\ln\left(\delta\right)+\alpha_1^{\theta}+\alpha_2^{\theta}\tau+\alpha_3^{\theta}\ln\left(\tau\right)+\sum_{i=4}^{8}\alpha_i^{\theta}\ln\left[1-\exp\left(-\tau\theta_i^{\theta}\right)\right] \tag{1-2}$$

真实气体部分：

$$\Delta=\left\{\left(1-\tau\right)+A_i\left[\left(\delta-1\right)^2\right]^{1/(2\beta)_i}\right\}^2+B_i\left[\left(\delta-1\right)^2\right]^{\alpha_i} \tag{1-3}$$

$$\begin{aligned}\varphi^{\tau}=&\sum_{i=1}^{7}n_i\delta^{d_i}\tau^{t_i}+\sum_{i=8}^{34}n_i\delta^{d_i}\tau^{t_i}\mathrm{e}^{-\delta^{ci}}+\sum_{i=35}^{39}n_i\delta^{d_i}\tau^{t_i}\mathrm{e}^{-\alpha_i\left(\delta-\varepsilon_i\right)^2}-\beta_i\left(\tau-\gamma_i\right)^2\\&+\sum_{i=40}^{42}n_i\Delta^{b_i}\delta\mathrm{e}^{-C_i(\delta-1)^2}-D_i\left(\tau-1\right)^2\end{aligned} \tag{1-4}$$

在实际的工程计算时，输入参数是压力和温度，输出参数是密度、焓值、比热容等，然而，在 SW 状态方程中压力是隐函数，求解复杂，采用数值解法进行求解 [10]。

1.4.2　SRK 方程

SRK 方程最早由 Soave 于 20 世纪 70 年代提出，其将方程中的能量参数值与温度的函数联系在一起，大大改善了状态方程对气液平衡计算准确性较差的问题[11]。SRK 方程标志着范德华方程的进一步发展，适用于计算压缩因子和焓等物性参数，方程表达式如下：

$$p=\frac{RT}{v-b}-\frac{a(T)}{v(v+b)} \tag{1-5}$$

$$a(T)=0.42748\frac{R^2T_c^2}{P_c}\alpha(T),\quad b=0.08664\frac{RT_c}{p_c} \tag{1-6}$$

$$a(T)=\left[1+k\left(1-T_r^{0.5}\right)\right]^2,\quad k=0.480+1.574\omega-0.176\omega^2 \tag{1-7}$$

式中 ω——偏心因子。

1.4.3 PR 方程

Peng 和 Robinson 在 RK 方程的基础上将其进一步改进，并由此得出了 Peng-Robinson（PR）方程，PR 方程对饱和压力和流体密度的计算结果精度有所提高，是工程应用中计算相平衡常用的状态方程之一[12]，方程表达式如下：

$$p=\frac{RT}{v-b}-\frac{a(T)}{v(v+b)+b(v-b)} \tag{1-8}$$

式中 $a(T)=a_c a(T)$

$$a_c=0.45724\frac{R^2T_c^2}{p_c},\quad b=b_c=0.07780\frac{RT_c}{p_c}$$

$$a(T)=\left[1+k\left(1-T_r^{0.5}\right)\right]^2,\quad k=0.37464+1.54226\omega-0.26992\omega^2$$

1.4.4 BWRS 方程

Starling-Han 对 BWR 方程进行调整和更改得到了 BWRS 方程，BWRS 方程对流体处于低温高压状态时的计算结果最为精准。BWRS 方程目前在工业上多用于计算烃类物质的热物性质，方程表达式为：

$$
p=\rho RT+\left(B_0RT-A_0-\frac{C_0}{T^2}+\frac{D_0}{T^3}-\frac{E_0}{T^4}\right)\rho^2+\left(bRT-a-\frac{d}{T}\right)\rho^3
+\alpha\left(a+\frac{d}{T}\right)\rho^6+\frac{c\rho^3}{T^2}\left(1+\gamma\rho^2\right)\exp\left(-\gamma\rho^2\right) \tag{1-9}
$$

式中 p——系统的压力，kPa；

T——系统的温度，K；

ρ——气相或液相的密度，kmol/m^3；

R——气体常数，R=8.3143kJ/(kmol · K)。

1.4.5　GERG-2008 方程

GERG-2008 方程最初是由 Groupe Europeen de Recherches Gazieres（GERG）于 2004 年开发的，当时称为 GERG-2004 EOS，GERG-2008 是 GERG-2004 的扩展版本。GERG-2008 适用于广泛的温度、压力和组成范围，涵盖了气相、液相、超临界区和气液平衡状态，由多达 21 个组分组成[13]。GERG-2008 状态方程的基本结构如下：

$$
a\left(\delta,\tau,\bar{x}\right)=a^{\theta}\left(\rho,T,\bar{x}\right)+a^{\mathrm{r}}\left(\delta,\tau,\bar{x}\right) \tag{1-10}
$$

式中 a^{θ}——在给定混合组分密度 ρ、温度 T 和混合物组分的物质的量分数 x 时对应理想状态下气体混合物性质；a^{r}——对气体混合物中每一组分的纯物质性质及其偏离函数的计算，对混合物的多组分特性进行描述。具体方程如下：

$$
a^{\theta}\left(\rho,T,\bar{x}\right)=\sum_{i=1}^{N}x_i\left[\alpha_{0i}^{\mathrm{r}}\left(\rho,T\right)+\ln x_i\right] \tag{1-11}
$$

$$
a^{\mathrm{r}}\left(\delta,\tau,\bar{x}\right)=\sum_{i=1}^{N}x_i\alpha_{0i}^{\mathrm{r}}\left(\delta,\tau\right)+\sum_{i=1}^{N-1}\sum_{j=i+1}^{N}x_ix_jF_{ij}\alpha_{ij}^{\mathrm{r}}\left(\delta,\tau\right) \tag{1-12}
$$

式中：
$$
\delta=\frac{\rho}{\rho_{\mathrm{r}(\bar{x})}}
$$

$$\tau = \frac{T_r(\bar{x})}{T}$$

式中 ρ_r，T_r——对比密度和反向对比温度；

N=1，…，21，代表21种组分数。

1.5 含杂质 CO_2 的性质

1.5.1 含杂质 CO_2 状态方程选取

目前常用于 CO_2 的状态方程为SW、PR、SRK方程等。CO_2 混合物的密度、比定压热容、节流效应系数等参数均可由状态方程求得。分别利用BWRS、SRK、PR方程对不同温度和压力条件下的纯 CO_2 密度、比热容等参数进行计算，并与SW状态方程的计算结果进行对比，分析不同状态方程的纯 CO_2 物性计算偏差，如图1.6所示。从图1.6中可以看出，3个方程的偏差比较明显，PR方程的整体误差最小，SRK方程的整体误差较小，BWRS方程的整体误差最大，尤其是在高于8MPa时，偏差急剧增大。因此，对于纯 CO_2 的物性计算，应该采用SW状态方程。对于含杂质 CO_2 的物性计算，应采用PR状态方程[14,15]。

1.5.2 杂质对 CO_2 相特性的影响

在实际运行的管道中，纯 CO_2 管道相对较少，无论是天然气源还是人为气源，管道输送的 CO_2 一般为含杂质多组分流体。杂质的存在使气液两相区的范围扩大，更容易出现两相流，增大摩擦阻力。同时，杂质也将影响管道内发生的压降、温降规律，了解这些变化规律对管道安全、危害预测及事故防护具有重要意义。

（1）多组分 CO_2 相特性混合规则

管道输送 CO_2 中的杂质组分含量不同，对相平衡及物性参数的影响也不同。天然 CO_2 气源中包含多种杂质，燃煤电厂排

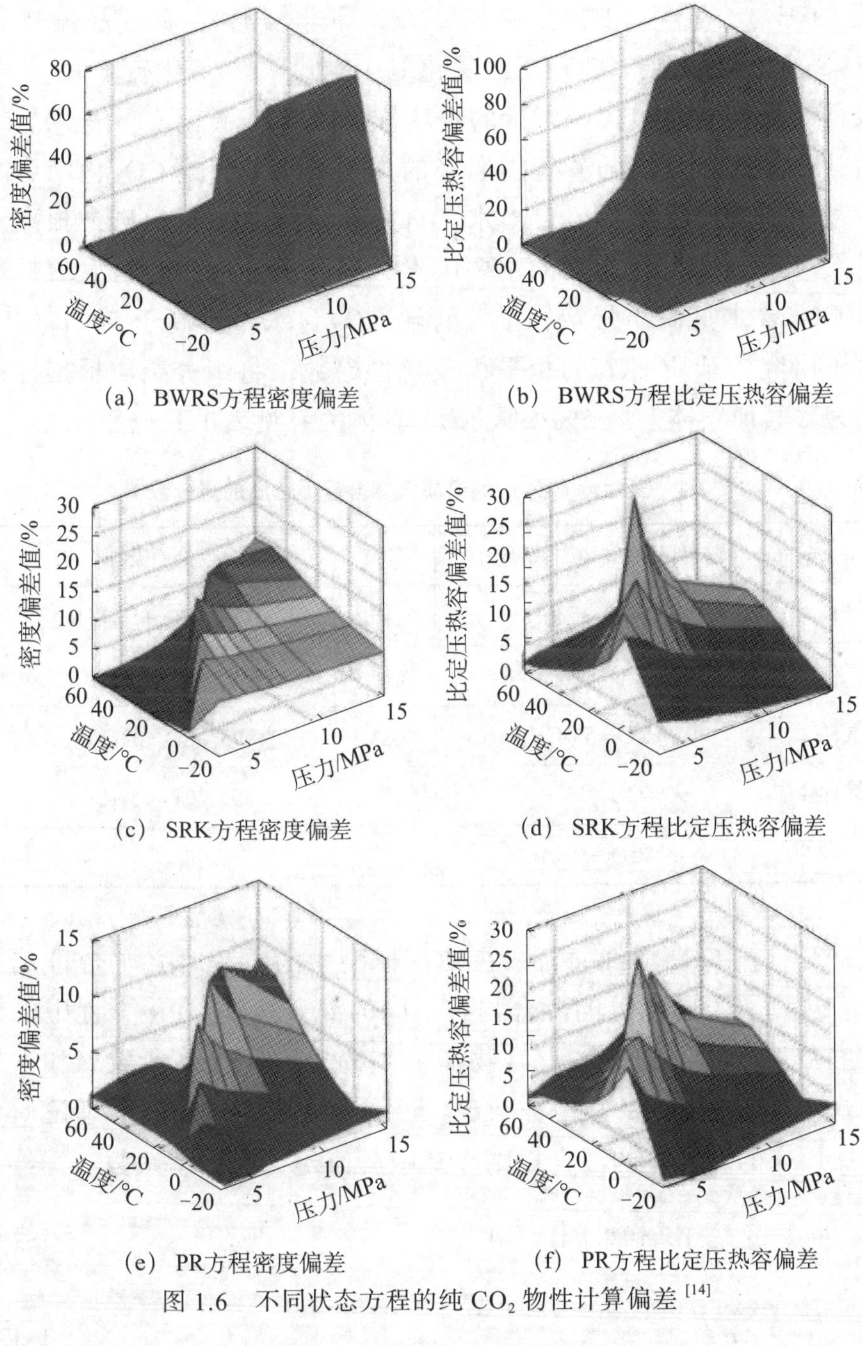

(a) BWRS方程密度偏差　(b) BWRS方程比定压热容偏差

(c) SRK方程密度偏差　(d) SRK方程比定压热容偏差

(e) PR方程密度偏差　(f) PR方程比定压热容偏差

图 1.6　不同状态方程的纯 CO_2 物性计算偏差[14]

放的烟气 CO_2 因为捕集方式不同，其中杂质组分及含量也不相同，管输多组分 CO_2 中杂质主要包括氮气（N_2）、氧气（O_2）、甲烷（CH_4）、氢气（H_2）、氩气（Ar）等非极性杂质，及硫化氢（H_2S）、一氧化碳（CO）、二氧化氮（NO_2）、二氧化硫（SO_2）等极性杂质，同时包含一定量的水蒸气（H_2O）。高温 CO_2 进入管道后，在输送过程中随着管内温降的作用，水蒸气或 CO_2 内结合水会凝结或游离出来形成自由水，自由水结合 CO_2 形成碳酸根离子是 CO_2 管道产生内腐蚀的主要因素，因此国外有关 CO_2 管道标准对 CO_2 含水量做出规定，推荐管输 CO_2 含水量不高于 500 μL/L。为了研究含杂质 CO_2 的相平衡及物性参数，将组分杂质根据标准设为含其他气体杂质 5%（摩尔），具体关系见表 1.1。

表 1.1　多组分 CO_2 中的杂质气体含量（物质的量分数）

名称	气样组分（非极性杂质）	名称	气样组分（极性杂质）
气样 1	$95\%CO_2+5\%N_2$	气样 6	$95\%CO_2+5\%H_2S$
气样 2	$95\%CO_2+5\%O_2$	气样 7	$95\%CO_2+5\%CO$
气样 3	$95\%CO_2+5\%CH_4$	气样 8	$95\%CO_2+5\%NO_2$
气样 4	$95\%CO_2+5\%H_2$	气样 9	$95\%CO_2+5\%SO_2$
气样 5	$95\%CO_2+5\%Ar$		

对管输 CO_2 烟气而言，在使用模型中的方程时必须合理选择混合规则。不同组分的混合物有不同的混合规则。PR 方程中的混合参数对于不同组分的混合物需分别确定。通常将参数 a 和 b 按照式（1-13）及式（1-14）确定。该混合规则为从经验和理论研究发展而来的最常见的混合规则。其中 $\bar{k}_{ij}$ 值是交互作用系数。

$$a_{\text{mix}}=\sum_i\sum_j y_i y_j\left(a_i a_j\right)^{\frac{1}{2}}\left(1-\bar{k}_{ij}\right) \tag{1-13}$$

$$b_{\text{mix}}=\sum_i y_i b_i \tag{1-14}$$

式中　y_i，y_j——烟气 CO_2 中组分 i、组分 j 的物质的量分数。

（2）杂质对相平衡影响规律

以 PR 方程为计算模型，计算含杂质多组分 CO_2 的相平衡规律，将表 1.1 中表示各气样的泡点线及露点线包络的两相区表示在压力温度关系图中，如图 1.7 所示。在图 1.7 中，气样 1 ～气样 5 表示气体杂质为非极性气体的多组分 CO_2，以实线表示；而气样 6 ～气样 9 表示气体杂质为极性气体的多组分 CO_2，以点划线表示；同时将纯 CO_2 相平衡线以黑实线表示在图中作为参考标准，从而分析杂质对 CO_2 相平衡的影响规律。在图 1.7 中，临近液相区的为泡点线，临近气相区的为露点线，纯组分 CO_2 泡点线和露点线完全重合，当温度和压力为曲线上任何一点时，气相与液相共存。

由图 1.7 可知，杂质通过对相平衡线的影响使 CO_2 的气液共存两相区扩大，但影响方式不同，非极性杂质通过改变泡点线使两相区变大，露点线变化不大，而极性杂质主要改变露点线，泡点线变化不大，CO 虽然为极性分子，但作为杂质时体现出非极性杂质的影响，主要是因为 CO 为双原子分子结构，链状分子的极性非常弱，

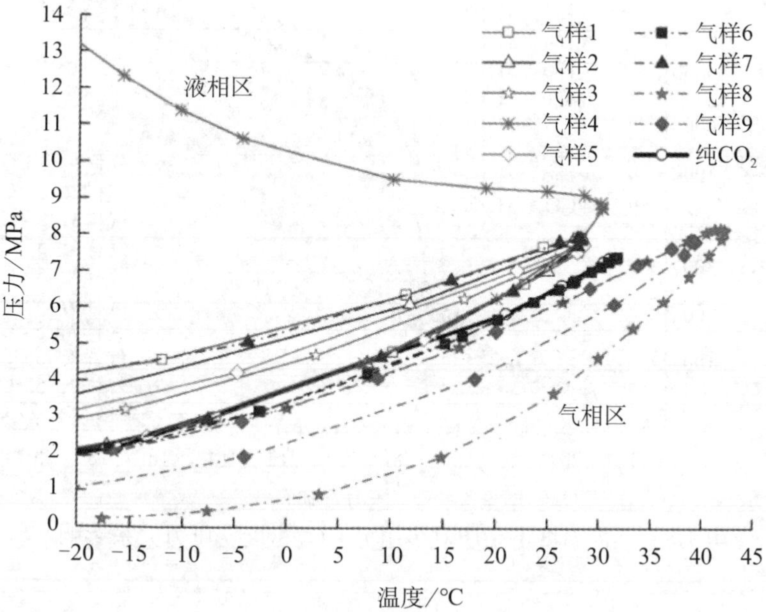

图 1.7　含杂质多组分 CO_2 相图 [17]

因而对两相区的影响与非极性杂质的影响相似。在非极性杂质的影响中，H_2 作为杂质使两相区扩展较大，而 CH_4 影响较小；在极性杂质中，NO_2 对两相区的影响较大，而 H_2S 的影响则可忽略不计。

非极性分子范德华力弱，挥发性强，作为杂质时，作用在泡点线上扩大两相区，使多组分混合 CO_2 不易进入液相区；相反，极性分子范德华力强，同时存在诱导效应，使得混合体系不易挥发，露点高，不易进入气相区，进而使露点线发生改变。H_2 分子结构简单，分子间作用力弱，作为杂质使多组分 CO_2 易生成气相；同理，NO_2 极性强，作为杂质使多组分 CO_2 不易完全进入气相区。

（3）杂质对物性参数影响规律

在含杂质多组分 CO_2 管道输送过程研究中包含各种不同的水力输送参数和热力参数，为了研究杂质对多组分 CO_2 密度变化规律的影响，将 31.1℃与 55℃下 CO_2 密度与压力之间关系的两组曲线簇表示在图 1.8 中。

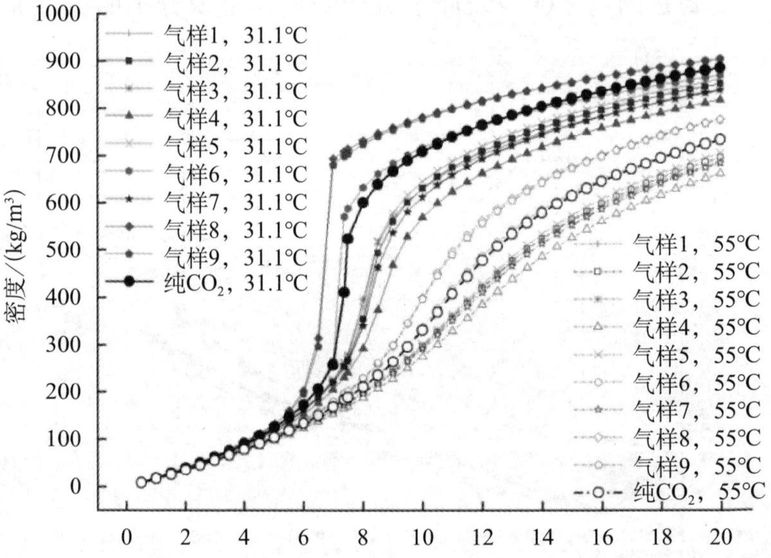

图 1.8 不同温度下杂质对多组分 CO_2 密度－压力关系影响[17]

超临界 CO_2 密度将在临界点附近发生突变，由图 1.8 可见，杂质将改变突变发生位置，其中非极性杂质及极性较弱的 CO 将使多组分 CO_2 在相同温度下的密度突变位置向压力升高方向移动，其他极性较强杂质将使突变位置向压力降低方向变化。而在图 1.8 中，55℃下的密度曲线明显比温度较低时平滑，且曲线中的突变也不再存在。因而可以得出结论，对于超临界 CO_2 管道而言，较高的输送温度与压力可以降低管内密度发生突变的概率，使流动平稳。

将 31.1℃与 55℃下黏度与压力之间的关系表示在图 1.9 中以研究杂质对多组分 CO_2 黏度变化规律的影响。杂质对黏度影响规律与密度影响基本相似，由图 1.9 可见，杂质将改变黏度突变位置，非极性杂质及 CO 将使多组分 CO_2 黏度突变位置向高压方向变化，其他极性杂质将使突变位置向低压方向移动。当温度升高后，黏度曲线中出现微小起伏，含非极性杂质或 CO 的多组分 CO_2 黏度出现起伏的对应压力较低，相反，极性杂质使多组分 CO_2 黏度起伏在较高压力下出现。同时为了研究杂质对比热容变化规律的影响，将 31.1℃与 55℃下比热容与压力之间的关系表示在图 1.10 中。

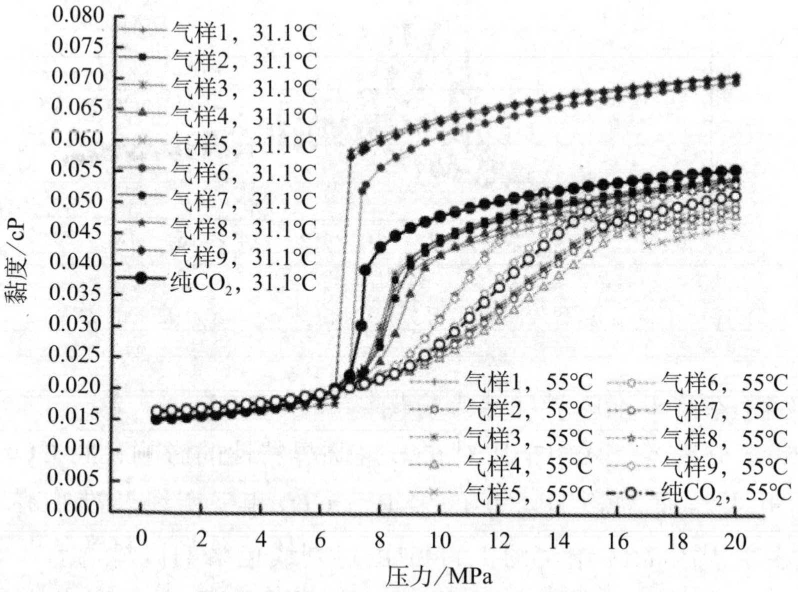

图 1.9 不同温度下杂质对多组分 CO_2 黏度 - 压力关系的影响 [17]

如图 1.10 所示，非极性杂质及 CO 使多组分 CO_2 比热容极值位置向高压方向移动，其他杂质影响规律与之相反，但曲线中比热容极值均小于纯 CO_2 比热容极值。当温度升高后，比热容曲线整体比低温时平滑，强极性杂质则使曲线起伏较明显。这是因为杂质改变了多组分 CO_2 的临界点及两相区，越临近临界点比热容值越大。因此，在制冷设备或空调等换热性能研究中，多将 CO_2 控制在临界点附近以利用其比热容大的特点，而在大规模管道输送 CO_2 时，为了保证其管输过程的安全及稳定，因而采用高温高压下超临界态输送，以避开物性参数变化剧烈的临界区域。

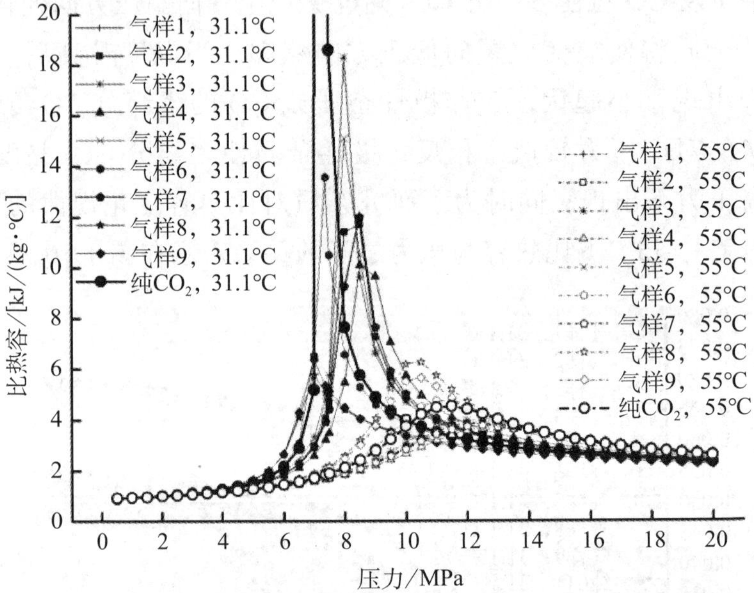

图 1.10 不同温度下杂质对多组分 CO_2 比热容－压力关系的影响 [17]

（4）杂质对准临界特性影响规律

为了分析各气样中杂质对 CO_2 准临界特性的影响，将 $CO_2$95%（摩尔）及杂质 5%（摩尔）的多组分 CO_2 相平衡线及准临界温度曲线表示于图 1.11 中。图 1.11 中由点划线包络的区域为含不同杂质 CO_2 的两相区，实线为对应组分的准临界温度线。

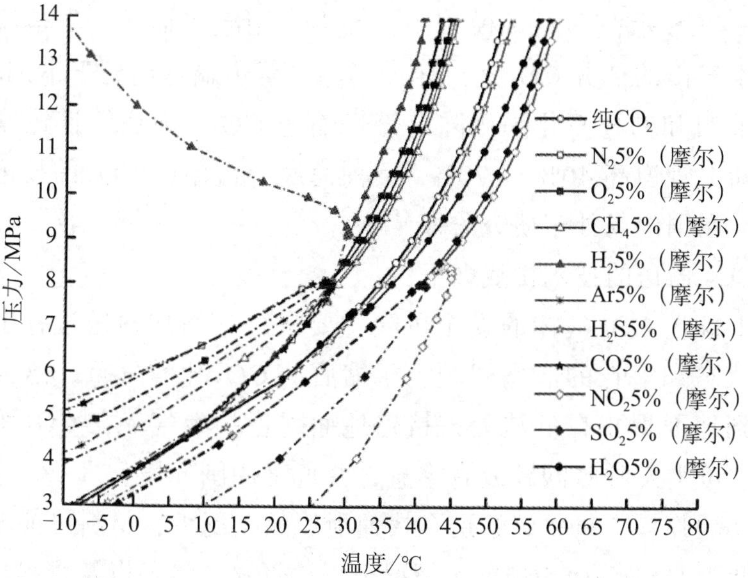

图 1.11　含杂质 CO_2 相平衡及准临界温度线 [17]

准临界温度线在适用压力范围内连续平滑，杂质的存在使对应组分的准临界温度线向不同方向偏移。含杂质 CO_2 两相区向液相扩展的杂质使对应的准临界温度线向低温方向偏移，表明此时的含杂质 CO_2 维持液相相对困难，较早向超临界 CO_2 过渡，其中 H_2 的影响最为明显。反之，强极性杂质使准临界温度线向高温方向偏移，这是因为较强的分子间力若使含杂质 CO_2 维持液相，需要较高的温度使混合组分形成扩散性较好的超临界态，强极性杂质中 NO_2 与 SO_2 的影响相对较大。

1.6 CO_2 输送的挑战与主要问题

1.6.1　技术挑战

CO_2 可以以液态、固态、致密相或者超临界气态形式进行输送。在现有 CO_2 输送技术中，罐车运输和船舶运输技术已达到商业应用阶段，主要应用于规模 10 万 t/a 以下的 CO_2 输送。中国已有的CCUS示范项目规模较小，大多采用罐车输送。华东油气田和丽水气田的部分CO_2通过船舶运输。管道输送尚处于中试阶段，吉林油田和齐鲁石化采用陆上管道输送CO_2。海底管道运输的成本比陆上管道高40% ~ 70%，目前海底管道输送CO_2的技术缺乏经验，在国内尚处于研究阶段[19]。

CO_2输送的技术挑战如下：

①输送CO_2气体的安全风险主要来自它们在输送过程中的高浓度状态和潜在的泄漏问题。压缩后的CO_2比空气重，这使其易下沉到地面聚集在低洼处，挤走地面附近的氧气。在CO_2浓度较高区，可引发呼吸问题或者窒息，并危害周围环境。

②超临界二氧化碳管道在快速泄压的工况下，材料可能暴露在温度低于三相点（-56.6℃）情况下，给管材、设备以及密封材料的低温性能提出更高的要求。此外，超临界二氧化碳管道更容易出现快速传播的韧性断裂，对管材的断裂性能也提出了额外的要求。

③CO_2是酸性气体，腐蚀性比较强。虽然驱油效果好，但腐蚀问题一直是国际国内的一大困扰。除了腐蚀，还要解决的重点难题是气窜。如果实施封存的地区为低渗透油藏还好，但如果是特高含水油藏、复杂断块油藏等区域，发生气窜的概率非常高，这对采出系统影响比较大。

④由于二氧化碳在输送中容易发生相变，为保证稳定运行，在输送过程中需严格控制输送压力、温度以及杂质限值。

1.6.2 成本之困

众所周知，技术挑战，带来的必然是成本激增。

①为解决管道腐蚀问题，需要投入治理费用。新区CCUS建设注入、产出系统使用防腐管材，就算退而求其次也要用内防腐涂层管材。这样的管材比普通管材的价格高几十倍，导致项目成本陡升。另外，固定成本，比如设备安装、占地投资等，同样也是一笔巨额支出。

②目前我国主要用槽车运输液态 CO_2。运输成本高，吨公里运费 1 元甚至更高。而运输过程需要消耗燃料，产生碳排放，并不环保。同时，公路运输的稳定性、安全性受到气候等多种因素的影响。我国部分 CO_2 长输管道相关数据及输送成本见表 1.2。

表 1.2　我国部分 CO_2 长输管道相关数据及输送成本 [19]

序号	项目	输送相态	管道参数
1	中欧 NZEC 胜利电厂百万吨 CCS - EOR 项目	超临界	*DN*250/12MPa，80km，输送成本：46.8 元 /t
2	延长石油 360kt/a CO_2 输送管道工程	超临界	*DN*200/13MPa，102km，输送成本：71.62 元 /t
3	齐鲁石化 CO_2 输送及驱油封存示范工程	密相	*DN*250/12MPa，72km，输送成本：60 元 /t

③环境成本。CO_2 在输送环节可能发生泄漏，容易对附近的生态环境、人身安全等造成一定的影响。与此同时，大部分 CCUS 项目有额外增加能耗的特点。增加能耗就必然带来污染物的排放问题，例如前述的槽车运输。

参 考 文 献

[1] 联合国环境署 . 2020 排放差距报告 (https: // www.sohu.com/a/45594310_117499) [EB/OL]. (2020-12-09).

[2] 气候变化巴黎大会 . 携手构建合作共赢、公平合理的气候变化治理机制 (http//:news.cnr.cn/special/G20hz/news/20160904/t20160904_523110619.html).

[3] 中国日报网 . 中国率先签署《巴黎协定》展现大国担当 (http: // news.cnr.cn/special/G20hz/news/20160904/t20160904_523110619.html). [EB/OL] (2016-09-04).

[4] 新华社 . 习近平指出，加快生态文明体制改革，建设美丽中国 (http: // www.gov.cn/zhuanti/2017-10/18/content_5232657.htm).

[5] 张九天，张璐 . 面向碳中和目标的碳捕集利用与封存发展初步探讨 [J]. 热力发

电, 2020(49): 1-10.

[6]IEA Special Report on Carbon Capture Utilization and Storage, Energy Technology Perspectives 2020. http: // www. tanpaifang. com/CCUS/202011/1175247.html.

[7]Summary for Policymakers, 19 IPCC reports. http: // www.IPCC.ch/sr15/chapter/spm/.

[8]Energy Technology Perspectives 2020. Flagship report. https: // www. iea. org/reports/energy - technology - perspectives - 2020.

[9] 邢园园 . 液态二氧化碳管路输送相变特性分析 [D]. 西安 : 西安科技大学 , 2018.

[10] 李江飞 , 徐康泰 , 贺晓 , 等 . 基于 SW 状态方程的二氧化碳管道数值仿真 [J]. 科技通报 , 2017, 33(5): 10-15.

[11] 李向荣 . 用 SRK 方程计算真实气体的密度 [J]. 青岛化工学院学报 : 自然科学版 , 2002(1): 100-102.

[12] 汪蝶 . CO_2 液化、输送与储存技术研究 [D]. 荆州 : 长江大学 , 2017.

[13] Kunz O , Wagner W . The GERG-2008 Wide-Range Equation of State for Natural Gases and Other Mixtures: An Expansion of GERG-2004[J]. Journal of Chemical & Engineering Data, 2012, 57(11): 3032-3091.

[14] 李江飞 , 段兴华 , 李岩芳 , 等 . 含杂质 CO_2 的管道输送 [J]. 科技导报 , 2016, 34(2): 173-177.

[15] 徐源 . 含杂质超临界 CO_2 管道裂纹延性扩展研究 [D]. 西安 : 西安石油大学 , 2021.

[16] Hendriks C, Hagedoorn S, Warmenhoven H. Transportation of Carbon Dioxide and Organisational Issues of CCS in the Netherlands—Report prepared by Ecofys for EnergieNed[R]. The Ministry of Economic Affairs and the Ministry of Housing, Spatial Planning and the Environment, 2007.

[17] 赵青 . 含杂质 CO_2 不同相态管输节流及减压特性研究 [D]. 青岛 : 中国石油大学（华东）, 2015.

[18] Reid R.C., Prausnitz J.M., Poling, B.E. The Properties of Gases and Liquids[M]. 4th. McGraw-Hill Book Company, USA, 1987.

[19] 陆诗建 , 张娟娟 , 杨菲 , 等 . CO_2 管道输送技术进展与未来发展浅析 [J]. 南京大学学报 : 自然科学版 , 2022, 58(6): 944-952.

第 2 章　CO_2 输送技术

2.1 CO_2 输送

CO_2 输送是指将捕集的 CO_2 运送到可利用或封存场地的过程。根据运输方式的不同，分为罐车运输、船舶运输和管道运输，其中罐车运输包括汽车运输和铁路运输两种方式。在大规模运输过程中，流体态的 CO_2 更便于运输 [1]。CO_2 陆地管道输送是目前最具应用潜力和经济性的运输方式，且随着管道运输容量的增加，运输成本逐渐下降 [2]，现阶段国际上已有大量 CO_2 管道输送的工程实践。目前，在现有 CO_2 输送技术中，罐车运输和船舶运输技术已达到商业应用阶段，主要应用于规模 10 万 t/a 以下的 CO_2 输送。中国已有的 CCUS 示范项目规模较小，大多采用罐车运输。华东油气田和丽水气田的部分 CO_2 通过船舶运输。管道输送尚处于中试阶段，吉林油田和齐鲁石化采用陆上管道输送 CO_2。海底管道运输的成本比陆上管道高 40% ～ 70%，目前海底管道输送 CO_2 的技术缺乏经验，在国内尚处于研究阶段 [3]。

2.1.1　公路罐车和铁路罐车运输特点与发展现状

在陆上，公路罐车和铁路罐车是除管道运输外最重要的 CO_2

运输方式。罐车运输技术相对成熟，但应用范围较小，仅用在小型驱油实验及食品加工领域，主要有干冰、低温绝热容器和非绝热高压瓶 3 种装载运输方式。公路罐车的运输容量为 2 ～ 30t，运输压力为 1.7 ～ 2.08MPa，温度为 -30 ～ -18℃；铁路罐车可以实现 CO_2 的长距离大规模运输，一节罐车的 CO_2 容量为 50 ～ 60t，运输压力约为 2.6MPa。低温液态 CO_2 运输需要增加额外的压缩（低温精馏）成本，即使运输成本降低，全链条 CCUS 的成本也相对较高。美国 Science Applications 公司曾对比研究公路罐车、铁路罐车与管道运输的经济性，发现当运输距离超过 160km、运输量超过 7.9 万 m^3/d 时，公路和铁路罐车运输的经济性比管道运输差；高压罐车比低压罐车有优势，低压制冷罐车比低压不制冷罐车有优势。与管道相比，公路罐车和铁路罐车的运输成本相对较高。据估计，一辆容量为 15t 的 CO_2 公路罐车，运输成本高达 1 元 /（t · km）。成本因素和储运条件（储存和装卸麻烦，占用时间多）限制了公路罐车和铁路罐车 CO_2 运输的发展。除小规模、短距离的 CCS 机会和试点项目外，公路罐车和铁路罐车运输不太可能在大规模 CCS 部署中发挥重要作用[4-7]。

2.1.2 CO_2 船舶运输特点与发展现状

当前，全球大规模的 CO_2 船舶运输仍处于开发试验阶段，运输低温液态 CO_2 采用小型船只，尚未有大型船舶参与 CO_2 输送。而油气运输工业已经实现液化石油气（LPG）和液化天然气（LNG）船舶运输的商业化，日本、挪威等正在参考 LPG 和 LNG 运输船舶的理念和经验，研发用于规模化 CO_2 输送的大型船舶。

通常情况下，油气船舶输送主要包括液化、装载、运输、卸载和返港几个主要步骤，船舶运输 CO_2 与船舶运输 LPG 和 LNG 有相似之处。首先都必须将气体液化并储存在罐中，然后再装载到船上输送，目的地可能是其他港口或离岸封存站点。根据现有经验，在岸上卸载相对简单。然而，无论是在处理和注入之前将

CO_2 卸载到海上平台，还是在船上处理后直接将 CO_2 注入封存地点，都还没有经过验证，而且工艺仍不太成熟。油气输送船舶按不同温度和压力参数可分为3种类型：低温型、高压型和半冷藏型。低温型船舶是在常压下，通过低温控制使油气处于液态或固态；高压型船舶是在常温下，通过高压控制使油气处于液态；半冷藏型船舶是在压力与温度共同作用下使油气处于液态。现有 CO_2 船舶输送一般采用半冷藏型船，压力为1.4～1.7MPa，温度-25～-30℃。参照输送LPG和LNG的经验，单艘船舶输送1万～10万t CO_2 是可行的。主要输送公司正在进行设计研发工作，例如，丹麦马士基（Maersk）、挪威雅苒（Yara）、荷兰安东尼·韦德（AnthonyVeder）和日本千代田（Chiyoda）。

在欧洲，已经有小规模的 CO_2 船运将食品级的 CO_2 从大型点源输送到沿海的配送终端。其中，挪威雅苒公司建有欧洲最大的储存罐，公司有3艘运营中的 CO_2 输送船，将荷兰斯勒伊斯基尔（Sluiskil）港口、挪威波什格伦市、丹麦腓特烈西亚港、德国多尔马根和英国威尔特郡的雅苒生产基地，与德国汉堡市、法国蒙托伊尔港和英国白金汉郡的配送终端连接起来。拉尔维克（Larvik）航运公司同样运营着3艘食品级 CO_2 输送船，将 CO_2 从拉尔维克的雅苒化肥厂输送到欧洲的终端。荷兰安东尼·韦德公司也经营着1艘 CO_2 输送船。现有小型 CO_2 输送船舶容量为850～1400t，无法满足CCUS大规模应用的需要，必须开发大容量的 CO_2 输送船舶。据挪威STP/Navion项目组研究，CO_2 输送船舶目前的最大设计容量可达3万 m^3。

随着 CO_2 容量的增加，输送成本将随之下降，大容量船舶在未来 CO_2 输送中具有经济竞争力。当 CO_2 封存或利用场所在海上时，通过船舶输送 CO_2 灵活便捷，可有效降低输送成本。若拥有多个可接收 CO_2 的离岸封存设施和系泊装置，船舶输送 CO_2 的灵活性将更大。输送的灵活性便于在现有 CO_2 设施基础上，随时添加新的捕集点、封存点和利用点，而不需要增加建设成本。随着

CO_2捕集点的增多，输送容量将增长，未来管道输送成本低于船舶输送成本后，这些捕集、封存和利用站点可以相互连接并建设输送管网。近年来，挪威、日本和韩国等沿海国家已提议在海上封存 CO_2，船舶输送 CO_2 正在成为最重要选项，但输送网络尚未完全建成。

2.1.3 管道输送特点与发展现状

1972 年，全球第一条 CO_2 输送管道建成投运，至今已有 40 余年的 CO_2 管道建设及运营经验，管道输送 CO_2 技术已经比较成熟。CO_2 输送管道可分为陆上管道和海上管道，陆上管道主要集中在北美地区，海上管道主要集中在北欧地区（见表 2.1）。

表 2.1 全世界主要 CO_2 管道运输系统 [12]

国家	系统	长度 /km	容量 /（万 t/a）
美国	二叠纪盆地（西得克萨斯州、新墨西哥州、科罗拉多州）	4180	
	墨西哥海岸（密西西比州、路易斯安那州、得克萨斯州东部）	1190	
	落基山脉（科罗拉多州、怀俄明州、蒙大拿州）	1175	
	中陆（俄克拉何马州、堪萨斯州）	770	
	其他（达科他州、密歇根州）	345	
加拿大	艾伯塔省碳干线	240	1460
	北达科他州－韦本油田	328	50
	奎斯特	84	120
	萨斯喀彻温省	66	120
沙特阿拉伯	哈维亚	70	

续表

国家	系统	长度 /km	容量 /（万 t/a）
阿联酋	阿布扎比	45	80
中国	大庆油田	6.5	
	胜利油田	70	50
挪威	哈默菲斯特 - 斯诺维特油田	153	70
荷兰	鹿特丹	85	40

一般情况下，物质存在固、液、气以及超临界 4 种相态。CO_2 的三相点压力为 0.52MPa，温度为 -56.6℃；临界点压力为 7.38MPa，临界温度为 31.06℃。管道内多相流动的压降大，CO_2 易相变并造成管道空蚀，故管道输送中 CO_2 为单相。按照输送的 CO_2 的相态，可将管道输送分为气相、低温液态、密相（液态和超临界之间）和超临界相 4 种输送模式。不同状态的 CO_2 管道输送也存在较大差异。

相态。不同相态的物理性质不同，气相压降显著大于其他相态。液相短距离内压降与距离呈线性关系，压降变化较小，但当管线长度增加超过一定数值后 CO_2 发生汽化，会导致液相输送压降骤然上升。超临界相压降与距离呈线性关系，压降小于液态，大于密相。密相压降与距离呈线性关系，压降最小。

杂质影响。对 CO_2 管道输送能力影响较大的杂质是甲烷和氮气。氮气和甲烷对一般液相管输温降和压降的影响最大，因为液相 CO_2 更易发生汽化；对超临界状态下 CO_2 管输压降的影响次之；对密相输送的影响最小。

有效距离。气相的入口条件为压力 4MPa，温度 25℃，总压降控制在进口压力的 5% 时，有效距离为 37.5km。低温液相的入口条件为压力 5MPa，温度 -20℃，经济有效输送距离为 200km 左右。超过该距离时，压降会导致气体产生，进而导致摩擦阻力显著增大。超临界相的入口条件为压力 13 ～ 15MPa，温度 40℃左右，有效距离为 128.1km 左右。若要继续增加管道长度，增压站是必要选择。在密相输送状态下，将压降控制在进口压力的 5%，管道有效长度可以达到 1010km。

投资。CO_2 输送量越大、管径越大，单位投资越低。相同输送量时，管道单位投资由高到低依次为气相、低温液相、密相、超临界相。

安全性。在截止阀设计间距和安全系数设置相同情况下，管道运行压力越高，事故导致的泄漏量越大、影响区域越大、影响时间越长，对生命和财产的影响越大。因此，气相输送方案的危险性最低，密相和超临界相的危险性最高。管道输送应该根据管道所处地理位置、输送容量、输送距离和公众安全等问题，选择最适合的输送状态。超临界或密相输送方案投资较低，远距离输送压降小，对杂质耐受力大，没有液化要求，捕集净化和压缩成本低；大规模输送时，相同管径下，超临界或密相输送方案的输送容量大，输送成本低，适合于远距离、大输量、人口稀少的情况。在低压条件下，气态 CO_2 输送体积庞大，长距离输送不经济。但在人口稠密的地区，气相输送压力低，满足现有法律法规对安全性的需求，若采用密相输送方案，需要设置大量的截止阀、阀室以保障安全，或按法律法规要求大量拆迁以控制安全间距，这将提高管道输送的成本和难度。因此，现有法律法规条件下，气相管道输送更加适合短距离、低输量、人口稠密的情况。

2.1.4 四种运输方式的优缺点及经济性对比分析

（1）四种运输方式的优缺点比较

管道、船舶、公路、铁路 4 种运输方式各具优缺点，见表 2.2。

表 2.2 CO_2 运输方式优缺点对比[12]

方式	优点	缺点
管道	1）连续性强，安全性高； 2）运输量大，运行成本低； 3）大多为地下管道，节约土地资源，不受天气影响； 4）CO_2 泄漏量极少，对环境污染小	1）灵活性差，只适用于固定地点之间的运输； 2）管道不容易扩展，有时需船舶和罐车协助； 3）初始投资大； 4）运输前必须净化 CO_2，以免杂质造成管道损坏； 5）过程中需要控制压力和温度，防止因相变致运输瘫痪
船舶	1）运输灵活便捷； 2）适用于河网密集和近海 CO_2 捕集中心的初步开发； 3）中小规模与远距离的 CO_2 运输成本低； 4）离岸封存的重要选择	1）间歇性运输，连续性差； 2）受地理限制，仅适用于内河与海洋运输； 3）装载卸载与临时存储等中间环节多，导致交付成本增加； 4）大规模近距离时，船舶运输经济性较差； 5）要求低温液化甚至固态化运输； 6）低温液态 CO_2 增加捕集与压缩能耗与成本
公路	1）运输灵活，不受运输地点限制； 2）不需要前期大量投入； 3）适应性强，方便可靠； 4）运输网络比较发达，机动性强； 5）各个环节之间的衔接灵活，可动态调整	1）单次性运输量少，单位运输成本高； 2）连续性差，对规模大小不敏感，不适用于 CCUS 等大规模的工业系统； 3）远距离运输安全性差，对汽车运输安全要求高； 4）存在保温和操作上的泄漏，CO_2 泄漏量较大，存在环境污染； 5）易受不利天气和交通状况影响而中断； 6）低温液态 CO_2 增加捕集与压缩能耗和成本
铁路	1）比公路运输距离长，通行能力大，成本相对较低，接近官网的成本； 2）捕集点和利用点靠近铁路时，可利用现有设施降低成本	1）运输不连续，运输成本比管道运输高； 2）受现存铁路设施影响，地域限制大，需要罐车和船舶运输作为辅助； 3）必要时需要铺设专用铁路，增加运输成本； 4）沿线需要装卸、临时存储设备，增加运输费用； 5）低温液态 CO_2 增加捕集与压缩能耗与成本

（2）四种运输方式的经济性分析

尽管与 CO_2 捕获和储存的成本相比，CO_2 运输的成本相对较低，CO_2 运输管道大规模部署所需投资还是巨大的。CO_2 运输管道的成本因项目而异，主要取决于要运输的 CO_2 容量，管道的直径、长度和材料，人工成本和系统预期寿命等。管道容量存在明显的规模经济效应，单位成本随着 CO_2 容量的增加而显著降低。对于相同运输容量的管道系统，单位成本随着管道长度的增大而接近线性增加。此外，CO_2 运输管道的成本受其位置的影响很大（选线和征地）。例如，与位于人口稠密地区的管道相比，位于偏远和人口稀少地区的管道的成本要低 50% ～ 80%。由于管线的敷设深度和敷管设备直接影响成本，海上建造管道成本比陆上建造管道成本高 40% ～ 70%。不同地区的管道成本会有很大差异，亚洲新建管道的成本通常比欧洲低 30%，而我国新建管道成本可比北美低 35% 以上。Ioannis C. 对比了管网式和点对点式管道的建设和运营成本，发现随着 CO_2 运输时间和运输容量的增长，管网式管道的运营成本会大幅下降，比点对点式管道更适合于大规模 CCUS 系统应用。

CO_2 管道运输成本主要分为初始建设成本、运行维护成本以及其他辅助成本。其中，初始建设成本是最主要的成本，包括材料、人力、路权和其他成本。美国管道运输的材料成本占比为 22.4% ～ 34.3%。据中海石油研究中心估计，密相和超临界运输管道的材料成本占比为 35%，一般液相运输管道的材料成本占比为 30%。

清华大学乜君兴分析了 2012 年国内容量为 7 万 t/a、距离为 8km 的陆上 CO_2 管道运输案例，发现 CO_2 运输成本为 37.2 元 /t。白冰估计了 2013 年中国 CO_2 陆上管道运输成本，发现容量为 146 万 t/a、距离为 300km 的 CO_2 管道运输成本分别为 47 元 /t 和 68.5 元 /t，两者差异是因路权成本不同导致的。魏宁也研究了类似的陆上 CO_2 管道运输成本主要集中在 0.05 ～ 0.4 元 /（t · km）。高蓝宇分析了 2011 年天津市滨海新区临港 IGCC 电站捕获的 CO_2 运输至山东省东营市胜利油田的 CO_2 运输案例，容量为 146 万 t/a，分别采用管道、船舶、铁路罐车运输。其中，管道和船舶运输距离均为 300km；由于需要采用现有铁路系统，铁路罐车运输距离为 600km；超临界管道、船舶、铁路罐车的运输成本分别为 43.13 元 /t、54.95

元/t、92.82元/t。由此可见，短距离内管道运输成本低于船舶运输成本，远低于铁路罐车运输成本。

Kwangu Kang 使用工程经济模型估算了2014年韩国海上管道运输成本，运输容量为100万t/a的成本为180元/t，运输容量为300万t/a的成本为86元/t。Knoope分析了2010年海上一般液相管道运输案例，容量为500万t/a，距离为100km的管道运输成本为3.6～13.5元/t。魏宁建立了适用于中国的CO_2海上管道的技术经济模型，发现容量为100万～2000万t/a、距离为100km和500km的海上密相运输管道的建设成本分别为7.8亿～13.9亿元、33.7亿～65.7亿元。随着运输距离增加，运输成本增加；随着运输容量增加，管道运输成本先大幅降低，随后降低幅度逐渐减小。政府间气候变化专门委员会（IPCC）、欧洲零排放化石燃料发电厂技术平台（ZEP）和美国能源部分别在不同时间发布了关于不同CO_2运输容量的陆上和海上管道的运输成本的估计（见图2.1）。虽然不同机构给出的CO_2运输成本不同，但整体变化规律相同。海上管道运输成本高于陆上管道运输，管道运输成本随着运输容量的增多而显著降低。图2.2展示了不同CO_2运输容量和运输距离时，采用船舶运输和海上管道运输的运输成本对比。可以看出，海上管道运输成本随着运输距离的增加呈线性增加，船舶运输成本仅随着运输距离的增加而适度增加，因此随着运输距离的增加，船舶运输成本最终将低于海上管道运输成本。随着CO_2运输容量的减小，海上管道运输成本显著提高，而船舶运输成本仅有少量增加，因此随着运输容量的减小，船舶运输成本会更快地低于海上管道运输成本。在现有技术条件下，低容量、远距离的CO_2运输，船舶运输成本低于海上管道运输；高容量、近距离的运输，海上管道运输成本低于船舶运输。具体成本需要结合CO_2运输距离和容量分析。目前国内CO_2输送主要采用罐车运输，成本为（0.9～1.4）元/（t·km）。吉林油田采用管道输送，输送距离约为20km，成本为0.3元/（t·km）[12,13]。

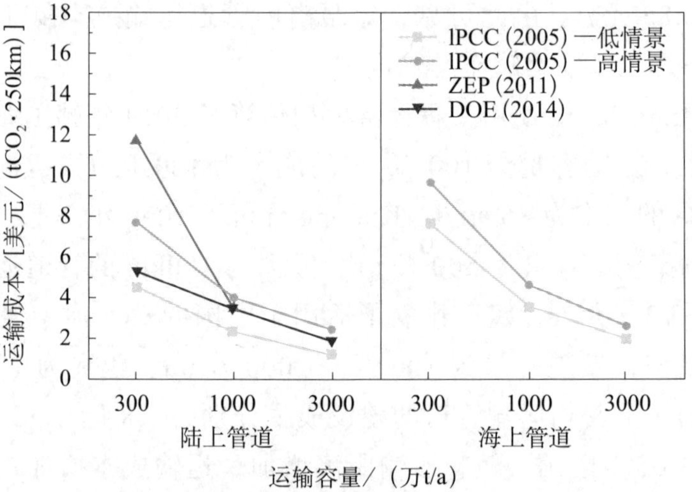

图 2.1　CO_2 陆上和海上管道运输成本 [14]

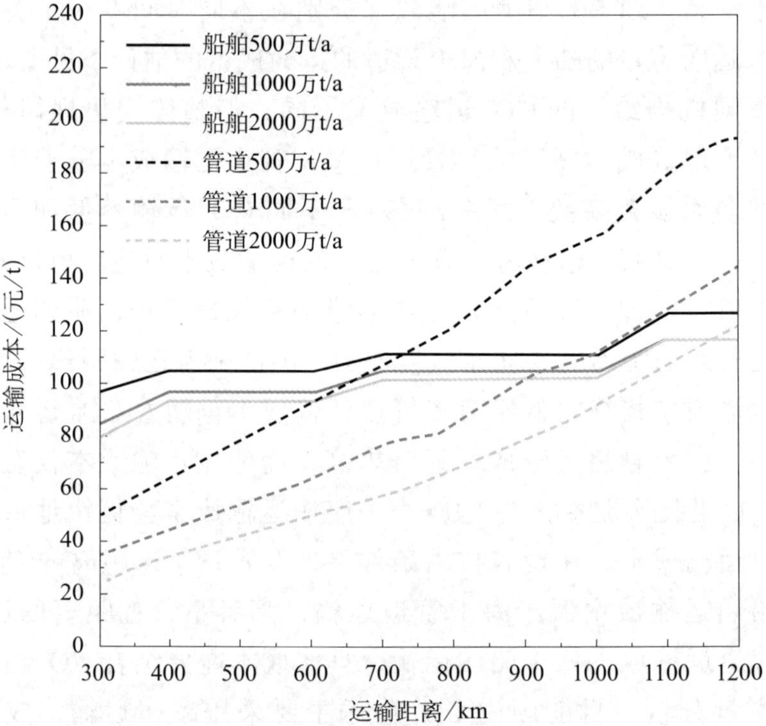

注：作者按1欧元 = 7.8253元人民币进行了换算

图 2.2　CO_2 船舶和海上管道运输成本比较 [15]

2.2 管道输送

2.2.1　国内外 CO_2 管输现状与趋势

（1）国外 CO_2 管输现状与趋势

截至目前，全球 CO_2 运输管道主要分布在美国、加拿大等少数国家。20 世纪 70 年代以来，美国在二氧化碳驱油技术上取得突破，基于产自本土油气田丰富的二氧化碳资源，利用成熟的油气管输技术工艺，积极建设二氧化碳运输管道，开展二氧化碳驱油提高采收率项目。截至 2020 年底，美国累计建成二氧化碳管道 50 余条，总里程约 7200km，大部分建设于 20 世纪八九十年代，近 80% 的管道采用超临界输送工艺，其中 1983 年开始运行的 Cortez 管道是目前全球最长的二氧化碳管道，总长度为 803km，设计输送能力为 1930 万 t/a。挪威 Snøhvit 管道是目前全球唯一实现工业化运输的海底二氧化碳管道，主要用于将天然气开发伴生二氧化碳分离后回注封存于海底地层。

目前，美国有 12 家二氧化碳管道运营商，干线管道多由埃克森美孚、金德尔摩根（KinderMorgan）、西方石油（Oxy）、丹博里（Denbury）等大型能源公司建设和运营管理，支线管道由二氧化碳资源商或用气方建设和运营管理。同一地区不同企业建设管网可以实现连通代输，二氧化碳资源商通过周边管网平台将二氧化碳产品销售给管道公司，管道公司再将二氧化碳产品沿线分销给各用气企业。部分二氧化碳管道运行采用周调度模式，即下游用气企业提前将用气需求提交管道公司，管道公司统筹调度上游资源、中游管输、下游分输、终端用户的系统匹配，调度周期适中，方式灵活。美国二氧化碳运输管道技术是基于油气管道输送技术发展而来的，主要由各大能源企业和美国石油协会（API）、美国机械工程师协会（ASME）等协会共同研发完成，经历 40 余年管道运行实践检验，在管道设计、建设、投产和运行、经营管理等诸多方面积累了丰富的经验，形成了较为成熟的技术体系。

美国长距离、大规模二氧化碳管道大多采用超临界输送技术，利用二氧化碳超临界相态密度高、黏度小、流态稳定、不易发生密度突变、管输压降低等特点，实现大规模输送，大幅降低投资和运行成本，而且二氧化碳用于驱油多以超临界状态注入，需要满足一定的压力条件（通常为 10 ～ 20MPa），大部分油气藏具备这样的压力环境。欧美地区二氧化碳管道输送的法律法规及标准规范主要参考油气管道，建设、运行、监管等相对成熟和完善。在美国，二氧化碳液体管道被列为危险液体管道，其运行管理遵从美国联邦法规 49-CFR195、美国机械工程师协会 ASMEB31.4《液态烃和其他液体管道输送系统》（侧重于二氧化碳管道运行管理）。美国二氧化碳管道由联邦和州政府共同监管，监管权具体属于美国运输部地面运输委员会，同时安全方面归口美国运输部管道和危险物品材料安全管理局（PHMSA），州际管道由 PHMSA 直接监管，州内管道由州政府监管，州政府还负责监管二氧化碳管道的开发和运营。

随着全球 CCS/CCUS 技术创新、产业化发展进程加快，作为配套产业，全球二氧化碳管道运输有望获得快速发展，实现二氧化碳排放源与利用封存场景的良好匹配和连接，促进 CCS/CCUS 商业化发展。未来 10 ～ 15 年，借助技术进步、成本下降及碳减排政策，二氧化碳驱油埋存及管道运输有望在全球符合条件的成熟油田（区）获得普遍发展，成为多国增加石油产量、实现碳封存不可或缺的战略选择。

（2）中国 CO_2 管输现状与趋势

长期以来，中国 CO_2 运输以低温储罐公路运输为主，受技术、成本、资源及政策条件等多因素制约，二氧化碳管道运输起步较晚。随着苏北黄桥、松辽徐深、长岭等气田的开发和临近油田 CCUS-EOR 示范项目建设运行，石油企业开始探索二氧化碳管道运输，建成了一定规模的二氧化碳管道。据不完全统计，截至 2021 年底，全国在役二氧化碳管道项目有 8 个，里程合计约 152km，年运输能力约 106 万 t，主要服务于大庆、吉林、胜利、中原、苏北等油田驱油提高采收率项目，但规模小，距离短，以气态输送为主，尚无大输量、长距离、超临界密相输送管道。总体上，目前中国二氧化碳管道输送尚处于起步探索阶段。近年来，在碳达峰碳中和目标推动下，企业加大 CCUS-EOR 项目示范力度，捕集工业排放的高浓度二氧化碳，通过新建二氧化碳管道运输到油气产区，构建全过程 CCUS EOR/EGR（二氧化碳强化天然气开采）产业链。目前，中国石化、延长石油等企业正在开展多个二氧化碳管道项目的前期工作，计划建设管道合计超过 1500km，分布在胜利、江苏、新疆等油田和陕北地区。2022 年，中国石化为配合“齐鲁石化－胜利油田百万吨级 CCUS 项目”启动了全国首个 100km 二氧化碳输送工程。

2.2.2　CO_2 管线的建设

CCUS 作为全世界新兴的一项减排 CO_2 技术，在未来几十年在能源战略方面扮演着不可缺少的角色。主要体现在两个方面：①基于 CO_2 地质封存以及对温室气体的市场信贷及补偿；②碳捕集储存项目恰好可以从这两个市场中都获得最佳价值。北美洲有最大的气体和危险液体管道网络，且 20 世纪 70 年代早期就已经有 CO_2 管道，因此管道输送技术在国外已经有较成熟的应用。因此我国在管道建设初期可借鉴国外成熟的管道模型及管道选型等经验。表 2.3 所示为北美主要的长输 CO_2 管道。

表 2.3　北美主要的长输 CO_2 管道

管线名称	运量 /（10^6t/a）	管道直径 /mm	长度 /km
West Texas	1.6	300	97
Coffeyville-Burbank	1.6	200	110
Trans Petco	1.6	200	177

续表

管线名称	运量 /（10^6t/a）	管道直径 /mm	长度 /km
Val Verde	2.1	255	134
Weyburn	2.6	355	330
Raven Ridge	4.3	406	257
Central Basin	4.3	406	230
Canyon Reef Carriers	4.3	406	224
Powder River Basin	4.3	406	201
Bravo	7.0	508	351
Choctaw (NEJD)	7.0	508	294
Greencore	14.0	508	373
Sheep Mountain	11.4	610	656
Delta	11.4	610	174
Green Line I	18.0	610	441
Cortez	23.6	762	808

全世界范围的管输 CO_2 经验（尤其是美国、加拿大和澳大利亚）为各国提供了设计、建造和运行 CO_2 管道的标准和规范。在美国，液态 CO_2 输送管道由美国交通部（DOT）管理，受《美国联邦法规》（CFR）第 195 条“液体管道”约束。且美国许多州自己的法规都是效仿该法规来制定的。在加拿大，适用 2005 年《自然资源法规》第 117 章“危险液体或者 CO_2 管道输送行业”与 2011 年 CSA Z662 标准。欧洲标准 EN14161“石油和天然气工业——管道输送系统”以及相关标准已被整个欧洲所接受，相关标准可用作 EN14161 核心法则的补充。目前第一部有关 CO_2 管道输送的运行与管理的标准是 DNV-RP-J202《CO_2 管道的设计与操作》，该标准是由挪威船级社于 2010 年根据挪威海底运输管道的运行经验编制的。

综上所述，围绕管道制定的法规都是关于管道设计、施工、操作方面的，同时需要借鉴参考国外管道运行经验，开展我国的管道建设工作。纵观国内油气田 CO_2 管道输送工况，长距离大规模输送管道几乎为零。对此，延长油田对该领域进行首次研发：一期工程为 36 万 t/a 107km 超临界 / 密相 CO_2 输送管道；二期工程为 400 万 t/a 568km 超临界 / 密相 CO_2 输送管道。CCUS 技术在我国的应用起步较晚，但该技术在我国走向规模化及商业化是必然趋势，且对于减排 CO_2 是一个最优且必然的选择 [17]。

2.2.3　CO_2 输送工艺及适用条件

CO_2 的管道运输有连续性强、可持续利用、成本低、效率高等优点，是目前运输 CO_2 总体效果最好的方式。将 CO_2 从气源地输送到合适的地方封存或利用都有较高的经济效益，同时也可以保护环境减少大气污染。目前国内还没有成熟的管道运输技术，大多数都是罐车运输。罐车运输成本高，用车运输过程燃油排放还会带来环境的污染，从长远来看对于大规模长距离的输送任务，管道运输不论是经济性还是在环境保护方面都是最好的选择。CO_2 有临界参数较低的特性（临界温度为 31.06℃，临界压力为 7.38MPa），所以极其容易发生相态的变化。现有的管道输送类型可分为气态、液态以及超临界态三种方式，但输送方式、输送管道和设备要根据 CO_2 的相态以及不同输送方式的特点等因素来选择。管道的建造受多方面因素的影响，如管道材料费用、地质条件、气候因素、人文等，CO_2 管道输送系统的组成类似于天然气和石油制品输送系统，包括管道、中间加压站（压缩机或泵）以及辅助设备，多方面考虑这几个因素对管道的影响，对于 CO_2 管道运输的建造估算具有重要的意义 [16]。

（1）气相输送

CO_2 在管道内以气相状态输送，使用增压泵对 CO_2 进行增压，控制压力在超临界压力之下，使其保持气相状态。气相 CO_2 黏度低、密度小，单位时间内输送量不大，经济效益不高。气相二氧化碳管道输送工艺流程如图 2.3 所示。在管道运输过程中二氧化碳在管道内始终保持气相状态，通过压缩机压缩升高输送压力，管道是否要包敷绝热保温层则需要通过热力核算来确定。然而对于二氧化碳气井而言，采出的气体多处于超临界状态，因此在二氧化碳进入管道之前，需要对其进行节流变相降压，使其满足管输要求。与此同时，在输送过程中对二氧化碳气体进行增压时，增压的趋势不能过于明显，也就是说压力不能过高，以免超过其临界压力，避免二氧化碳相态发生改变，进入超临界状态。如美国的SACROC二氧化碳输送管道，在设计的备选方案中，规定低压气相管道的最高运行压力不得超过4.8MPa。与其他管道输送方式相比，管道气相输送对管道材质的要求不是特别高，管道的耐压等级要求也不高，但由于在规定的时间内，气相输送的总量相对偏小，经济性偏差，很难满足对高压大规模使用的需要，因此未得到广泛推广。

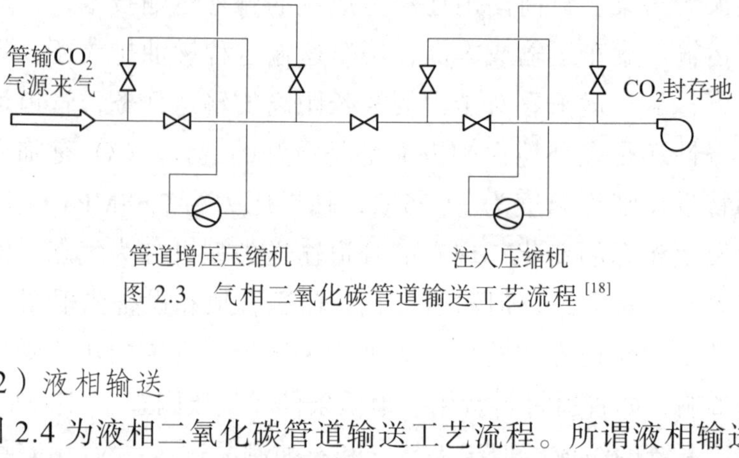

图 2.3　气相二氧化碳管道输送工艺流程 [18]

（2）液相输送

图2.4为液相二氧化碳管道输送工艺流程。所谓液相输送，就是在管输过程中二氧化碳在管道内始终保持液相状态，为了克服沿程摩擦阻力与地形高差，需要在沿途不同地点设置压缩机站，以升高输送压力。液相二氧化碳具有输送时管输摩擦阻力小、黏度及密度较小，使用时溶解性好等优点，这为其液相输送带来了方便。但是由于其蒸气压较高，蒸发的结果会导致其温度降低甚至结冰，从而影响正常输送，因此液相输送过程中对管道的温度控制要求较严。当管道内温度较高时，二氧化碳容易发生汽化；而温度太低时，会导致二氧化碳固化为干冰，因此管道是否包敷

绝热保温层需要通过热力核算来确定。

一般情况下，获得液相二氧化碳，首先是将其冷却至临界温度以下，而后进行加压液化。对于来自工业气井的二氧化碳来说，无论是从经济的角度还是从技术和方便的角度，最便捷的方法就是利用井口气源本身的压力对二氧化碳进行节流制冷处理。然而为了确保增压泵的安全，必须使二氧化碳在进入增压泵之前就已经液化。因为在高压条件下，二氧化碳的液化温度比较高，先进行增压再液化可以升高二氧化碳的液化温度，从而使设备的耐低温要求有所降低，不过这同时也增加了液化设备的抗压要求，导致投资可能比较大；若是先液化再增压，液化温度比较低，可能导致其换热要求有所增加，但是液化后可以使用压缩机压缩来增加压力，设备较为简单。在压缩机压缩增压后，通过设置换热器来冷却二氧化碳仍然是非常有必要的。但是这种方法在输送过程中，由于输送压力不高而使输送量相对较低，加之输送过程对温度的要求十分严格，因此如果是需要大量二氧化碳注入的地方，这种输送方式也很难满足要求。

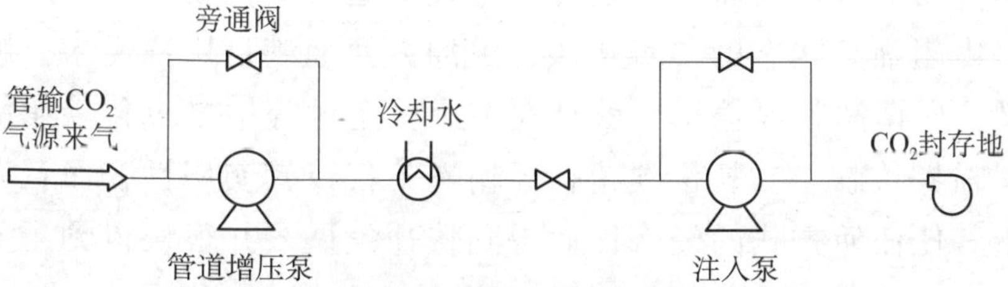

图 2.4　液相二氧化碳管道输送工艺流程

（3）密相输送

图 2.5 为密相二氧化碳管道输送工艺流程。所谓密相输送，就是在管道输送过程中二氧化碳始终处于密相状态，且输送温度要略低于超临界输送，并保持整个压力区间不发生变化，这主要是为了保证密相管道在输送过程中的压力比临界压力高，由于在低温影响下对入口温度并没有太高的要求，所以入口温度的选择主要由二氧化碳液化流程的出口温度来确定。需要特别指出：一是

密相输送的液化出口温度不同于一般液态输送时的液化温度；二是密相输送的管道压降低于液相输送和超临界输送；三是密相输送的投资成本大大低于气相输送和液相输送，而与超临界输送较为接近；四是比较适合在人口较为稀少的地方进行输送。中国计划建设的二氧化碳输送管道多用于原油助采，多为短距离注入式管道，因此适合采用密相管道输送方式。

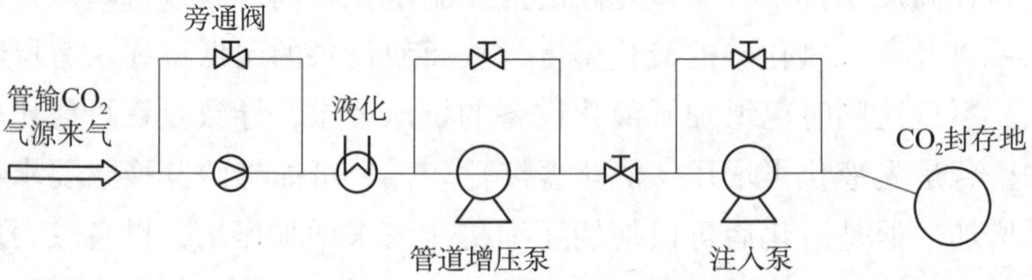

图 2.5　密相二氧化碳管道输送工艺流程 [18]

（4）超临界相输送

超临界二氧化碳有许多特性，在超临界萃取等工艺中具有广泛的应用前景，因而采用超临界方式输送二氧化碳可以为用户直接提供超临界状态的二氧化碳，更加方便地满足用户需求。顾名思义，所谓超临界输送，就是在整个输送过程中二氧化碳始终处于超临界状态。二氧化碳超临界输送不仅以其实用性，而且以其优于其他任何方式的经济性而得到快速发展，并很快得到了实际应用。超临界二氧化碳管道输送工艺流程如图 2.6 所示。

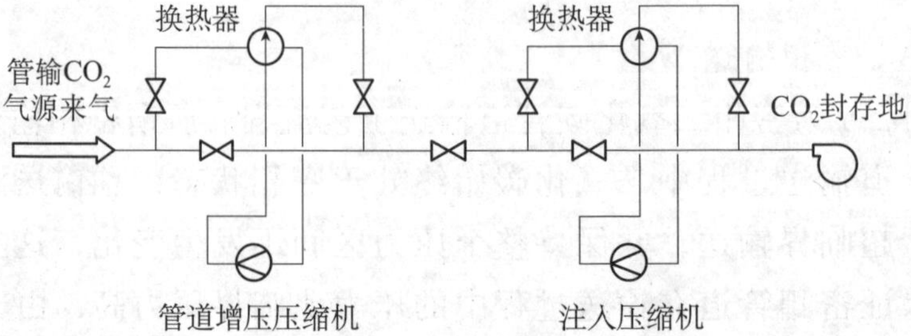

图 2.6　超临界二氧化碳管道输送工艺流程 [18]

欲使二氧化碳在输送过程中保持超临界状态，就需要使输送温度和压力均高于临界值，即通过管道包敷绝热保温层使温度维持在临界点以上，通过压缩机加压使输送压力维持在临界压力之上。相对于其他输送方式而言，超临界输送对二氧化碳的初始相态改变是很小的，在临界温度和压力之上很容易实现超临界输送。压力的保持由压缩机来提供，但必须首先将二氧化碳由稠密蒸气态转变为气态后才能进行，温度的保持由换热器来提供，超临界输送与气相输送最大的不同是在输送过程中二氧化碳始终保持稠密相态，因此需要设定最低运行压力以确保二氧化碳处于稠密相态。输送中还要考虑温降对介质相态变化的影响，在管道入口压力为13MPa、温度为50℃时，龙安厚等通过Hysys软件模拟得出当输送距离达到128.1km时，温降达到30.95℃，此时达到临界状态，如继续输送会发生相态改变，从而确定该条件下的有效输送距离为128.1km。但由于超临界二氧化碳具有黏度小、密度大等特点，并且甲烷和氮气对管输的压降和温降影响很小，因此在实际输送过程中超临界输送的应用较为广泛。

超临界状态下的流体同时具有气体和液体的某些属性，如气体的低黏度、高扩散系数以及液体的高密度，并且对许多物质具有很强的溶解能力，扩散性能也比其他状态下更好，但压力和温度对它的影响也是极大的。需要注意的是，在超临界二氧化碳输送过程中，由于温度和压力的变化，可能会有许多杂质从二氧化碳中析出，从而形成气相。同时因为热量损失及其他原因，二氧化碳的温度会逐渐降低，为了维持二氧化碳的超临界状态，需要在管道沿线合理设置加热站，对二氧化碳进行循环加热。

对各种管道输送方式的研究表明，超临界输送方式的技术性和经济性明显优于其他方式。在投资上，超临界输送与密相输送相差不大，前者略高于后者，而液相和气相输送的投资成本则远远超过超临界和密相输送，其中以气相输送的投资成本最大。但在人口比较密集的地方，应该将安全性作为管道输送的首要考虑因素，因而往往采用此种输送方式。

与其他物质相比，二氧化碳的临界温度较低，在管道输送过程中多相流动比单相流动的压降要大，环境温度的变化可能造成相态的变化，二氧化碳能否以超临界状态通过管道取决于管道系统的温度和压力。管输系统的温度和压力范围决定着管输的方式，不仅影响管道输送成本，而且影响管输效果。因此，在设计管道输送方式时，既要考虑管道的材质，系统的温度、压力及控制，更要考虑环境及气候变化对管输的影响；既要考虑输送距离、输送量，还要考虑输送的技术经济性。建设二氧化碳管道输送系统是一项十分复杂的系统工程，只有理论与实践相结合，才能达到科学、经济、安全、高效的目的[18-21]。

超临界输送方式在经济性和技术性两方面都明显优于气相输送和液相输送。超临界输送相对于气相输送而言，在成本上要节约近20%。液相输送温度难以控制，必须进行保冷，且长距离输送时需要增加制冷站，实施难度大，一般不采用。

2.2.4 CO_2安全输送研究现状

（1）CO_2泄漏的安全隐患

与天然气等油气管道一样，CO_2管道随着运行时间的增加以及运行中意外事故的发生，管道的安全问题逐渐暴露出来。且当高压输送管道在第三方施工或因为腐蚀等原因发生泄漏后，其泄漏口处因压降导致周围环境温度骤减；同时高速流体喷射出管道，与周围环境摩擦形成摩擦热；因此需要格外提高警惕注意高压管道发生泄漏的风险。我国人口密度高，一旦发生泄漏，极易发生人员死亡或者受伤事件，会直接造成经济损失，对人们的生活空间和社会安全造成严重的影响。因此，降低管道泄漏扩散事件的发生概率，提高安全防范意识，对管道运行及安全整改具有十分重要的意义。近年来由于 CO_2 泄漏引发的严重事故不胜枚举。表 2.4 是统计的部分 CO_2 泄漏所引发的事故。

表 2.4　CO_2 泄漏引发事故部分统计[22]

序号	时间	地点	事故原因	危害
1	1986	喀麦隆尼奥斯湖	湖底 CO_2 突然喷发	1700 多名居民和大量动物死亡
2	2004.1.16	山西榆次经纬厂	铸造车间发生 CO_2 泄漏	2 人死亡，5 人不同程度中毒
3	2006.10.5	上海金茂大厦地下车库	CO_2 灭火装置泄漏	5 人中毒
4	2008.1.9	重庆特斯卡化学原料有限公司	CO_2 气体泄漏	5 人死亡，13 人受伤
5	2010.9.1	南宁市滨湖路 66 号	灭火设备 CO_2 泄漏	17 人受伤
6	2014.3.7	印度海军驱逐舰	CO_2 的钢瓶突然发生爆炸	1 名高级军官死亡，多人受伤
7	2018.9.6	韩国水原三星半导体厂	灭火设备 CO_2 泄漏	1 人死亡，2 人受伤

迄今为止，已经运行的管道未发生造成重大人员损伤的 CO_2 管道泄漏事故，但仅 1986—2008 年，美国就有 26 起 CO_2 泄漏事件。如此高频率地发生 CO_2 泄漏事故，需要对其泄漏原因进行分析总结。表 2.5 为引起 CO_2 管道泄漏的典型原因。

表 2.5 引起 CO_2 管道泄漏的典型原因 [22]

<table>
<tr><th>偏差</th><th>原因</th><th>后果</th><th>保护措施举例</th></tr>
<tr><td rowspan="5">管道和阀门</td><td rowspan="2">腐蚀</td><td rowspan="5">CO_2 泄漏</td><td>管道监控；压力和温度指示器</td></tr>
<tr><td>自动截断阀截流</td></tr>
<tr><td>维护失误</td><td>检测和预防性维护</td></tr>
<tr><td rowspan="2">外部影响</td><td>阴极保护</td></tr>
<tr><td>管道承压大于 CO_2 离心式压缩机的最大出口压力</td></tr>
<tr><td rowspan="2">操作员失误</td><td>维护失误</td><td rowspan="2">CO_2 泄漏</td><td>监督所有人员，包括对维护和操作活动进行检查</td></tr>
<tr><td>外部影响</td><td>要求所有的人员接受过适当的培训并具备一定的经验</td></tr>
</table>

埋地 CO_2 管道长期处在土壤环境中，容易因为受土壤中化学成分的腐蚀、地质沉降、人为操作不当、撞击等原因致使管道穿孔，从而造成 CO_2 泄漏扩散。对于长输管道而言，因其里程长、输送量大而具有很高的工程价值，且长输管道具有造价高、事故风险相对较大、运行后维护成本较高等诸多不确定因素，因此当外在因素作用下导致管道发生泄漏后，其表现形式具有如下几个特点：

①泄漏后发展速度很快。长输埋地 CO_2 管道工作压力较高，当发生泄漏时，泄漏口气体高速流出，管道内气体受高压驱动快速流出管道，大面积扩散到环境中。同时会导致泄漏口裂纹的生长速度加快，进而加快泄漏速度。

②泄漏导致的后果更严重。长输大规模 CO_2 管道泄漏后会对企业生产造成经济损失，同时在整个过程中往往会伴随着人员伤亡的严重事故。这些事故对周围居民和环境造成的直接和间接损失难以估计。

③泄漏扩散的隐蔽性。我国人口密度较大，因此对 CO_2 管道多采用地下埋设方式，当埋地管道发生泄漏后，因土壤影响 CO_2 的扩散，因此短时间内很难发现管道泄漏。若地面为沥青硬化路面，则泄漏气体会聚集在地表下面，地表下方则会形成一

个高压区域，气体浓度也会达到一个很高的水平。一旦达到临界点，气体直接暴露在空气中，将对周围居民造成严重的生命安全威胁。

④管道系统的错综复杂。随着工业大型管道的大量铺设，众多油气管道、供水管道、CO_2 管道等使得地下管道系统变得更加巨大且复杂。各类管道的附件种类以及数量参差不齐，因为施工时间的不同，管道所用材料的不同，极易因电化学腐蚀发生事故。同时，管道运行年限越长发生泄漏的概率越大，因此极易发生连锁性的泄漏事故[22]。

（2）国外 CO_2 安全输送研究现状

对于 CO_2 管道输送技术及管道安全性研究，国内外成果显著。相比于国内侧重技术的理论研究，近年来国外学者更强调 CO_2 管道安全运营及成本优化。早在 2010 年，国外科研工作者对 CO_2 管道运输工程的设计、建设和运行便有了较全面的认识，并且制定了相关工程标准。Kim Johnsen 等介绍了编写于 2010 年的 CO_2 大规模运输管道工程推荐做法：CO_2 管道的设计和运行（DNV-RP-J202）。文中强调高压 CO_2 管道应执行更为严格的介质分类标准（ISO13623），管道运行存在重大事故危害威胁；介绍了为降低管道腐蚀应严格控制含水量；密相 CO_2 对内涂层等材料的溶解作用；确保管材有较高防起裂与较低裂纹拓展特性；以及运行中控制管道泄压速率等工程技术要点。

波兰学者 Andrzej Witkowski 等利用 ASPENPLUS 软件，分析在等温、绝热和考虑传热的条件下，管径、入口温度、环境温度及保温层性能等参数对增压后超临界 / 密相 CO_2 最大安全输送距离的影响。研究表明，不采用保温的超临界 / 密相输送可提高效率，降低能耗和成本，并在综合分析后得出水平直管输送 CO_2 的最大安全距离为 310km。英国赫尔大学 Xiaobo Luo 等，将基于 Aspen HYSYS 的 CO_2 集输、加压与输送管网稳态模拟结果，输出到 APEA 中进行技术经济评价，研究 CO_2 输送管网成本优化。以

英国亨伯地区的 CO_2 输送管网为例，得出其最优方案每年可节省约 22.7 百万欧元。

杂质作为影响管道安全输送的主要因素，也受到国外学者关注。韩国 Wonkeun Baik 等以实验方法研究海底输送条件下，CO_2 输送管道中杂质 N_2 和 CH_4 对管道内传热、压降的安全性影响。其中 CO_2+CH_4 及 CO_2+N_2 混合物的传热系数，随质量流量增加而加大；同时运行压力增加，CO_2 混合物最大传热系数减小。当 CO_2 物质的量分数从 100% 降低到 95% 时，CO_2+N_2 和 CO_2+CH_4 最大传热系数分别降低 4157W/(m^2 · K)、1224W/(m^2 · K)，但平均压降提高了 29.87%。

英国和尼日利亚学者 Suoton Philip Peletiri 等研究单一杂质对管道内 CO_2 流体流动的影响。将 CO_2 和杂质允许的最大浓度构成二元混合物，使用 Aspen HYSYS（v.10）和 GPROMS（v.5.1.1）进行模拟，研究杂质对管道输送性能的影响。结果显示，10%（摩尔）的 N_2 对管道压力损失、密度和临界参数等影响最大，其次是 4%（摩尔）的氢气，1.5%（摩尔）的硫化氢影响最小。

（3）国内 CO_2 安全输送研究现状

对于超临界 CO_2 管道输送技术，国内建设运行经验不足，更多研究集中在 CO_2 管道安全输送理论上。借鉴国外 CO_2 管网运行经验，国内对 CO_2 管道输送的研究主要有：超临界 / 密相 CO_2 管道输送工艺，CO_2 管网工程优化设计，CO_2 管道腐蚀与防护，CO_2 管道泄漏与放空的安全性，泄漏的 CO_2 扩散问题等。

陈兵、肖红亮等通过分析 CCUS 项目中工业捕集的含杂质 CO_2 气源品质，讨论 CO_2-EOR 操作对 CO_2 品质的要求及管道输送 CO_2 对其品质的要求，最终得出适用于 CCUS 项目的 CO_2 气源指标。他们基于 HYSYS 软件，以 PR 方程计算含杂质 CO_2 物性，研究杂质对管输 CO_2 相态的影响，结果表明，杂质存在提高 CO_2 管道输送难度。Bing Chen 和 Shuangge Cao 研究了超临界 CO_2 管道输送关键技术，从输送能力、杂质含量及路由选择等方面进行讨论，给出首站设置水露点仪、适当加臭的安全措施等建议。

陈兵、巨熔冰等利用Pipephase软件对国内某油田CO_2输送管道进行优化设计，对不同管径中CO_2的流动参数及相态变化进行分析，确定该CO_2输送管线计算条件下的最优管径。华北电力大学李永强，研究纯CO_2及N_2、SO_2两种杂质对CO_2物性的影响。以电厂捕集的CO_2为气源，研究管道输送过程的水力热力计算模型，并分析高程差、环境温度对CO_2输送管道的影响。而陈天则以实验方式，研究超临界CO_2管内换热特性，进行CO_2管道散热、压降、比摩擦阻力的计算分析，在此基础上，对管道经济比摩擦阻力优化。

西安石油大学巨熔冰、任科洋等进行CO_2饱和水溶液下管线钢的电化学腐蚀实验研究，分析不同条件下四种管线钢的极化曲线与腐蚀电流。巨熔冰利用Fluent软件和COMSOL Multiphysics软件，分析流速、曲率半径、弯角及CO_2水合物颗粒对超临界CO_2输送弯管冲蚀的影响，提出相应防护建议。任科洋利用COMSOL Multiphysics软件，模拟电化学腐蚀实验，分析不同物理场对CO_2弯管腐蚀的影响。

大连理工大学喻健良、郭晓璐等，分别进行工业管道纯CO_2气相、气液两相、超临界态泄放实验。实验分析气相泄放，管末端CO_2温度下降，形成气液均相；CO_2两相泄放中的压力突降、反弹及气液均相的最终态；超临界泄放时，CO_2依次出现超临界、气液均相、气相等相态变化现象。喻健良、朱海龙等则通过超临界CO_2不同孔径泄放实验，测量分析CO_2减压过程中，管内CO_2相态、密度变化及通过管壁的传热过程。

大连理工大学郑阳光等通过CO_2管道泄放实验，观测干冰颗粒生成，可见云携带干冰、水雾扩散，及干冰升华的现象，分析泄漏口处动压、可见云及扩散区内温度、浓度变化。陈国龙等对埋地CO_2管道泄漏进行实验，分别测试1mm、3mm泄漏孔径时，管壁、土壤温度变化及形成的干冰球、冻土球性状。研究给出工

业 CO_2 输送管道泄漏时周围土壤的温度分布及管外壁 -78℃的最低温度。西安石油大学陈兵、郭焕焕等，则对 CO_2 架空管道和 CO_2 埋地管道泄漏问题，使用 Fluent 软件进行研究，得到 CO_2 管道泄漏事故所需安全警戒范围。

中国石油大学（华东）赵青、李玉星在管输 CO_2 物性研究基础上，提出 CO_2 临界点附近物性急剧波动的准临界特性，拟合 CO_2 准临界温度关系，分析杂质的影响。在此基础上，研究超临界 CO_2 管道停输问题，给出安全停输及启输的建议。西安石油大学陈兵等则采用 OLGA 软件研究含杂质超临界 CO_2 输送管道的停输问题，分析初始温度、流量对管道停输的影响。

刘敏等以流体三大守恒方程为基础，结合 PR 状态方程，研究建立超临界 CO_2 输送管道的水力模型。李顺丽等借助 OLGA 软件对超临界 CO_2 管道放空模拟研究，分析不同放空管设计造成的热力水力影响。此外，顾帅威等结合气液两相流声速计算模型，基于 PR 方程，建立了气态 CO_2 管道减压波特性的预测模型，研究含杂质气态 CO_2 管道减压波传递特性[22-33]。

2.3 CO_2 输送方式的选择原则

目前，关于 CO_2 输送方式的选择原则并没有相应的标准规范。CO_2 的输送状态可以是气态、超临界状态、液态、固态，但是一般来说，从大规模运输的可行性来看，流体态（气态、超临界状态和液态）CO_2 更便于大规模运输。目前已用于实践的输送方式主要有罐车输送、轮船输送和管道输送：

①中短距离、小容量的运输，其运输相对灵活，可以选择公路罐车和铁路罐车两种。

②大容量、超远距离，靠近海洋或江河可以选择船舶运输，目前船舶运输还处于起步阶段，世界上只有 4 艘现行的轮船投入运行。

③大容量、长距离、负荷稳定的定向输送选择管道运输，管道输送是目前应用最广泛的大规模运输方式。其中，小输量（＜100万t/a）、短距离（＜100km）、人口密度高的区域，宜采用中低压气相输送相态；大输量（≥100万t/a）、长距离（≥100km ）、人口密度低的区域，宜采用高压超临界输送相态。

CO_2管道输送方式的比选

进行不同相态输送时参数的选择建议，总结如下。

①压降基本上只受输送距离的影响，与输送温度无关。

②气态输送：密度和黏度基本不受输送距离、温度及压力的影响；

液态输送：密度和黏度主要受温度的影响；

密相和超临界输送：密度和黏度主要受温度的影响。

③气态输送：避免选在高压区域，避免管道运行在准临界区域；

液态输送：避免使管道运行在气液分界线附近；

密相输送：0℃、13MPa或15MPa附近的中等压力，是比较理想的参数范围；

超临界输送：避免运行参数到达临界点附近。

参考文献

[1] 米剑锋，马晓芳．中国CCUS技术发展趋势分析[J]. 中国电机工程学报，2019, 39(9): 2537-2543.

[2] 段玉燕，罗海中，林海周，等．浅谈国内外CCUS示范项目经验[J]. 山东化工，2018, 47(20): 173-174, 178.

[3] 贾子奕，刘卓，张力小，等．中国碳捕集、利用与封存技术发展与展望[J]. 中国环境管理，2022, 14(6): 81-87.

[4] 吴秀章．中国二氧化碳捕集与地质封存[M]. 北京：科学出版社，2013.

[5] 绿色煤电有限公司．挑战全球气候变化[M]. 北京：中国水利水电出版社，2008.

[6] 郭秀丽 , 李玉星 . 东方 1-1 气田 CO_2 储存与输送方案优化分析 [D]. 中国石油大学 , 2009.

[7] 高蓝宇 , 方梦祥 , 程乐鸣 . CO_2 吸附和输送技术研究 [D]. 杭州 : 浙江大学 , 2011.

[8] IEAGHG (2020b). The Status and challenges of CO_2 Shipping Infrastructures[R]. 2020.

[9] 陈兵 , 白世星 . 二氧化碳输送与封存方式利弊分析 [J]. 天然气化工 : 化学与化工 , 2018, 43(002): 114-118.

[10] BROWNSORT P. Ship transport of CO_2 for Enhanced Oil Recovery-Literature Survey[R]. Edinburgh: Scottish Carbon Capture & Storage. 2015.

[11] Yara. New liquid CO_2 ship for Yara[R]. 2015.

[12] 徐冬 , 刘建国 , 王立敏 , 等 . CCUS 中 CO_2 运输环节的技术及经济性分析 [J]. 国际石油经济 , 2021, 29(6): 8-16.

[13] 中国 21 世纪议程管理中心 . 中国二氧化碳捕集利用与封存（CCUS）年度报告（2019）[R]. 北京：中国 21 世纪议程管理中心 , 2019.

[14] RUBIN E S, DAVISON J E, HERZOG H J. The cost of CO_2 capture and storage[J]. International Journal of Greenhouse Gas Control, 2015, 40: 378-400.

[15]Kjärstad J, Skagestad R, Eldrup N H, et al. Ship transport—A low cost and low risk CO_2 transport option in the Nordic countries[J]. International Journal of Greenhouse Gas Control, 2016, 54: 168-184.

[16] 潘继平 . 基于管道运输的中国二氧化碳驱油提高采收率发展现状与前景展望 [J]. 国际石油经济 , 2023, 31(3): 1-9.

[17] 郭焕焕 . 埋地 CO_2 管道输送泄漏扩散数值模拟 [D]. 西安 : 西安石油大学 , 2020.

[18] 郑建坡 , 史建公 , 刘志坚 , 等 . 二氧化碳管道输送技术研究进展 [J]. 中外能源 , 2018, 23(6): 87-94.

[19] 陆诗建 , 张娟娟 , 杨菲 , 等 . CO_2 管道输送技术进展与未来发展浅析 [J]. 南京大学学报 : 自然科学版 , 2022, 58(6): 944-952.

[20] 陆诗建 . 碳捕集、利用与封存技术 [M]. 北京 : 石油工业出版社 , 2020: 113-116.

[21] 吕家兴，侯磊，宏小龙，等．超临界 CO_2 管道安全输送距离敏感性分析 [J]. 油气田地面工程，2021, 40(2): 59-66.

[22] 翟明洋，林千果，王香增，等．二氧化碳管道运输系统优化模型及其应用 [J]. 哈尔滨工业大学学报，2017, 49(8): 116-122.

[23] 陈兵，肖红亮，王香增．气体杂质对管道输送 CO_2 相态的影响 [J]. 天然气化工：化学与化工，2017, 42(6): 89-94.

[24] 陈兵，肖红亮，曹双歌．适合陕北 CCUS 的含杂质的 CO_2 气源品质指标研究 [J]. 天然气化工：化学与化工，2017, 42(3): 63-66.

[25] 陈兵，巨熔冰，白世星，等．含杂质超临界－密相 CO_2 管道输送工艺参数优化 [J]. 石油与天然气化工，2018, 47(4): 101-106, 119.

[26] 中华人民共和国工业和信息化部．二氧化碳输送管道工程设计标准：SH/T 3202—2018[S]. 北京：中国石化出版社，2019.

[27]Baik W, Lee W, Yun R. Heat transfer and pressure drop characteristics of CO_2 mixtures in a pipeline under the seawater condition[J]. International Journal of Heat and Mass Transfer, 2019, 136: 627-634.

[28] 陈天．超临界 CO_2 管道输送经济比摩阻的研究 [D]. 北京：华北电力大学，2018.

[29] 巨熔冰．超临界 CO_2 输送管道弯管处冲蚀影响因素研究 [D]. 西安：西安石油大学，2015.

[30] 陈国龙，闫振汉，喻健良，等．大规模埋地 CO_2 管道泄漏过程中的温度场变化 [J]. 安全与环境学报，2020, 20(3): 870-877.

[31] 陈兵，房启超，白世星．含杂质超临界 CO_2 输送管道的停输影响因素 [J]. 天然气化工：化学与化工，2020, 45(3): 84-89.

[32] 房启超．超临界 CO_2 输送管网运行工况的安全性研究 [D]. 西安：西安石油大学，2021.

第3章　国内典型 CO_2 项目概况及输送方式选择

3.1 罐车输送

3.1.1　中国石油新疆油田 CO_2-EOR 项目

为解决老油田含水高、采出程度低，新油田低渗、特低渗占比大、亟待改变开采方式的问题，新疆油田于 2009 年开始设立了准噶尔盆地二氧化碳驱油、封存潜力评价等 CO_2-EOR 先导性试验。自 2012 年以来，相继通过二氧化碳吞吐、二氧化碳驱油以及致密油二氧化碳蓄能压裂等方面的增产措施和提高采收率试验，累计注入 5.6 万 t 二氧化碳，增油 4.7 万 t，节约蒸汽 2.37 万 m^3，取得了较好的生产效果。

新疆油田 CO_2-EOR 项目的二氧化碳气源通过高纯度化工尾气分离获得，捕集技术先进，但是捕集成本较高，碳封存驱油前期投入大。作为全流程项目，新疆油田 CO_2-EOR 项目捕集和封存流程均由新疆油田与外部企业合作完成，其气源来自克拉玛依石化公司产生的工业尾气，由民营企业新疆敦华石油技术有限公司进行捕集，后者通过对克拉玛依石化公司的制氢装置进行改造，建成了 10 万 t/a 二氧化碳捕集液化装置，对克拉玛依石化公司甲醇厂天然气制氢产生的驰放气进行捕集液化，获得高纯度二氧化碳。二氧化碳初始浓度为 41%，经液化分离后纯度高达 99.96%。捕集的二氧化碳供给新疆油田公司采油一厂、采油二厂、百口泉采油厂、准东油田、石西作业区、陆梁作业区、重油公司等 10 个厂区，进行二氧化碳驱油封存。2013 年至 2019 年 7 月，累计注碳 13.95 万 t，实现了 60% 以上二氧化碳封存。但是限于技术和合作机制等因素，目前二氧化碳捕集成本仍然高达 600 ～ 800 元 /t，而对于二氧化碳驱油先导试验而言，前期的投入巨大，虽然驱油效果明显，但是二氧化碳驱油提高采收率所带来的效益与成本持平，企业获利不高。

先导试验类型多样，技术难度大，驱油效果显著，但是封存成效不显著。通过油藏地质条件评估，新疆油田针对实际油藏类型开展多种二氧化碳驱油先导试验。通过综合考虑二氧化碳混相能力、油藏地质参数、开发参数及气源等方面因素建立了新疆油田二氧化碳混相驱油藏筛选标准，在此基础上筛选出适合的区块进行先导试验，目前取得进展的有八区 530 井区、玛湖凹陷玛 18/ 玛 131 井区等。但是目前仅有八区 530 井区东部克下组砾岩油藏二氧化碳混相驱先导试验封存成效显著，于 2012 年开始注气，单井日注入 20 ～ 30t，累计 65 万 t，封存率 83%，形成 10 万 t 二氧化碳年注入规模。其他区块先导试验，比如玛 18 井区注气量为 120t/d，玛 131 井区 150t/d，二氧化碳驱油作为复合驱油方法中的一种，采用同步和异步吞吐方式注气开采，注入量小，封存效率并不高。

新疆石油、煤炭资源丰富，化工企业多，具有发展 CCUS 的良好源汇匹配条件，但是如何形成多方共赢的商业合作模式有待进一步探索。新疆油田的复杂地质条件和油田开发的进程决定了其实施 CO_2-EOR 的迫切性，同时，新疆发达的煤化工、石油化工造就其排放大户的处境，化工企业面临减排的压力；这形成了新疆发展 CCUS 良好的源汇匹配条件。目前新疆油田作为封存端，其气源由民营企业从克拉玛依石化购买并依托企业自主研发的分离技术提纯，获得高纯度二氧化碳进行驱油，如何实现气源方（克拉玛依石化公司）—捕集方（敦华石油）—封存方（新疆油田）三方利益共享、责任分担，是目前新疆石油 CCUS 面临的一大难题 [1]。

3.1.2 长庆油田“十四五”3 个百万吨级 CCUS 示范工程

按照中国石油集团公司统一部署，长庆油田组织编写了《长庆油田千万吨级 CCUS 中长期发展规划》，总体规划部署了年注气千万吨级规模的 CCUS 工程，“十四五”期间，分别在陕、甘、宁三省区建设 3 个百万吨级 CCUS 工业化示范工程。围绕 3 个百万吨级 CCUS 示范工程建设，长庆油田先后解决了油藏、注采、地面工程三大领域 12 项关键技术难题，形成了适合黄土塬地貌“三低”油藏混相驱替、防腐防气窜、二氧化碳循环利用等为核心的 CCUS“长庆模式”，为工业化推广奠定了坚实基础。

截至目前，长庆油田累计注入二氧化碳 29.6 万 t，黄 3 区油井单井产量提高 32%，中心井产量实现了翻番，彰显出较好的驱油与埋存效果。陕西油区百万吨 CCUS 示范工程：在姬塬油田建成覆盖原油产量 30 万 t、年注二氧化碳 120 万 t 的工业化应用工程。该工程分两期建设，一期在黄 3 区部署 30 万 t 规模，预计 2025 年建成；二期在罗 1 区适时开展 90 万 t 工业化应用。目前已完成方案编制，并通过公司预审。宁夏油区百万吨 CCUS 示范工程：该项目为长庆油田与宁夏回族自治区宁东能源化工基地管委会、宁夏煤业有限责任公司（宁煤）共同推进，在盐池地区分老区和新区两个层次开展工业化应用，年注气 100 万 t。宁煤负责碳源捕集，长庆油田负责驱油封存。项目分两期建设，一期于 2024 年建成 40 万 t/a，二期于 2025 年建成 100 万 t/a。项目已经完成方案编制，并通过公司审查。目前黄 138 新区 CCUS 建设已全面启动钻井。陇东油区百万吨 CCUS 示范工程：依托庆阳石化、正宁电厂等碳源，在陇东地区页岩油、致密油老区和产建新区 3 个油藏总体部署 100 万 t 的工业化应用。目前正开展方案论证，预计 2023 年底依托庆阳石化的碳源，在镇 62 新区建成 40 万 t/a 注入能力 [2]。

3.1.3　海螺集团芜湖白马山水泥厂 5 万 t 级二氧化碳捕集与纯化示范项目（见图 3.1）

安徽海螺集团在世界水泥行业率先建成了万吨级以上水泥窑烟气二氧化碳捕集纯化环保示范项目，年可回收二氧化碳 5 万 t。

这一项目由海螺集团与大连理工大学联合研发，投资 5500 余万元，从 2018 年 10 月 22 日开始运营。在烟气洗涤塔旁，一条管道连接着两个大大的金属球，水泥窑烟气去除粉尘等杂质后，到达吸收塔内被吸附剂吸收形成富液，再通过加热析出 95% 纯度的二氧化碳，最后精馏到 99.9% 工业级纯度和 99.99% 食品级纯度的二氧化碳产品，从而完成碳捕捉，控制碳排放。

图 3.1　海螺集团芜湖白马山水泥厂 5 万 t 级二氧化碳捕集与纯化示范项目

3.2　船舶输送

3.2.1　中国石化华东油气田 CCUS 全流程示范项目

中国石化华东油气田位于苏北平原，地跨江苏省东台、金湖、海安等 6 个地市的 11 个县区。勘探开发区块位于东北部的苏北-南黄海盆地，该沉积盆地为长三角区域的二氧化碳排放提供了一个深部咸水层和油气田的大型地质封存地点。其中真武、花庄、帅垛、草舍和海安 5 个油田为区域 CCUS 的大规模捕集提供封存场所。中国石化华东油气田依托上述油田，自 1987 年开始，率先在该区域开展了二氧化碳驱油试验，并于 2005 年开始了草舍泰州组低渗油藏 CCUS-EOR 先导项目，从 2012 年开始，推广应用 CO_2-EOR 技术，已建立 14 个 CCUS-EOR 开发单元，实现年注入二氧化碳大于 10 万 t 的驱油封存规模化应用。二氧化碳累计注入 40 万 t，累计增油 13 万 t。

华东油气田二氧化碳驱工业化应用输送管道工程管输距离 69km，二氧化碳气源（液态）来自黄桥二氧化碳气田，二氧化碳质量分数 99.5%，利用二氧化碳井口压力非增压外输，设计输量 68 万 t/a。采用液相输送（密相），管径 *DN*250，设计压力 10MPa[4]。

驱油、封存技术成熟，但是封存后监测技术有待提高。华东油气田开展了包括单井吞吐、非混相驱油等多种驱油试验，形成了二氧化碳室内物模实验技术、陆相油田二氧化碳驱选区评价技术、二氧化碳驱方案设计跟踪调整优化技术、二氧化碳混相驱判别技术及中高渗油藏非混相驱技术等五项油藏技术，采集工艺、净化工艺等六项配套工艺，目前已形成 9 个二氧化碳开发单元，成为油田稳产的保障，实现了驱油和封存一体化效益。但是目前尚存在注入后监测体系不完备、监测技术落后的问题。

发达的水系创造了便利的漕运条件，同时密集的人口分布带来了管网建设的难度。在临近油田大约 150km 有中国石化的南京化工公司的高浓度二氧化碳气源，目前建成了 5 万 t/a 的示范装置，通过船舶运输的方式输送到油田。二期计划建成 50 万 t/a 一体化 CO_2-EOR 示范项目，计划通过管道将二氧化碳运输到真武、花庄、帅垛、草舍和海安 5 个区块的油田。计划三期建成 100 万 t/a 的项目。但是管网运输作为未来实施大规模地质封存的必要条件，在人口密集的长三角地区开展难度较大，这也是华东油气田面临的一个难题。

长三角发达的工业体系造就了潜在气源量大、面广的局面，但是跨行业合作模式和盈利机制有待开发。江苏是工业大省，围绕封存区的主要燃煤电厂有 22 家，与苏北油田距离平均仅 130km，此外，距离泰州油田 200km 范围内集中了沙钢、永钢、中天钢铁等多家钢铁企业，捕集钢铁生产过程排放的二氧化碳将有利于钢铁行业的低碳发展。这些钢铁基地排放的大量二氧化碳为 CCUS 项目提供了充足的气源。然而，钢铁生产过程中排放的烟气含二氧化碳浓度较低、成分复杂，导致捕集成本比较高，且企业间如何形成长效且盈利的合作模式是排放企业更加关注的焦点问题 [1]。

3.2.2　华润电力海丰电厂 CCUS 示范项目

华润电力海丰电厂 CCUS 示范项目二氧化碳捕集装置于 2019 年 5 月正式投产，标志着中国首个也是亚洲第一个基于超临界燃煤电厂的燃烧后碳捕集示范项目建成。项目集测试平台区、二氧化碳储存区、化学实验室以及技术与国际交流中心于一体。

碳捕集技术采用了胺法和膜分离法两套技术，技术先进但成本较高，亟待进一步优化降低成本。华润电力海丰电厂 CCUS 项目一期选择胺液吸收和膜分离碳捕集技术作为平台第一批测试的技术，胺液吸收与膜分离单元以并行方式建设，两种方法可以在碳捕集测试平台上同时进行测试。胺法部分的工艺流程主要由吸收和再生两个部分组成，最后可得到 99%（干基）纯度的二氧化碳气体，日捕集能力为 50t/d。膜分离法主要依靠膜对烟气中气体分子的选择性和渗透率的不同来分离、提纯二氧化碳，通过三级膜分离，最后可得到 95% 纯度的二氧化碳气体，每天可捕集 16.4t 二氧化碳。目前华润电力海丰电厂测试平台主要解决了多线程碳捕集技术的并行测试问题，但其核心技术胺液和分离膜分别采用荷兰壳牌与美国 MTR 公司的技术，技术成熟但成本均较高，不利于规模化应用，亟须进一步为成熟技术探寻降低成本的解决方案，促进创新技术效益的放大。

测试优化捕集技术，逐步推进规模化工业应用，但存在捕获后的利用和封存问题，亟须解决二氧化碳的多行业交易、利用与封存减排问题，经济和社会效益有待提高。通过测试平台运行与研发，优化捕集技术，项目一期旨在测试并挑选出最适合海丰电厂的碳捕集技术，为后续的项目二期（海丰电厂百万吨级 CCUS 示范项目），以及其他大规模碳捕集与封存示范及工业应用项目提供技术支持。碳捕集测试平台成功运行，二氧化碳源已经具备，目前可通过压缩纯化系统加工成食品级液态二氧化碳，但缺乏二氧化碳的后续利用与封存减排过程，缺乏与周边其他企业形成多行业、跨行业协作，在推进规模化减排、提高经济和社会效益方面有待进一步推进。

华润电力海丰电厂具备 CCUS 技术的硬件设施和软实力，亟须进一步推进利用碳源开展海水微藻养殖以及临近油藏 CO_2-EOR 工业一体化应用。华润电力海丰电厂 CCUS 已被广东省政府确认为省级 CCUS 示范项目，已建成碳捕集测试平台、化学实验室以及技术中心，具备二氧化碳捕集、分离、储存及相关实验评价、测试和技术研发能力。海丰电厂毗邻南海，具有利用二氧化碳进行海水微藻养殖的天然条件，同时与南海北部油田有很好的源汇匹配关系，未来可以进一步考虑利用二氧化碳驱油提高海上油藏采收率以及地质封存减排，建立多种二氧化碳利用与封存减排产业园和示范区，推动 CCUS 一体化工业应用，为中国化石能源低碳转型提供支持。

3.2.3 中国海油丽水 36-1 气田 CO_2 分离、液化及制取干冰项目（见图 3.2）

中国海油针对高含碳、储量小、产能低、收益小的边际气田，将二氧化碳“变废为宝”加工为食品级商业产品的技术进行了研究。

天然气田二氧化碳的回收利用符合“资源—产品—再生资源”的循环经济发展模式，不仅可以保护日益恶劣的自然环境，而且可以创造更大的经济与社会效益。该项目实施的二氧化碳综合利用技术与经验，将对国内其他高酸性气田开发的二氧化碳利用有重要的借鉴意义。

图 3.2　中国海油丽水 36-1 气田 CO_2 分离、液化及制取干冰项目

3.3 管道输送

3.3.1　中国石油吉林油田 CO_2-EOR 研究与示范

中国石油吉林油田 CO_2-EOR 先导试验区于 2008 年 4 月建成，标志着中国第一个 CO_2-EOR 项目示范区的正式建立。吉林油田 CO_2-EOR 项目是中国第一个全流程 CCUS 项目，其气源来自中国石油长岭气田，通过管道运输至与之相距仅十几千米的驱油示范区。自 2008 年陆续建成投产了黑 59、黑 79 南、黑 79 北小井距、

伊59及黑46等5个驱油封存试验区，注气井组69个，年产油能力达到12万t，年封存二氧化碳能力30万t，目前累计注气145万t，累计增油13万t。中国石油吉林油田CO_2-EOR项目已实现伴生气中二氧化碳回收循环注入，达到二氧化碳零排放的目的。

捕集技术采用伴生气分离技术，技术成熟且成本相对较低，但是成本更低的密相注入技术亟须研发。长岭天然气处理厂是中国石油第一座含二氧化碳天然气净化处理厂，具有集气、脱碳、脱水及二氧化碳压缩、储存等多种功能，二氧化碳日捕集能力1500t。由于气源与封存场地距离十几千米，采用管道运输二氧化碳，运输价格约0.3元/（t·km）。目前吉林油田注入方式有液相和超临界注入两种：气井气液相注入的成本约130元/t，超临界注入的成本约120元/t；伴生气液相注入的成本约190元/t，超临界注入的成本约170元/t，超临界状态注入成本低于液相注入成本。

建立多种类型驱油与封存示范区，逐步推进工业化规模应用，但存在碳源单一的问题，亟须解决二氧化碳源的跨界交易问题，跨行业社会效益有待提高。吉林油田先导试验区最初采用液态注入+水驱的方式采油，封存量达50万t。之后陆续建成了水驱转二氧化碳驱扩大试验区，目的为验证水驱油藏实施CO_2-EOR的潜力；2012年建成黑79北小井距扩大试验区，旨在加快节奏，评价提高采收率幅度，其油藏渗透率仅有4.5mD，混相压力PO/MMP为23.6/22.1MPa，含水程度高达93.1%，采出程度仅为25%。注入井共10口，采油井27口，日注二氧化碳能力600t。与水驱相比，可提高采收率20%，核心区可提高采收率25%，已提高采出程度15.6%，二氧化碳阶段封存率高达95%；2014年7月，建成伊59水敏储层试验区，旨在探索水敏储层二氧化碳驱提高采收率幅度；2014年10月，建成黑46二氧化碳混相驱试验区，为推广工业化规模应用奠定基础。目前，吉林油田碳源主要是天然气伴生气，碳源单一，主要解决了油田内部的碳排放问题，没有辐射到油田周边较大的碳排放企业。与其他碳排放源企业没有形成跨行业协作，规模化减排作用有待提高。

吉林油田具备完备的 CO_2-EOR 技术的硬件设施和软实力，其陆相低渗透油藏二氧化碳增采工业技术和先进经验有待推广。通过 10 多年的试验，吉林油田依托国家重大科技专项、中国石油重大科技专项和重大开发试验，形成了五项关键工程技术：二氧化碳驱低成本防腐技术、多元组合注采调控技术、高气油比油井举升技术、全流程地面工程技术和安全环保管控技术。建成国家能源 CCS-EOR 技术研发（实验）中心和中国石油二氧化碳驱油与埋存试验基地，具备二氧化碳腐蚀、岩心评价、流体评价及二氧化碳封存状况监测等实验评价及技术研发能力。其 CO_2-EOR 技术已经在长庆、海南等油田进行应用。

3.3.2　中国石化齐鲁石化 - 胜利油田 CCUS 项目

该项目将齐鲁石化煤制气工业尾气中的二氧化碳捕集液化后运输至胜利油田进行驱油与封存，每年可减排二氧化碳 100 万 t，相当于植树近 900 万棵。截至目前，累计注入二氧化碳 35 万 t，累计增油 1.1 万 t。

齐鲁石化至胜利油区 50 万 t/a 二氧化碳管道工程。该工程管输距离 72km，二氧化碳气源来自齐鲁石化第二化肥厂煤制气装置的低温甲醇洗单元，二氧化碳质量分数为 91%，设计输量 62.1 万 t/a（折合质量分数为 99% 的二氧化碳 50 万 t/a）。对于该工程，三种输送相态的建设投资差距不大；考虑到工程所经区域人口密集，对安全性要求较高，而气相输送压力低、密度低；因此选择气相输送，管径 *DN*400，设计压力 4MPa。

胜利电厂至胜利油区 100 万 t/a 二氧化碳管道工程。该工程管输距离 80km，二氧化碳气源来自胜利燃煤发电厂新建 600MW 机组烟气，二氧化碳质量分数为 14%，设计输量为 100 万 t/a。通过不同输送状态的经济性比选和适应性分析，管道工程采用超临界输送方式，管径 *DN*250，设计压力为 12MPa。

该项目的亮点成效如下：

加大国内首台（套）装备联合研发力度，保障二氧化碳管道输送和注入平稳运行。优化国内首台（套）高效低温密闭液态注入系列装备，解决了零排放、低温计量、分压分注等“卡脖子”技术难题，现场实现规模化应用26台（套）；研发和试验国内首台（套）密相注入装置，矿场试验泵效在80%以上，填补了国内在该领域装备制造及应用上的空白；联合研发了国产化液态二氧化碳多级离心输送泵，保障长距离高压常温液相二氧化碳管输安全平稳。

形成二氧化碳全密闭高效注采工艺标准化配套模式，保障注采井安全平稳生产。在注入井方面，统一标准化注入管柱和专业化作业模式，满足连续注气、压驱注气一体化、气水交替3类模式的安全注气需求；在采出井方面，优化高气液比适用泵，规范防腐管杆泵配套模式，完善添加缓蚀剂防腐工艺，形成CCUS生产管柱推荐做法，解决了采油井的高效举升和腐蚀难题。

高压混相驱油技术解决低渗透油藏开发难题。胜利油田创新提出二氧化碳高压混相驱油技术，建立“压驱＋水气交替驱”注入模式，形成四类高压混相驱开发模式，解决了低渗透油藏注不进、采不出、采油速度低、采收率低的难题，提高了石油采收率和二氧化碳埋存量。高89-1块单井日产油量由1.6t上升至3.5t。

全流程智能运行管控系统提升管理水平。依托油气生产指挥系统（PCS），研发了注气站智能管控模块，实现全区域“无人值守、机动巡检、集中管控”的生产运营模式；打造CCUS油套压实时监测和预警模块，实现注采端压力实时监控与分析、异常预警与处置；建立封存安全性评价标准和CCUS环境监测体系，提升对土壤、大气、地下水、植被等环境介质的监测能力，保障二氧化碳长期安全封存。

参 考 文 献

[1] 中国 21 世纪议程管理中心 . 中国二氧化碳捕集、利用与封存 (CCUS) 年度报告 (2019)[R]. 北京 : 中国 21 世纪议程管理中心 , 2019.

[2] 碳寻新动能绿色发展 (zgsyb.com.cn).

[3] 全国碳捕集项目分布图！最全面介绍 - 知乎 (zhihu.com).

[4] 陈霖 . 中石化二氧化碳管道输送技术及实践 [J]. 石油工程建设 , 2016, 42(4): 7-10.

[5] 典型项目：齐鲁石化 - 胜利油田百万吨级 CCUS 项目 (sinopecnews.com.cn).

第 4 章　国外典型 CO_2 管道输送示范工程

4.1 国外 CO_2 管道输送技术现状

国际上 CO_2 管道输送方面已有多年和大量的工程实践，大部分位于美国。美国目前正在运行的 CO_2 管道超过 50 条，管道长度超过 7200km，总输量达到 6.8×10^8t/a，已建管道中近 80% 采用超临界输送工艺，管道设计压力 10 ～ 15MPa，单管最大设计年输量达 0.2Gt，最大设计管径 *DN*750[1]。世界主要 CO_2 长输管道相关数据见表 4.1。

表 4.1　世界主要 CO_2 长输管道相关数据 [2]

管道	地点	运行者	CO_2 运输量 /(Mt/a)	长度 / km	完成时间	CO_2 来源	输送状态
Cortez	美国	金德摩根	19.3	808	1984	气田气	超临界
Sheep Mountain	美国	BP 美国石油公司	9.5	660	—	Sheep Mountain	超临界
Bravo	美国	BP 美国石油公司	7.3	350	1984	Bravo Dome 气田	超临界
Canyon Reef	美国	金德摩根	5.2	225	1972	气化厂	超临界

续表

管道	地点	运行者	CO_2 运输量 /(Mt/a)	长度 /km	完成时间	CO_2 来源	输送状态
Val Verde	美国	Petrosource	2.5	130	1998	Val Verde 气田厂	超临界
Bati Raman	土耳其	土耳其石油	1.1	90	1983	Dodan 油田	超临界
Weyburn	美国和加拿大	美国北达科他州气化公司	5	328	2000	气化厂	超临界
NEJD	美国	丹伯里资源公司	—	295	—	气田气	—
Transpetco Bravo	美国	Transpetco	3.3	193		气田气	—
Snohvit	挪威	StatoilHydro	0.7	153	2008	气化厂	超临界
West Texas	美国	Trinity	1.9	204	—	—	—
Este	美国	Exxon Mobil	4.8	191	—	—	—
Central Basin	美国	Kinder Morgan	11.5	—	—	—	
Petra NovaPetra Nova Capture	美国	—	1.4	130	2017	W.A.Parish 电厂	—
总计			73.5	3757			

4.2 国外 CO_2 管道输送研究

Tan 等研究了密度、黏度、导热系数和比热容对管道输送性能的影响，采用同质摩擦模型计算稳定状态下的温降和压降，结果表明高估黏度和密度导致压降增加，低估温度和比热容导致温降增大。Wetenhall 等总结了杂质对 CO_2 压缩、液化、输送的影响，确定了 CO_2 中潜在的杂质及其影响能力。Li 和 Yan 采用五种状态方程对纯 CO_2 和含有 CH_4、H_2S、SO_2、Ar、N_2 和 O_2 的 CO_2 二元混合物的气液平衡进行预测，结果表明二元相互作用参数对于准确计算至关重要，SRK 方程更适合于纯 CO_2 模拟，PR 方程、PT 方程和 3P1T 方程适用于特定的二元混合气体。Li 和 Yan 使用 7 种立方状态方程预测含杂质 CO_2 的二元混合物体积，将预测结果与实测数据进行比较，结果表明 PR 方程和 PT 方程更加准确。Li 和 Yan 系统地总结了已有的 CO_2 实验数据和理论研究成果，指出现存的状态方程包括立方形状态方程、相互作用状态方程和预测性状态方程，并指出没有一种状态方程可以同时对相平衡和体积进行准确预测。Frey 等将一个与密度和温度有关的体积转换方程应用到 SRK 状态方程上，来计算 CO_2-H_2O 和 CO_2-CH_4 混合物的相平衡及混合物的密度，结果表明在高压力下使用单一的二元相互作用参数不能同时准确地描述液体的泡露点压力和液态成分。Aursand 等总结了管道中 CO_2 流体流动预测的模拟方法。Hu 等指出水是 CO_2 输送中的常见杂质，CO_2 中水的存在可能形成水合物、结冰，造成管道腐蚀。Skovholt、Svensson、Element Energy 2010 指出 CO_2 管道输送应避免两相流，主要由于：①如果局部压力突然大幅下降到低于饱和压力时，会形成气泡，产生空穴作用，随着压力增加气泡会爆裂，产生非常高的局部速度和局部压力峰值，在分子范围内腐蚀管道材料，降低管道的强度；②液体中产生气泡，会产生湍流作用，损坏管道；③使压缩机和加压泵操作困难；④两相流输送的 CO_2 流量低。

Zhang 等对 CO_2 管道密相态输送和超临界输送在能源效率和输送成本方面进行了对比，结果表明不论是在等温还是绝热条件下，密相态输送的输送效率和成本都高于超临界输送。国际能源署温室气体研究和开发计划在其2002年的 CO_2 和能源管道运输研究报告中分析了陆上管道和海上管道运输 CO_2 和能源的管道成本，成本方程中包括六种不同的系数，并将这六种系数用于ANSI600$^{\#}$（压力在9MPa以下）、900$^{\#}$（压力在9～14MPa）和1500$^{\#}$（压力在14～22.5MPa）三种不同规格的碳钢上。Ogden等研究了带有CCS的氢气生产链，以 CO_2 流量为基础，建立了根据流量的 CO_2 管道投资模型。Parker等分析了天然气和石油管道的投资数据，建立了线性投资模型，并将结果运用于评价氢气管道投资上。McCollum和Ogden建立了 CO_2 管道投资的材料费、劳动费、路权和杂费线性模型，用来分析 CO_2 管道最大、最小和平均投资成本。Piessens等依据管道重量建立了计算管道投资的成本模型，模型采用管道重量乘以钢材价格，同时推导出路权、劳动、杂费公式。McCoy和Rubin根据不同地区不同成本类型采用不同系数建立了成本模型，用以分析不同地区长距离 CO_2 输送管道投资成本。Chandel等开发了一个质量流量模型，以一定的质量流量为基础计算所需的管径、压缩站，得出管道投资成本。Knoope等对现存的管道投资成本模型进行了系统的综述，对现存文献中的管道投资及运行维护模型作出比较，结果显示不同模型预测单位成本差异范围较大。

美国现有 CO_2 管道基础设施大多数建于20世纪80年代和90年代，将科罗拉多州和新墨西哥州的天然 CO_2 输送到帕米亚盆地用于提高原油采收率。最新开发了密西西比州 CO_2 气源和怀俄明州的 CO_2 气源来提高墨西哥湾岸区和落基山脉区的原油采收率。欧洲最后的 CO_2 输送管道建于2008年，该管道用于连接挪威北部哈莫菲斯特附近的LNG设施和巴伦支海下的Snohvit油田。荷兰的Road项目管道全长25km，将Masvlakte电厂3号机组捕集压缩后的 CO_2 输送至距离鹿特丹海岸大约20km的枯竭气藏。加拿大的ACTL管道将阿格瑞姆化肥工厂和西北的Sturgeon炼油厂捕集的 CO_2 输送到阿尔伯塔中部一个成熟油田用于提高原油采收率。

沙特阿拉伯的 Uthmaniyah CO_2-EOR 管道将哈维亚 NGL（天然气液化）工厂捕集的 CO_2 输送至加瓦尔油田注入站注入，用于提高石油采收率[3]。

4.3 国外典型 CO_2 管道输送示范工程

4.3.1 美国亚拉巴马州 CO_2 管道输送工程

该工程是美国亚拉巴马州的一个大型 CO_2 输送管道，直径 10.2cm，长度延伸约 19km，每年可运输 100 ～ 150kt 的 CO_2 至盐水池进行封存，简化实验装置见图 4.1。整个运输过程和储存链都有完整的风险管理监测，特别是实施必要的预防措施，以确保整套集成操作的可靠性。

该工程充分考虑了对野生动植物的保护，特别保护了地鼠的栖息地；施工过程雨污分流减少对水质和生态系统的影响，有效保护了环境。

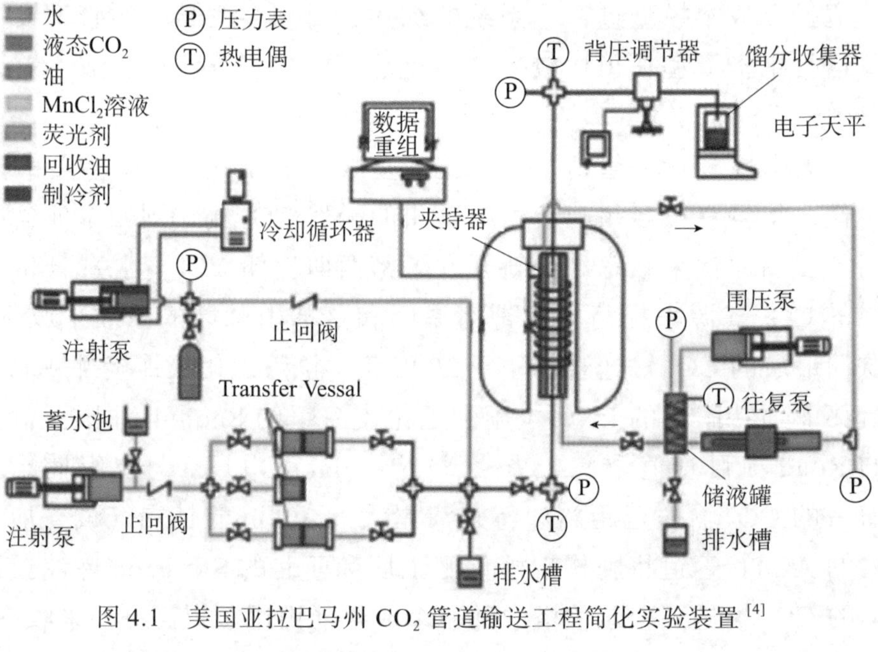

图 4.1 美国亚拉巴马州 CO_2 管道输送工程简化实验装置[4]

4.3.2 加拿大 Aquistore CO_2 管道输送工程

Aquistore CO_2 管道输送工程是加拿大的一个综合碳捕获-地质储存项目（见图 4.2）。该项目的管道运输部分每天将 CO_2 通过 5km 的管道从炼油厂注入近 2.2km 深的深层高盐碎层。管道直径为 7.6cm，每天输送 1.6kt 的密相二氧化碳。采用防腐涂层对管道进行了处理，并采取阴极保护防止电化学腐蚀。由于注入点的地质和水文环境复杂，该工程采取了实时监测压力、温度以及被动地震以确保 CO_2 输送管道的运行。同时定时检查土壤气体取样和地下水取样以确保未对环境和居民生活造成损害，通过完备的监测系统确保输送的效率以及对环境的保护 [5]。

图 4.2　Aquistore CO_2 管道输送工程现场 [5]

参 考 文 献

[1] 黄辉 , 周晶 , 粟科华 . CO_2 输送管道工程设计标准的探讨 [J]. 天然气业 , 2014, 34(12): 131-134.

[2] 陆诗建 . 碳捕集、利用与封存技术 [M]. 北京：石油工业出版社 , 2020: 113-116.

[3] 王文双 . 不同相态下 CO_2 管道输送方案研究 [D]. 北京：华北电力大学 (北京), 2016.

[4] Zhao Y, Song Y, Wang T, et al. Visualisation of Water Flooding and Subsequent Supercritical CO_2 Flooding in Fractured Porous Media with Permeability Heterogeneity Using MRI[J]. Energy Procedia, 2013, 37: 6942-6949.

[5] 陆诗建，张娟娟，杨菲，等．CO_2 管道输送技术进展与未来发展浅析 [J]. 南京大学学报：自然科学版，2022, 58(6): 944-952.

第 5 章　CO_2 管道相关设备

5.1 管道压缩和泵输系统

在把捕集的 CO_2 混合物输入管道之前，需要用压缩机和泵把其从常压或者接近常压增压至所需的压力和状态（超临界或者致密相）。CO_2 管输系统中的压气站和泵站可以分为两类：①位于管道进口的起运站；②管道沿线的增压站，其作用是补偿由于摩擦和管道程差带来的压力损失。原则上，管道越长，跨过的地形的高程越高，到达输送目的地所需的压缩机或者泵的功率就越大。当输送路线和输送流量一定时，要根据环境和设计确定增压站的数量和规模。增压站越少，运行维护越容易；但缺点是管道进口处需要高压，因此就要用到更厚的管道，从而增加了成本。根据管道进口处 CO_2 组分的相态、实际进口流速及所需出口压力，确定压缩机和泵设备类型。

5.1.1 整体式齿轮压缩机

例如，对于始站而言，吸入压力接近常压，因此实际的进口流速（在吸入条件下）很高（由于吸入密度低）。在这种情况下，应用整体式齿轮压缩机。这种类型的压缩机包含多级增压，均由使用齿轮传动装置的单一驱动轴来驱动。

5.1.2 离心式压缩机

目前大多数的压缩机是往复式压缩机，尽管离心式压缩机也适用于小流量且存在潜在流率波动的情况，但是离心式压缩机更加适合于大体积流量的 CO_2 输送。

离心式压缩机可使用水平或者径向中开式压缩机。所使用的壳式取决于所给压缩级的压力额定值，高压条件下一般使用径向中开式。通过离心式压缩机内一系列的叶轮后的流动方式包括直通型、对头拼接型、双流型、旁流型。水和 CO_2 共存可形成碳酸，对碳钢有腐蚀作用。与湿 CO_2 接触的零部件使用不锈钢材料可以解决这个问题。另外，为了防止夹带的 CO_2 造成橡胶密封件突然失效，应使用专门的 O 形圈材料。通常，针对 CO_2 压缩机的材料选择如下：

①每个湿入口的润湿表面，采用表面覆盖铬镍铁合金的涂层碳钢套管；

②不锈钢叶轮，尤其是湿部的第一个叶轮 ；

③根据杂质的类型和浓度决定是否使用铬镍合金叶轮；

④每个湿入口处的第一级使用不锈钢固件。

CO_2 压缩机中经常使用干气密封件。密封气通常来自压缩机出口或者其他供应源，尤其是对于开机时。也可使用曲径密封，因为它的成本较低，但会产生较高的泄漏率。只有当生产过程中的气体直接放空，并且泄漏气体中没有有毒或者易燃易爆成分，才可以使用曲径密封；否则，放空地点应该选择安全（无人）、能迅速扩散的地方。曲径密封仍需要一个单独的密封使 CO_2 处于轴承箱之外；在这种情况下，分离气体经常是空气。

5.2 离心泵

维持 CO_2 沿线压力也经常使用泵而不是压缩机，因为泵与压缩机相比，不仅更加经济、高效、可靠，操作也更加灵活。在管道加压和最终注入（此时压力很高、温度是环境温度）时，泵输是有利的。在首站的最后一级增压也经常使用泵。尽管具体在什么条件下选择使用泵而不是压缩机依然有争议，但是当 CO_2 混合物处于密相或液相时，选择使用离心泵而不是压缩机，此时 CO_2 混合物压缩系数的复杂性会造成对离心泵的性能进行预测很复杂，因为通过泵的 CO_2 混合物密度会改变。

离心泵可以是单级（单个叶轮）或者多级（多个叶轮）的；可以是小排量高扬程或者大排量小扬程的。通常这些泵都是径向中分式的。对于流率为 1600t/h、吸入压力为 8.4MPa、吸入温度为 24℃、出口压力为 14.6MPa 的 CO_2，需要 3 个单级泵串联运行或者 2 个多级泵并联运行。

CO_2 离心泵的典型材料要求如下：

①壳和叶轮：A352 GR LCB（快速降压时能够适应 -90℃的低温）；

②固定磨损件：石墨 / 金属合金（由于 CO_2 的低润滑性）；

③转动磨损件：A743 GR CA-15；

④传动轴：A434 GR 4140 CL BC；

⑤轴承箱：A216 GR WCB；

⑥弹性体：适合 CO_2 的应用。

CO_2 的低表面张力和 CO_2 泵的高吸入压力给套管连接带来了挑战。所以，API 轴向中分式需要拱形连接套接箍和表面抛光来“抓紧”垫片。或者，如果把 CO_2 归为“有害气体”，特别是在近海应用中，轴向中分需要以 ISO 13709(API 610) 为依据。

5.3 流量计量

CO_2 混合物流量计量有两个目的：第一个是监测运输；第二个是系统平衡和公司内部记录。显然，运输监护的需求比系统平衡和内部记录更迫切。CO_2 管输工业中使用了几种流量计量技术或概念。

这些技术或概念，要么基于体积，要么基于质量。基于体积的技术之后用主要的压力、温度和混合物的组成来修正密度。基于体积技术的修正需要使用各方商定的状态方程。计量技术和标准代表 CO_2 管输运行的最佳可用工具，这倾向于接受状态方程预测密度的误差在近似到 2% 之内。但 GERE-2008 状态方程的计算准确度会更高，在典型管输温度和压力范围内，误差均在 0.1% 以内。

体积计量的仪表包括孔板流量计、涡轮流量计和涡街流量计。质量流量计是典型的科里奥利流量计。以下是实际的 CO_2 管道运输计量设施。

①科尔特兹 CO_2 管道系统（从科罗拉多州的科尔特兹到得克萨斯州的丹佛市）：运输监护使用孔板流量计，系统平衡使用涡街流量计；

② Amoco Bravo 管道系统（从新墨西哥州 Bravo Dome 气田到得克萨斯州的丹佛市）：运输监护使用孔板流量计；

③ Arco Sheep Mountain 管道系统（从科罗拉多州的加德纳到得克萨斯州的丹佛市）：运输监护使用涡轮流量计，系统平衡使用孔板流量计；

④韦本设施：运输监护使用质量流量计，内部和系统平衡使用孔板流量计（与压力温度补偿时的 AGA-4 一致）。

通常，与 API -21.1 一致的电子流量计与以上装置一起使用。流量计包含了一级、二级和三级装置。一级装置定义了所用流量计的基本类型，包括但不限于孔板流量计、涡轮流量计、涡街流量计及其他。二级装置提供以下数据，包括但不限于静态压力、温度、压差、相对密度及其他适用输入三级装置的变量。每个一级装置需要特定或恰当配置的三级装置，该装置适合于所用流量计类型。三级装置是电子计算机，运用从一级或二级装置接收信息在特定界限内编程以正确计算流量。三级、二级装置同一级装置一样，可以包含在一个或更多密封罩内，或者单独封装。

运输监护计量站通常安置在进入管道之前的压缩机站的出口，也可以安置在管道的传送点。所有用于计量站的地下管道应使用安装于每站的腐蚀试片来做环氧涂层。涡街流量计用于流量校测、线路完整和系统平衡。行业的建议是使用流量计算机无须密度测量。密度可以通过监测压力和温度值及使用合适的状态方程计算得到。

5.4 阀门及其他组件

CO_2采用的截断阀是典型的球阀，材料规格如下。

（1）干CO_2

球体：0.001in电镀镍；

阀座：碳钢；

密封区：未处理；

通孔：未处理。

通常为焊接体阀。

（2）湿CO_2

球阀：0.003in电镀镍；

阀座：0.003in电镀镍或410不锈钢；

密封区：焊缝嵌入或酚醛树脂涂层；

通孔：焊缝嵌入或酚醛树脂涂层。

通常为螺栓体阀。

由于CO_2腐蚀特氟龙（聚四氟乙烯），因此阀座通常使用Vitan材料。也可以使用其他各种合成橡胶。硬度为85的三元乙丙橡胶是最合适的，但其不能承受烃类接转。在减压和动力作业中，其效果很好。需要注意制造合成橡胶的方法。挤压、机械制造、铸造、形成弹性体等方法制成的橡胶对动力作业的反应是不同的。密集镀铬对硬底座最好。如果接触CO_2则需要使用阳极电镀铝。对阀密封剂或润滑剂来说，石油产品不建议使用，因为遇到 CO_2 会发生反应而分解。一些密封剂，如 Valtec 80 也不建议使用，因为遇到 CO_2 会变硬。阀门垫片是典型的嵌入式金属垫片或与之等效的材料。

减压阀必须在高 CO_2 压力下密封。减压装置必须安装在所有暴露的管道上。泵站一般有三套不同压力设定的泄压系统（如 14. 55MPa、14. 62MPa、14. 69MPa），这是由于 CO_2 的“海绵效应”。

除截断阀主体材质为 316L 不锈钢以外，控制阀的材质与截断阀材质相同。控制阀的修整材质可以是 HVD1、铁或者钛。

放空阀为橡胶密封的双座球阀，这种密封有多种。所有的截断阀都有放空阀的部件。放空阀泄压能力为：在 20mile（32km）的管道上泄压 6 ～ 8h，以避免形成干冰。值得注意的是所有的放空阀都应该缓慢打开[1]。

参考文献

[美]莫西特普尔，等. 含杂质二氧化碳管道输送[M]. 赵帅，张建，李清方，等，译. 北京：中国石化出版社，2014.

第 6 章　管道运行维护

6.1 一般运行问题

管道在运行过程中可能会出现管道的腐蚀、管道裂痕、CO_2 的泄漏、管道内部气体状态等问题。管道泄漏包括小孔泄漏和全尺寸断裂，由于通过管道运输的 CO_2 都是高压高浓度的，一旦发生泄漏，将对四周的生态和居民造成严重的影响。

杂质作为影响管道安全输送的主要因素，二氧化碳流中一般都包含杂质，其中 SO_x、NO_x、O_2、CO、H_2S 和 H_2O 等对管道中 CO_2 的临界压力和临界温度会产生影响。如果存在自由水相，水相和高浓度的酸会生成碳酸，对管道的腐蚀性特别强，可达到 1 ～ 40mm/a。

陈兵、肖红亮等通过分析 CCUS 项目中工业捕集的含杂质 CO_2 气源品质，讨论 CO_2-EOR 操作对 CO_2 品质的要求及管道输送 CO_2 对其品质的要求，最终得出适用于 CCUS 项目的 CO_2 气源指标。他们基于 HYSYS 软件，以 PR 方程计算含杂质 CO_2 物性，研究杂质对管输 CO_2 相态的影响，结果表明，杂质存在提高了 CO_2 管道的输送难度。

6.2 CO_2 管道系统运行要求

与常规输油气管道不同，CO_2 长输管道首站一般为压缩机增压站，中间增压站为泵站。此外，CO_2 长输管道还可以根据需要设置相应的清管站、分输站及计量站。输送至管道末端时，管道末站应当根据 CO_2 回注的要求调节压力。

鉴于管道输送 CO_2 含有的杂质对管道输送物性等影响较大，借鉴现役 CO_2 管道的设计与运行经验，提出管道输送 CO_2 杂质预处理的相关指标建议，主要有如下几点：

① H_2S 含量≤ 0.02%。H_2S 属于有毒气体，且容易与自由水结合进而腐蚀管道，出于健康和安全的考虑，建议至少将 H_2S 含量限制在< 0.02%。当管道穿越区人口密度较大时，还应当按照情况调低限制含量。

②含水量≤ 0.5g/m^3，且在管道输送过程中不应出现自由水。一方面，H_2O 容易与 H_2S、CO_2 发生交互作用，腐蚀管道和设备；另一方面，管道中出现自由水还可能会形成水合物、堵塞甚至破坏管道和设备。当杂质含量较多时，还应重新考虑含水量的指标限制。

③ N_2、H_2、CH_4、O_2 及 Ar 的总含量≤ 4%。N_2、H_2、CH_4、O_2 及 Ar 均属于非可凝气体，会减小管道输送能力，增加管道输送过程中相变控制难度，提高管道设备的承压要求，因此，出于运行操作方面的考虑，应当将这些非可凝气体的总含量控制在< 4%。

④ CO、NO_x 和 SO_x 含量分别≤ 0.2%、0.01% 和 0.01%。CO 是可燃的有毒气体，会对人体造成较大的伤害甚至死亡。NO_x、SO_x 均属于酸性气体，可以与 H_2O、O_2 发生交互作用，进而对管道和设备产生腐蚀。

⑤管道输送 CO_2 中的杂质总含量≤ 4.5%，即管道输送 CO_2 纯

度≥ 95.5%。由杂质对管道输送 CO_2 物性等的影响分析可知，杂质含量较多会导致管道设计和运行的不确定性较大，减小管道输送能力，不利于管道的安全操作运行，因此，需要对杂质总含量加以限制。

此外，需要对管道的输送压力进行调控。国外 CO_2 长输管道一般采用超临界单相输送方式。为了保持其单相输送，国外学者总结认为，管道输送设计压力应≥ 8.3MPa，一般取值为 16 ～ 20MPa，且用于 EOR 的管道末端压力应保持在＞ 13.95MPa。国外部分超临界管道的设计压力等参数表明 Centralbasi 管道外径和设计压力沿线分为 4 个等级；Weyburn 管道外径沿线分为 2 个等级，设计压力为 20.4MPa。

为了尽可能减少腐蚀、避免管道输送过程中的相变和水合物形成，应计算掌握管道沿线的气体性质、流体温度、压力以及流量，因此，选取合理的水力、热力计算公式至关重要。

在 CO_2 管道路由的选择上，除了要符合地方政府规划、避开环境敏感点、文物保护区、地质灾害区、压覆矿区等区域外，还要重点考虑管道与周边村庄、乡镇、工矿企业、重点动物保护区的相对位置关系，包括风向、地势、通风情况等，在选择路由的同时要分析管道的高后果区，同时采取相应的保护和预警措施。在选择路由时，建议采用卫星遥感数据进行地形淹没分析，以此确定管道的高后果区。

6.3 运行操作重点与维护要求

CO_2 输送管道的运行操作包括日常操作、维护及健康安全环境（HSE），其范围涉及人员培训、管道巡查、安全一体化、标志标记、公共教育、应急预案、通信控制、设施安全和密封性检查等。

在 CO_2 输送管道的运行操作中，需特别注意 CO_2 管道的启动充管和放空。当 CO_2 气体压力从 8.3MPa 或更高压力降到与大气压相等时，会发生急剧的降温效应，放空管道的局部温度可降至 -78.9℃，易对金属和非金属承压管件造成损伤。除在设计上采用特制的 CO_2 放空阀外，在放空和充管操作时应采取逐级变压的方式以防止出现急速降温。同理，CO_2 管道上的气动调节回路和气动调节阀不能用 CO_2 作气动调节介质，以防止 CO_2 压力降低时导致调节器冻结或形成干冰堵塞出口，破坏橡胶密封垫圈。此外，CO_2 输送管道在液压试验合格后，必须在输送前进行彻底清洗、排除水分并干燥，防止残留水液产生腐蚀。

管道网络的可靠性、安全监控和腐蚀防护将是未来发展的关键方向。维护工作不仅要考虑油气储运自身的维护工作，还要考虑管道周围环境的维护，避免出现洪涝、坍塌等自然灾害对管道的损坏。根据美国的 CO_2 管道事故统计数据，1990—2002 年共发生 10 次事故，财产损失 46.9 万美元。事故原因包括安全阀失效（4 次），焊接、垫圈、阀包装损坏（3 次），腐蚀（2 次）以及外部冲击（1 次）。1986—2002 年美国陆上天然气管道有人员伤亡或单次财产损失在 5 万美元以上的事故，其事故诱因主要是外部冲击，例如挖掘机破坏引起泄漏或较长的裂痕。因此，还需注意第三方破坏带来的隐患。

6.4 泄漏检测 / 泄放

管道泄漏是石油和天然气行业的一个主要风险，威胁企业财务状态，破坏环境，引发公众关注。为了减少管道泄漏的影响，一是需要在长输管道的设计上采取安全措施，二是需要快速检测泄漏和快速响应。

为了防止 CO_2 泄漏造成沿线居民的伤害，确保居民的安全，建议在 CO_2 长输管道设计中采取以下安全措施：

①管道入口设组分分析仪和水露点分析仪以及压力、温度检

测装置，随时对上游 CO_2 进行检测。如果上游 CO_2 不满足输送要求，要立即停止输送；同时，在设备、管道、阀门等管道组成件的材料选择中应充分考虑 CO_2 的影响。

②管道沿线及站场、阀室设置音波检漏系统，一旦发现管道泄漏，应立即停输并关闭站场进出站阀门和上下游截断阀室，尽可能减少泄漏量。同时，从公共安全角度考虑，CO_2 泄漏浓度应从严控制，在人口稠密区可考虑加密阀室来尽可能减少泄漏的影响范围。

③为了保证沿线居民的安全，在 5% 浓度影响范围内的沿线村庄和企业设置广播报警系统，在站场工艺装置区、阀室等处设置 CO_2 气体检测装置，在音波泄漏检测系统或 CO_2 气体检测系统发出泄漏报警或接到其他形式的泄漏报警后，立即启动广播报警系统，及时通报有关信息并视情况决定是否撤离。对 10% 浓度以上影响范围内的村庄和企业进行拆迁。

目前用于检测管道泄漏的系统从简单的视觉检查到复杂的硬件和软件系统均有，如质量平衡、压力点分析、流量偏差、声发射系统和基于光纤的传感技术。例如，已经研发出了高清漏磁检测器及现有的超声导波检测技术，有效实现了对螺旋焊缝缺陷的检测；根据压力波和流量平衡法，研发出了新的油气泄漏监测技术，有效实现了对突发泄漏和缓慢泄漏的及时检测；根据相干瑞利光纤，研发出了新的光纤预警系统，有效实现了对管道破坏的准确报警。

在管道泄漏与检测方面人们做了许多工作。Zhou 等通过在实验室模拟 CO_2 在管道运输时的流动情况建立了数学模型，通过对管道压力和泄漏流量的分析可以得出 CO_2 超临界输送的裂缝泄漏规律。Cui 等提出研究 CO_2 管道泄漏检测的低频声发射传感器，该装置利用 CO_2 泄漏后在管道中的流动和流量不同，通过不同频率的声波频率可以定位泄漏源的位置，判断泄漏点的大小和距离。

中国石化与大连理工大学联合开展工业级的二氧化碳管道泄

放试验，考察管道内二氧化碳相变规律、管内瞬态流动规律以及泄漏场区扩散浓度分布，用于指导安全体系设计，包括安全距离、放空、紧急关断方案以及泄漏应急预案等。试验平台由长约260m、管径*DN*250的管道主体、双膜可控爆破泄压装置以及传感探头与数据采集系统构成。试验内容包括气相、密相、超临界相态下的不同孔径小孔泄漏以及全尺寸断裂泄漏模拟。

传统基于模型的泄漏检测系统，误报率较高。Dawson C等基于电磁传感技术进行泄漏检测，传感器具有很强的检测油品能力，电磁传感技术进行泄漏检测的方法简单、风险低，具备成本效益，有助于防止假的泄漏报警。基于入口、出口的流量和压力测量的体积流量平衡统计技术，能够对泄漏进行检测和定位。Hung D等研发了一种用水力学仿真系统对烃液管道泄漏监测计算系统进行灵敏度测试的新方法，并验证了该方法应用的可行性。

6.5 管道投产方案

近几年，我国经济呈现迅猛发展的趋势，这使得人们对石油、天然气等资源的需求量越来越高。因此，油气储运技术、管道运行维护技术被人们所重视。

现今，多数输油气管道均采用阴极保护技术。阴极保护技术通常是指利用电化学腐蚀性能对油气储运内部的管道进行合理有效保护的技术。其工作原理为：及时地填充大量的电子在管道内的金属物质上，使其相关的输送管道长时间地处于电子过剩状态，继而使其表面达到统一负电位。阴阳极电流保持流通，加速其阳极的腐蚀程度，并且加强对管道内的阴极腐蚀能力的控制。通过各种相关的实验表明，针对油气储运设施中输油气管道的防腐情况采用阴极保护技术，能够起到较强的防御作用[14]。

参考文献

[1] 陆诗建 , 张娟娟 , 杨菲 , 等 . CO_2 管道输送技术进展与未来发展浅析 [J]. 南京大学学报 : 自然科学版 , 2022, 58(6): 944-952.

[2] 陈兵 , 肖红亮 , 王香增 . 气体杂质对管道输送 CO_2 相态的影响 [J]. 天然气化工 : 化学与化工 , 2017, 42(6): 89-94.

[3] Visser E D, Hendriks C, Barrio M, et al. Dynamis CO_2 quality recommendation[J]. International Journal of Green-house Gas Control, 2008, 2(4): 478-484.

[4] 陆争光 . CO_2 管道输送工艺技术研究 [J]. 新技术新工艺 , 2016, 339(03): 10-13.

[5] 刘建武 . 二氧化碳输送管道工程设计的关键问题 [J]. 油气储运 , 2014, 33(04): 369-373.

[6] 杜磊 , 湛哲 , 徐发龙 , 等 . 大规模管道长输 CO_2 技术发展现状 [J]. 油气储运 , 2010, 29(2): 86-89, 92, 73.

[7] 陈歆月 . 油气管道运行维护技术研究进展及发展趋势 [J]. 当代化工研究 , 2021, 89(12): 7-8.

[8] 李家强 , 梁海宁 , 刘建武 . 国内二氧化碳长输管道建设安全性分析 [J]. 油气田地面工程 , 2014, 33(4): 30-31.

[9] 赵斌 . 油气管道运行维护技术研究进展及展望 [J]. 化工管理 , 2018, 487(16): 162.

[10] Zhou X J,Li K, Tu R, et al. Numerical investigation of the leakage flow from a pressurized CO_2 pipeline[J]. Energy Procedia, 2014(61): 151-154.

[11] Cui X W, Yan Y, Ma X F, et al. Localization of CO_2 leakage from transportation pipelines through low frequency acoustic emission detection[J]. Sensors and Actuators A: Physical, 2016(237): 107-118.

[12] 陈霖 . 中石化二氧化碳管道输送技术及实践 [J]. 石油工程建设 , 2016, 42(4): 7-10.

[13] 刘志刚 , 王禹钦 , 王学力 . 油气管道运行维护安全技术研究新进展 [J]. 天然气与石油 , 2018, 36(04): 112-118.

[14] 林长明 . 我国油气管道运行维护技术的现状和展望 [J]. 化工设计通讯 , 2018, 44(7): 31.

第7章　管道风险评估与完整性管理

风险评估技术最早出现在20世纪30年代的第二次世界大战时期，由美国能源部为核工业的安全评价而提出。1980年，美国风险分析协会（The Society for Risk Analysis，SRA）成立，是风险评价历史上的一座里程碑。1992年W. Kent Muhlbauer撰写的《管道风险管理手册》详细叙述了管道风险评估模型和各种评价方法，它是美国前20年开展油气管道风险评价技术研究工作的成果总结，为世界各国普遍接受且作为开发风险评价软件的唯一依据。

国外油气管道完整性管理始于20世纪70年代的美国，当时美国大量油气管道处于老龄期，管道经常发生事故，给生产和环境造成了巨大的影响。所以，美国率先借鉴经济学和其他领域的风险分析技术来评价管道的风险值，在综合考虑各种影响管道安全因素的基础上，通过计算，以风险值来评价管道的安全性。欧洲等发达国家也制定了油气管道完整性管理的相关标准，随后又不断改进其标准，并建立了油气管道完整性管理数据库，开发了完整性管理的相关软件。

20世纪90年代，英国开始开展油气管道完整性管理，并编写了一系列有关油气管道完整性管理的管理方法和工作流程，协助管道维护人员认识各种风险，有效地处理各种事故。1996 年，英国将该方法写入立法，并在全国推广使用。

加拿大从 20 世纪 90 年代开始进行管道风险评价与风险管理的研究，在 1994 年成立了管道风险评估委员会。加拿大能源局要求所有管道公司必须开发一套管道完整性管理程序。一旦发现管道上有的缺陷超过“油气管道系统”的要求，公司应该将缺陷细节、原因和维护措施记录在文件上，并将文件提交给能源局。

国外利用数据库技术，不断提高数据的完整性，研究各种不利因素的失效概率模型，开发更加符合实际的完整性评价软件，使油气管道的完整性评价技术向着定量化、精确化和智能化的趋势发展，并编写了 ASME B31.8S、API579、API RP1160 等一系列相关技术标准。

与发达国家相比，我国的油气管道风险评估技术和完整性管理的研究尚处于初期阶段，20 世纪八九十年代，我国的一些管道工程技术专家开始注意到国外关于管道风险技术和完整性管理的发展，并逐渐开展了有关油气管道安全风险评价的系列研究及应用试验工作。国内油气长输管道的风险评价技术发展最快。

我国在 20 世纪 80 年代开始进行完整性管理的研究，首先对“压力容器缺陷评定规范”开展研究工作，随后编写了 CV-DA-1984 标准。20 世纪 90 年代中期，我国开始针对油气管道的完整性管理开展研究，中国石油管道科技中心围绕管道的内外检测技术和安全评价技术、风险评价技术开展研究工作，并取得了较好的效果。1994 年我国引进腐蚀检测设备对秦京管道进行检测，并对其进行首次风险评价。2003 年 11 月，陕京输气管道完成了全线内检测，共检测出金属损失在 25% 以上的缺陷有 105 处，根据检测的数据，对管道进行了风险评价，对于超过风险值的管段进行了维护，保证了管道的安全运行。

7.1 管道风险管理

风险评估是针对具体危险源发生的概率和危险发生后造成后果的严重程度做出定性或定量的评价，它是风险工程学中的重要组成部分。

管道风险评价流程是一个不断反馈和循环迭代的过程，其流程如图 7.1 所示[2]：

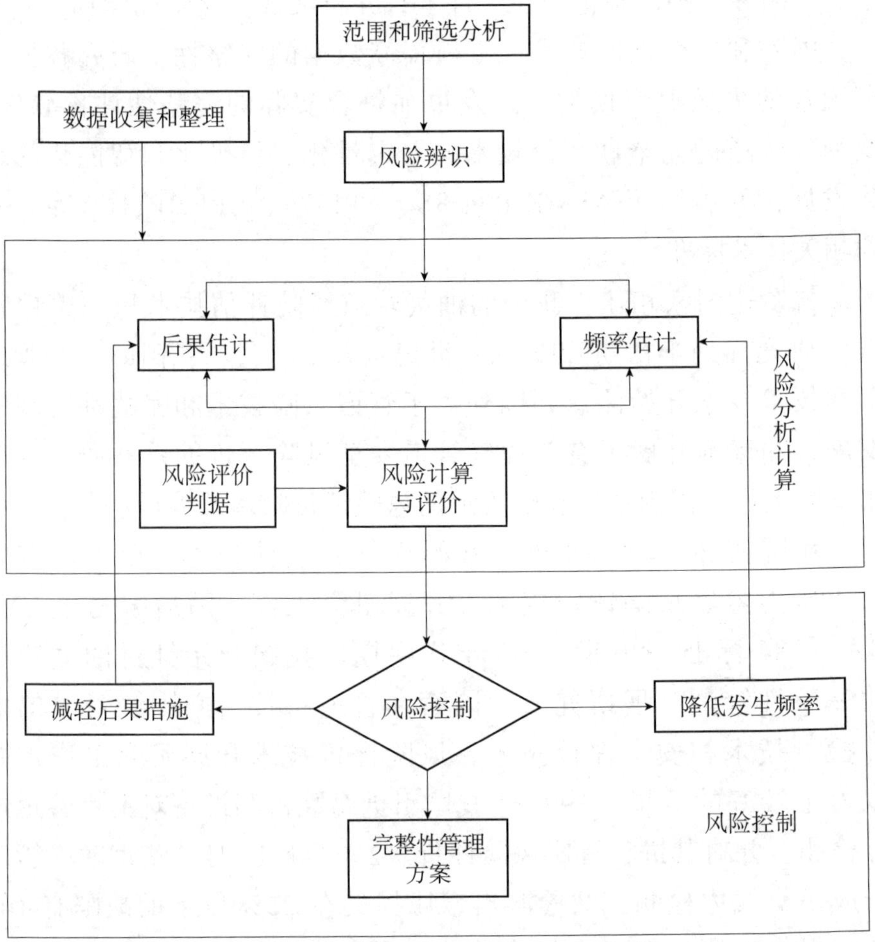

图 7.1 管道风险评估流程

①范围和筛选分析。确定将被分析的管道系统的自然界限，

收集管道沿线人口情况，明确管道的严重后果区，对管道进行分段，然后进行筛选，确定出严重后果区内的管段。

②频率估计。根据所收集的数据对管段发生事故的可能性进行计算，确定其发生频率，可以将频率分为“高-中-低”或者“高-中高-中-中低-低”等级。频率估计一般可以使用专家估计法与相对评估法，或使用管道历史事故的数据、操作运行数据和行业内的统计数据，也可使用逻辑推理的可靠性分析方法，包括事件树分析法和故障树分析法等。

③后果估计。根据所收集的数据对管段发生事故的可能性后果进行计算估计，确定其发生的后果，可以将后果分为“高-中-低”或者“高-中高-中-中低-低”等级。后果估计可以使用专家估计、相对打分法，或使用历史事故数据、操作数据及行业内统计数据，也可使用逻辑推理的可靠性分析方法，包括事件树分析法和故障树分析法等。

④综合风险的分析。对管段上危险因素风险值进行计算，每一个因素的风险值都应该单独计算，频率和后果的乘积为危险因素的风险值，管段上所有的单个危险因素的风险值之和就为该管段的风险值，然后将管段以风险值的高低进行排序。优先级排序通常是按管段整个风险的递减顺序，对每一特定管段的结果进行分类。

⑤风险控制。根据风险计算结果采用相应的风险控制方法，降低管段风险值，使管段风险值降低到可接受的范围。可以通过降低事故发生频率和降低事故发生后果达到降低管段风险值的目的。

7.1.1　评估步骤

风险评估需要充分的前期准备，不仅需要大量的数据作为基础，对管道进行评估的职员还要对管道的运作情况了然于胸。管道专家首先需要找出会对管道造成失效的因子，之后分析因子对管道的损伤程度，最后得出管段高风区段，选择出最有力的防范措施。

风险评估的步骤：

①准备阶段。找到需要被评价的管段后，检测人员对管道进行详细的检测，将数据收集完整，然后详细阅读项目建设说明书，检测管道的技术标准是否符合所需要的标准，对国外发生的事故记录中录入的数据进行对照，做好管道完整性准备。

②“风险评估”包括识别管道风险有害因素和分析事故可能造成的后果。其目的是在管道划分后，得到各管段的风险等级，筛选出高风险管段，为继续对管道进行检测和进一步深入评估提供依据。

③确定评估方法。根据管道的状况选择合适的评价措施，如果管道的数据十分的完善，则采用定量风险评价，这样得出的评价最可靠。如果管道数据比较模糊，大部分评价是根据评估人员多年的经验得出的评价结果则采用定性风险评价。

④维护方法和改建要求。按照得出的评价结果对管道提出相对应的维护措施，对不符合标准的管段进行改进。

⑤编制安全评估报告。

7.1.2 定量法

纵观发展历程，风险评价主要分为定性法、半定量法和定量法等 3 类。定性法主要依据经验，对工艺、设备和环境等因素进行定性的评价。该方法简易直观，但是由于依据经验，所以具有较大的局限性。定量法则是以系统的事故发生概率来评价其危险程度的方法，失效树分析法、事件树分析法等都属于定量法。和定性法相比，定量法不是基于经验而是基于大量数据，具有准确可靠的优点。但是，由于基于大量数据，所以该方法通常需要耗费大量的人力物力。当前国内外主要采取的是半定量法对管道风险进行评价。半定量法管道风险评价介于定性法和定量法之间，其主要以系统中的危险源作为评价对象，将发生事故的概率、事故的严重程度、影响等因素指标化，辅以一定的权重系数，最终构成数学模型以评价系统[4]。

定量法有时也称作概率风险分析，它是一种定量绝对事故频率的严密的数学和统计学方法。这种评估分析方法在核工业、航空工业和石化工业领域得到了广泛的应用。通过综合考虑诸如设备故障和安全系统失灵这样的单个事件，可以算出最终事故的发生概率和事故损失后果。定量法给面临风险的经营业主提供了最大的洞察能力。如果需要定量法的评估结果还可以用于风险、成本、效益的分析之中，这是其他类方法都做不到的。因为企业经营的经济风险需要精确度较高的量化风险指标，并且在对一个较为复杂的大系统作风险评估分析时，子系统分析结果较小的不确定性就可能导致总结论极大的误差累积。随着工业界安全、环保意识等的日益提高及工程投资的不断增加，对风险分析的准确性就提出了更高的要求，也对该项技术的发展提供了巨大的推动力。同时，随着人类实践的进程，对事故因素随机过程的认识水平在不断提高，这就使得用数学方法模拟并趋于揭示事物的本质成为可能。所有这些都促进了 QRA 技术的发展成熟。随着该技术的应用领域不断扩大和实现方法的不断发展，该方法已成为石油工业最受重视的一种分析评估管理方法[5]。

定量法利用各种强度理论，对管道的风险进行定量评价和决策。它预先给固定的、重大的和灾难性的事故的发生概率和事故损失后果都约定一个具有明确物理意义的量，所以其评价结果是最严密和最准确的。它与定性风险分析技术的不同之处在于必须在大量设计、施工和运行资料的基础上，建立完善的数据库管理系统，并掌握裂纹缺陷的扩展规律和管材的腐蚀速率，由此运用确定性或不确定性方法来建立评估的数学模型，然后进行分析求解。其结果的精确性取决于原始数据的完整性、数学模型的精确性和分析方法的合理性。

定量风险评价虽然最能反映出管道风险情况，一些工业发达国家也制定出了实现这一目标的研究计划，但是由于定量风险评价所需要的管道信息数据量巨大，并且还需要大量的前期技术研究工作，所以它还不能在短期内实现[6]。

7.1.3 指数法

指数法是半定量风险评估方法之一。指数法在美国 W. Kent Muhlbauer 撰写的《管道风险管理手册》一书中有详细的叙述。该方法认为管道的风险数由指数和泄漏影响系数确定。风险指数分为四类指数，分别是第三方破坏指数、腐蚀指数、设计指数和误操作指数四大类，每类指数的分值最高为 100 分，评价时根据具体的数据信息对每类指数进行具体评分，指数和总分值作为失效可能性评分。泄漏影响系数由管输介质危害性及环境因素决定，泄漏影响系数评分作为失效的后果评分，最后结合二者的评分，得出管道的风险数，该方法认为风险数越高，管道越安全。

指数法的基本原理是紧紧围绕着风险定义的，即风险＝失效可能性 × 失效后果，在指数法中，相对风险分值计算的公式为：相对风险值＝指数和 / 泄漏影响系数，其中相对风险值越高表明风险越低，分值越低，风险越高。

$$\begin{aligned}\text{相对风险值} &= \text{失效可能性} \times \text{失效后果}\\ &= \text{指数和} \times 1 \div \text{泄漏影响系数}\end{aligned}$$

指数法是在求取管道相对风险数大小的基础上，确定管道危险程度。相对风险数越大，说明管道风险越小，管道越安全。相对风险数是在分析各段管道独立的影响因素后，求取指数和，再分析介质的危险性和扩散影响系数，求取泄漏影响系数，最后求取指数和与泄漏影响系数的比，即得相对风险数的大小 。

在指数法风险评估中，管道的所有风险因素分为四个类别，即第三方损伤因素、腐蚀因素、设计因素和误操作四类因素。其中每类风险因素的最高分值为 100 分，最低分值为 0 分，四类因素的评分相加即为指数和，故指数和在 0 ～ 400 分之间，在对指数和进行评分时，每类因素再细化为若干项，评估时对每个项目按规定进行分值赋予，最后将所有分值相加即求得指数和。指数和表征了失效发生的可能性，指数高，相对风险值越高，表明失效可能性越低，风险越小。此外，考虑失效后果的评分，失效后果由泄漏影响系数来表征，泄漏影响系数＝介质危害性 ÷ 扩散系数，按照规定求取危害性分和扩散系数分，进而求得泄漏影响系数。泄漏影响系数分值越低，相对风险分值越高，但是表明失效后果越低，风险越小[7]。

第三方破坏，在原油管道附近开展施工、采挖、耕种、偷盗等行为活动，造成管道结构或功能的破坏。给原油管道打孔是最为严重的行为之一，会导致一片的管道停运，原油管道途中经过的铁路公路也会停运，造成大量的损失。许多非法建筑物的建立，也妨碍了管道的检查。第三方破坏不是指第三方对管道实施的故意破坏，而是第三方在从事其他活动过程中由于不了解管道在地下的准确位置或无视输气管道的危险性所引起的管道损坏。管道管理者必须采取措施减少第三方破坏管道设施的可能性。

管道遭受第三方破坏的可能性大小主要取决于管道周围可能的侵扰因素、侵扰方接近管道的难易程度以及地面活动的活跃程度。可能的侵扰因素包括各种挖掘设备、机动车道、地震作用、电话线及电桩等。

综上所述，可将第三方破坏的影响因素归纳为：管道最小埋深、地面活动程度、地面装置、公众教育水平、线路标志、巡线频率 6 个方面。总计分值在 0 ～ 100 分之间，分值越低说明出现第三方破坏的概率越高，反之，则说明出现第三方破坏的概率越低。

腐蚀对管道的影响十分严重又十分复杂，是风险评价的重要考虑因素。在输气管道的运行寿命期间，腐蚀是使管道从安全走向失效的重要因素之一。管道的腐蚀大体分为大气腐蚀、内腐蚀和埋地金属腐蚀，它们反映了管壁可能接触到的一般环境类型。

所以在腐蚀风险评价中主要考虑大气腐蚀、内腐蚀和埋地金属腐蚀。内腐蚀的风险大小与介质腐蚀性的强弱及内防腐措施有关，它包括管输介质腐蚀、内防腐层及其他措施。埋地金属腐蚀是管道腐蚀破坏的主要因素，它包括阴极保护、管道外涂层、土壤腐蚀性、其他金属埋设物、干扰电流、应力腐蚀等。

原始设计与管道的风险状况密切相关，设计过程中产生的问题不仅会对管道结构产生功能影响，而且还可能对其他风险因素的产生和发展起到加速作用。

误操作是风险的一个重要方面。根据美国统计，在所有灾害中，由于人的误操作造成的灾害占62%，而其余38%为自然灾害。误操作包括设计误操作、施工误操作、运行误操作和维护误操作[6]。

指数法的评估步骤如下。

第一步：对管道事故的各种原因进行总结，并加以分类；

第二步：根据每类风险因素的评分规则，结合获取的管道基本信息、历史的记录和现场调查加以评分；

第三步：把所有风险因素即风险指数的评分得数相加；

第四步：判定管道内输送介质的危险性及影响程度的大小，从而判定泄漏影响指数的评分；

第五步：把第二步所得的指数和分数与第四步的泄漏影响指数的分数综合计算，得出相对风险分数。最后根据管道及管段的相对风险分值，判定管道的风险高低，从而采取相应的风险降低措施，将管道的风险值维持在可接受的范围。

7.1.4 决策矩阵风险评估

决策矩阵也叫风险矩阵。风险矩阵是一种用于展示风险，并对风险进行分级排序的工具。风险矩阵可以直观地从事故发生的可能性和事故造成的后果两个维度来分析风险高低。这种风险评估工具概念清晰，简单易操作，输出结果明确，有利于风险管理工作的开展。

通常风险矩阵横轴表示失效后果，纵轴表示失效可能性。深圳市燃气集团将失效后果分为 5 个等级，分别用 1 ～ 5 表示，对应的事故后果严重性依次变大。失效后果等级 1 ～ 5 分别对应公式（7-1）中失效后果得分。风险矩阵纵轴表示失效可能性，将失效可能性分为 5 个等级，分别用 1 ～ 5 表示，对应的事故发生可能性依次变大。失效可能性等级 1 ～ 5 分别对应公式（7-2）中失效可能性得分，失效可能性等级与失效可能性得分的对应关系见表 7.1、失效后果等级与失效后果得分的对应关系见表 7.2。

$$C = C_1 + C_2 + C_3 + C_4 + C_5 + C_6 + C_7 \tag{7-1}$$

式中 C——失效后果得分；

C_1——介质短期危害性得分；

C_2——介质最大泄漏量得分；

C_3——介质扩散性得分；

C_4——人口密度得分；

C_5——沿线环境得分；

C_6——泄漏原因得分；

C_7——供应中断对下游用户影响得分。

$$S = 100 - (0.06S_1 + 0.7S_2 + 0.08S_3 + 0.1S_4 + 0.05S_5 + 0.01S_6) \tag{7-2}$$

式中 S——失效可能性得分；

S_1——腐蚀得分；

S_2——外部干扰得分；

S_3——自然力破坏得分；

S_4——材料、制造和建设缺陷得分；

S_5——运营与维护失误得分；

S_6——其他原因得分。

S_1，S_2 ⋯ S_6 前的系数为各类风险因素的权重，是结合本企业管理状况确定的。

表 7.1 失效可能性等级与失效可能性得分的对应关系

失效可能性等级	失效可能性得分
1	0 ～ 20
2	20 ～ 44
3	44 ～ 70
4	70 ～ 90
5	90 ～ 100

表 7.2 失效后果等级与失效后果得分的对应关系

失效后果等级	失效后果得分
1	0 ～ 30
2	30 ～ 65
3	65 ～ 105
4	105 ～ 135
5	135 ～ 150

风险矩阵中失效可能性等级与失效后果等级相乘，得到风险等级，见公式（7-3）。深圳市燃气集团将风险等级分别用 1 ～ 25 表示，风险等级值越大，表示风险越高，例如风险矩阵中，失效可能性等级为 2，失效后果等级为 4，则可计算风险等级为 8。

$$R_r = S_r C_r \quad (7\text{-}3)$$

式中 R_r——风险等级；

S_r——失效可能性等级；

C_r——失效后果等级。

通过上述管道失效可能性等级和失效后果等级分析，将计算得到的风险等级与企业的风险可接受水平相比较，可以确定本企业可接受的管道风险严重性分级水平。风险严重性与风险等级 R_r 的对应关系见表 7.3。风险矩阵见图 7.2，风险严重性从高到低可以分为 4 种：重大风险、较大风险、一般风险和低风险。

表 7.3　风险严重性与风险等级 R_r 的对应关系

风险严重性	风险严重等级 R_r
重大风险	15 ～ 25
较大风险	10 ～ 15
一般风险	5 ～ 10
低风险	1 ～ 5

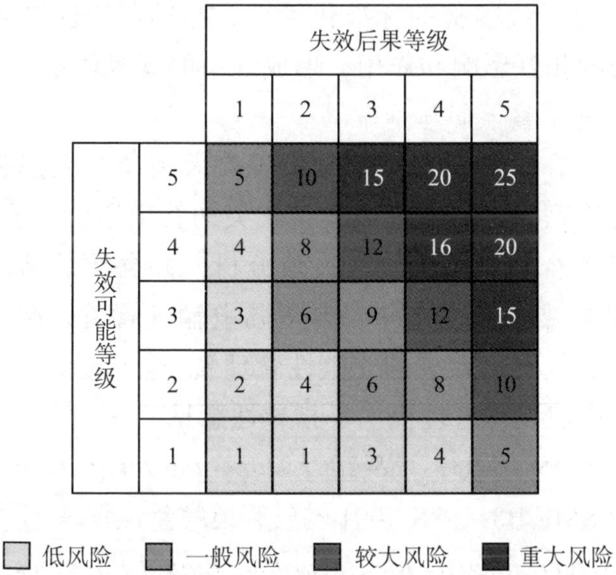

图 7.2　风险矩阵图

7.2 管道完整性管理

管道完整性（pipeline integrity）是指管道始终处于安全可靠的工作状态。包括以下内涵：①管道在结构上和功能上是完整的；②管道处于受控状态；③管道管理者已经并仍将不断采取措施防止管道事故的发生。

7.2.1 规范要求

（1）管道完整性管理工作具备特点

①过程标准化。管道的完整性管理标准要体现管道的整个运营过程，涵盖系统中不同类型的设备，作用于管道的整个寿命周期和过程。

②贯彻风险观。管道的完整性管理是以风险分析为基础的，在风险分析和评价的基础上，不断改进管理措施。

③）管理系统化。管道的完整性管理既是面向基础设备，更是对整个管道系统实施的标准化管理，标准制定时要能反映出相关设备之间的相互影响和作用，形成统一的规范体系。

（2）管道完整性管理标准

由于管道在运转过程中频频出现失效现象，人们越来越重视其运行过程管理，这套管理流程被相关的管道运营企业广泛采用。在国外，相关企业倾力于管道失效分析，并据此总结出管道完整性管理的相关规范。2005 年，针对陆上输气管道系统，国家发改委发布了《输气管道系统的完整性管理》，这个规范的发布也为我国的油气管道建设与管理提出了指导性意见。

美国标准 *ASME B31．8S-2001 Managing Integrity System Of Gas Pipeline*（《ASME B31．8S-2001 输气管道完整性管理》）和 *API 1160 Managing System Integrity for Hazardous Liquid Pipelines*（《API 1160 危险液体管道系统的完整性管理》），分别针对气体输送管道和有害液体管道系统的完整性管理的过程和实施要求进行规定。

ASME B31.8S 比 API 1160 发布时间晚，但就从管理论述的完善性和全面性角度来看，前者更加具有代表性，在石油业界的影响更大。ASME B31.8S 在 ASME B31.8 的基础上对其进行了相应的完善，使得管道的管理更加系统、广泛和完整。ASME B31.8S—2001 已得到 ASME B31 标准委员会和 ASME 技术规程与标准委员会的首肯，并在 2002 年被批准为美国国家标准。

7.2.2 管理计划

管道完整性管理遵循以下原则：

①在设计、建设和运行新管道系统时应融入管道完整性管理的理念和做法；

②结合每一条管道的具体情况，进行动态的管道完整性管理；

③要建立负责进行管道完整性管理的机构、管理流程，配备必要的手段；

④要对所有与管道完整性相关的信息进行收集和分析；

⑤必须持续不断地进行管道完整性管理；

⑥在管道完整性管理过程中应当不断采用各种新技术。

管道完整性管理的主要内容包括数据收集与整理、高后果区识别、风险评价、完整性评价、维修与维护、效能评价等6个环节。这6个环节是一个持续循环的过程，效能评价可根据需要进行，管道的安全状态在实施这一循环过程中不断得到提高。完整性管理的对象可以是一段管道，也可以是某个管道系统，还可以包括管道周围的环境。

（1）数据收集与整理

按照管道完整性管理各项工作的技术要求收集与整合数据，统一存储管理完整性管理需要的所有数据，满足评价与维修的需要。数据包括管道属性数据、管道环境数据、运行管理数据、检测评价修复数据等。

（2）高后果区（HCA）识别

管道线路的完整性管理应首先从高后果区的识别和管理开始，重点针对高后果区管段开展工作，通过分析管道的基础数据，找出管道的高后果区，识别高后果区存在的威胁，明确完整性管理重点。一般每年应进行一次高后果区识别和更新。

（3）风险评价

管道的风险评价是为了识别管道存在的危害，可能诱发管道事故的具体事件的位置及状况，找出管道的高风险段，确定事件发生的可能性和后果，并按风险评估的结果进行排序，优化管道的完整性评价工作。可进行系统的风险评价，也可以进行专项风险评价，如地质灾害风险评价、第三方破坏风险评价等。当管道发生显著变化、外界条件发生变化以及操作情况发生变化时，都应再次进行风险评估。还应将完整性评价的结果作为风险再评估的因素予以考虑，以便反映管道的最新状况。

（4）完整性评价

基于风险评价，通过内检测、压力试验、直接评价外检测等完整性评价方法来确定管道的状态，所选择的方法应结合管线实际情况、运行状况、评价方法应用范围及所识别出的危害类型，评价结果可供今后的完整性评价参考比对。管道内检测、压力试验及直接评价结果是管道完整性评价的数据基础。

（5）维修与维护

根据风险评价结果，针对管道存在的危害，制定和执行预防性的风险削减措施对完整性评价过程中所发现的所有缺陷均应采取措施，首先评估缺陷的严重程度，按照评估结果确定响应计划，对影响管道完整性的缺陷进行修复。所采取的修复措施应能保证直到下一个评估时间不会对管道的完整性造成损害。

（6）效能评价

针对整个完整性管理系统或某个单项进行效能评价，考察完整性管理工作的有效性。

（7）持续评价和再评价

完成一次完整性管理工作流程后，应根据高后果区识别、风险评价、完整性评价、维修结果和效能评价结果，制定再评价计划，计划内容应包括再评价时间和再评价方法 。

参考文献

[1] 颜达峰 . 城市高压天然气管网风险评估系统管理研究 [D]. 上海：复旦大学，2011.

[2] 李亮 . GIS 在油气管道完整性管理应用研究 [D]. 西安：西安石油大学 , 2015.

[3] 王索 . 庆咸长输管道风险评价及防护措施研究 [D]. 抚顺：辽宁石油化工大学 , 2019.

[4] 李胜 , 黄福川 . 基于风险评价的压力管道检验技术研究进展与评价 [J]. 能源化工 , 2018, 39(01): 82-86.

[5] 闫凤霞 , 高惠临 . 风险评估及其在油气管道方面的应用 [J]. 石油工业技术监督 , 2003(02): 1-6.

[6] 刘颖 , 刘长林 , 周巍 . 油气管道的风险评价方法 [J]. 焊管 , 2008, 153(1): 36-39, 98.

[7] 张国军 . 基于指数法的海底管道风险评估方法研究 [D]. 成都：西南石油大学 , 2015.

[8] 田英帅 , 杨光 , 刘传庆 . 城镇燃气管道安全风险分级管控研究 [J]. 煤气与热力 , 2018, 38(11): 48-52.

[9] 王兆法 . 输气支线管道工程完整性管理策略研究 [D]. 武汉：武汉理工大学 , 2014.

[10] 王毅辉 . 西南油气田输气管道完整性管理方案研究及工程实践 [D]. 成都：西南石油大学 , 2009.

第 8 章　国内外 CO_2 管道设计、建设、运行规范、标准

8.1 国际应用规范与法规

8.1.1 石油与天然气工业－管道系统相关标准

美国 Battelle Columbus 研究院于 1985 年发表《风险调查指南》；1992 年，Muhlbauer 编著了《管道风险管理手册》，目前已更新至第三版；在 2002 年美国石油学会正式出版了基于风险监测的指导性文件《Risk-based Inspection API580》[1]。加拿大于 1994 年成立了管道风险评价指导委员会（PRASC），旨在促进风险评价技术在工业管道中的应用。欧盟为了保障输送危险物质的管道的安全性，针对现有法案缺乏管道安全管理系统的问题，将进行完善以符合“Seveso Ⅱ”体系关于安全管理系统的要求。

8.1.2　液体用管道输送系统相关标准

液态二氧化碳（特别是超临界液体）具有黏度小、相对密度低、管道输送沿程磨阻极小（消耗的动力相应也少），而且超临渗透能力强、溶解性好等特点。

在美国，超临界二氧化碳管道的输送适用于联邦法规 49CFR 第 195 部分《危险液体的管道输送》，其规定超临界状态下的二氧化

碳属于危险液体，二氧化碳管道的检查较油品管道更加严谨。ASME B31.4—2019《液态碳氢化合物及其他液体管道运输系统》与 API 1160—2019《危险液体管道完整性管理系统》也适用于液体管道运输。

加拿大的 CSA-Z662—2015《油气管道系统》、英国的 PD 8010.1—2015《管道操作规程第 1 部分：陆上钢制管道》、澳大利亚的 AS 2885.1—2018《气体和液体石油管道第 1 部分 设计和建设》等均有单独章节或具体条款对液体管道提出了特定要求 [3]。

8.1.3　输气管道相关标准

针对气态二氧化碳管道，美国管道与危险材料安全管理局（Pipeline & Hazardous Materials Safety Administration，PHMSA）在 2016 年发布了《规范气态二氧化碳运输公告（PHMSA-2016-0049）》（征求意见稿），其中概述了建立气态二氧化碳管道运输最低安全标准的方法。

8.1.4　针对 CO_2 管道的相关标准

目前国际上没有统一的 CO_2 管道输送行业标准。在美国，CO_2 液体管道被列为危险液体管道，其运行管理遵从美国联邦法规 49-CFR 195、美国国家标准学会《输油管道系统（ANSI B31.4）》、美国机械工程师协会 ASME B31.4《液态烃和其他液体管道输送系统》，其中，ASME B31.4 明确指出适用于 CO_2 液体管道。美国运输部 49-CFR 195 在材料兼容性、管道完整性、监控和事故报道等方面提出了要求 [4]。

在欧洲，CO_2 输送管道的运行管理参照 BS EN 14161《石油和天然气工业 · 管道输送系统》等油气管道相关规范。

在加拿大，CO_2 管道的运行管理则执行加拿大标准 CAS-Z662-7《油气管道系统》。此外，挪威船级社于 2010 年编制了 DNV-RP-J202《CO_2 管道的设计和操作》，对 CO_2 管道的设计和操作提出了建议做法 [1]。

二氧化碳管道输送工程可行性研究主要涉及标准规范使用方面，气相输送管道参照 GB 50251—2015《输气管道工程设计规范》、液体和超临界输送管道参照 GB 50253—2014《输油管道工程设计规范》、ASME B31.4《液态烃和其他液体管线输送系统》和 DNV- RP- J202 "Design and Operation of CO_2 Pipelines" 国内外设计标准进行设计。

也存在针对二氧化碳管道颁布的专属标准，如 ISO 27913—2016《二氧化碳捕集、输送和地质封存—管道输送系统》、DNVGL-RP-F104-2021《二氧化碳管道设计和运行》、SH/T 3202—2018《二氧化碳输送管道工程设计标准》等。

8.2 国内相关规范与标准

在我国，关于 CO_2 管道输送的相关规范、准则、法律法规等不够完善，对于化学危险品 CO_2，在输送过程中只能运用提高管道安全设计等级的方法来保证管道输送过程中的安全性。气相二氧化碳管道输送主要参考 GB 50251—2015《输气管道工程设计规范》、GB 50350—2015《油气集输设计规范》。由于这些规范主要借鉴天然气这类易燃易爆气体，其安全等级对 CO_2 而言相对较高，而在 CO_2 防腐、输送等工艺方面采取的措施较少。因此对 CO_2 与天然气相关性质的比较，分析 CO_2 管道设计中存在的问题，对我国 CO_2 管道建设的发展具有重要意义。

中国长输油气管道已全面实施完整性管理程序，制定了国家标准 GB 32167—2015《油气输送管道完整性管理规范》。各企业也制定了管道完整性管理规范，例如，中国石油制定了 Q/SY 1180.1—2009《管道完整性管理规范》系列标准。国家标准 GB/T 35068—2018《油气管道运行规范》规定：根据输量和运行条件变化及时调整工艺参数和运行方式，定期分析管道输差、损耗、输送效率，合理优化运行方案。

为减少现场操作施工对环境的影响，应制定环境管理计划，主要是管道路权带管理和输送介质危害性两方面内容。国内已制定 Q/SY 1443—2001《油气管道伴行道路设计规范》。

在管沟回填方面也有一定的要求。我国管道面临严峻、复杂的社会环境，仅依靠《管道安全法》(2010)不能完全避免事故，应配套制定管道与其他行业相互关系处理的技术法规和实施细则，提升法规标准覆盖面和适用性。《石油天然气管道保护法》就规定管道线路中心线两侧 5m 范围内，禁止取土、采石、使用机械工具进行挖掘施工。施工作业方应在开工 7 日前书面通知管道企业，管道企业应指派专门人员到现场进行管道保护安全指导。中国石油标准 Q/SY 0306—2018《管道管理与维护规范》规定两管道特殊地段平行敷设间距≥ 5m。两管道交叉，后建管道应从原管道下方通过，交叉处垂直净间距≥ 0.6m。

管道路由选择和地区等级划分参考 GB 50251—2003《输气管道工程设计规范》或 ISO 13623—2000《石油天然气工艺管道输送系统》等规范，需要按照人口密度对管道沿线地区等级进行划分。对于气相输送的 CO_2 管道，地区等级划分应参照 GB 50251—2003《输气管道工程设计规范》执行；对于超临界态输送的 CO_2 管道，地区等级划分应参照 ISO 13623—2000《石油天然气工艺管道输送系统》执行。

一些行业标准对管道输送也具有参考性。例如，SY/T 5922—2012《天然气管道运行规范》针对管道干线运行管理较完善，地面管网执行 SY/T 0043—2016《油气田地面管线和设备涂色规范》。借鉴国外储罐风险评价标准 API Publ 353—2006《中转油库和设施的完整性管理系统》，制定了 SY/T 6830—2011《输油站场管道和储罐泄漏的风险管理》、SY/T 7664—2022《油气管道站场完整性管理体系要求》。SY/T 6830—2011 参照管道干线规定了站场管道泄漏危害因素分类原则：与时间有关的因素（如外腐蚀）、稳定因素（如制管缺陷）、与时间无关的因素（如第三方破坏）。

参考文献

[1] 李家强，梁海宁，刘建武．国内二氧化碳长输管道建设安全性分析 [J]. 油气田地面工程，2014, 33(04): 30-31.

[2] 张强，杨玉锋，张学鹏，等．超临界二氧化碳管道完整性管理技术发展现状与挑战 [J]. 油气储运，2023, 42(02): 152-160.

[3] 刘建武，陈霖，喻健良，等．二氧化碳输送管道工程设计标准：SH/T 3202—2018[S]. 北京：中国石化出版社，2018: 590-613.

[4] DNVGL. Design and operation of carbon dioxide pipelines: DNVGL-RP-F104[S]. Oslo: DNVGL, 2021: 6-76.

[5] GB 50251-2015. 输气管道工程设计规范 [S].

[6] DNV-RP-J202. Design and operation of CO_2 pipelines[S].

[7] 陈霖．中石化二氧化碳管道输送技术及实践 [J]. 石油工程建设，2016, 42(4): 7-10.

[8] GB 50350-2015. 油田油气集输设计规范 [S].

[9] 黄辉，周晶，粟科华．CO_2 输送管道工程设计标准的探讨 [J]. 天然气工业，2014, 34(12): 131-134.

[10] 祁庆芳，吕林林，郭策，等．中澳长输油气管道运行维护及完整性管理标准对标研究 [J]. 油气田地面工程，2022, 41(06): 64-69, 77.

[11] 刘建武．二氧化碳输送管道工程设计的关键问题 [J]. 油气储运，2014, 33(4): 369-373.

[12] 田英帅，杨光，刘传庆．城镇燃气管道安全风险分级管控研究 [J]. 煤气与热力，2018, 38(11): 48-52.

第 9 章　基于源汇匹配的 CO_2 管道展望

CCUS 技术能够使全球的碳排放量降低 20% ～ 40%，在应用于大规模 CO_2 减排时需要通过各种途径降低成本，包括进行技术改造和利用所捕集的一部分 CO_2 等。将 CO_2 注入油气藏提高油气采收率具有广阔前景，捕集液化后的 CO_2 与注入地点往往相距较远，管道输送以其输送量大、输送距离长而成为 CO_2 输送最经济的途径。

碳源与碳汇之间的二氧化碳运输是实现二氧化碳大规模减排的必要条件。根据碳源、碳汇的平均距离以及运输系统的优化水平，IEA 估算了运输管道的部署潜力。2020 年到 2050 年，全球二氧化碳输送管道总长度将从 1 万 km 增加至 20 万 km，管道投资需求将从 150 亿美元增至 8250 亿美元。

大气中的 CO_2 浓度是碳源排放与碳汇吸收两者相平衡的结果，其中碳源主要源于化石燃料燃烧，碳汇则是从大气中清除 CO_2 的过程、活动或机制。实施碳减排，可以提高石油、天然气、煤炭等化石燃料的能源利用率，增加太阳能、风能等清洁能源在能源结构中的比例，减少碳源排放；从碳汇入手，可以将工业生产排放的 CO_2 进行捕集、封存与利用，清除大气中的 CO_2。CCUS 技术是指将 CO_2 从工业排放源中分离出来，并运输到特定地点加以利用或封存，以实现 CO_2 减排的工业工程，包括 CO_2 捕集、输送、封存、利用等关键环节。国际能源署发布的《世界能源发展2020——CCUS 特别报告》指出，为实现 2070 年全球净零碳排放，仅靠能源结构调整无法去除工业和运输行业约 29 亿 t 的 CO_2 排放，需利用 CCUS 技术储存和消纳。

9.1 我国气源及封存地点分布规律

CO_2 捕集是指电力、钢铁、水泥等行业大型工业设备用能过程中产生 CO_2 的分离和富集技术。适合 CO_2 地质封存的区域应具有足够的容量与注入能力、完整的密封盖层或封闭单元以及足够稳定的地质环境，物理圈闭与地球化学圈闭机制的共同作用可以使得 CO_2 安全、长久地封存于地下。表 9.1 为 CCUS 不同阶段的处理过程。

表 9.1　CCUS 不同阶段的处理过程

CO_2 处理过程	产业部门	CO_2 处理技术
CO_2 捕捉阶段	化工、钢铁、电力、煤炭等行业	燃烧后分离、燃烧前分离、富氧燃烧
CO_2 运输阶段	运输业	管道、船只、汽车
CO_2 封存阶段	石油、煤炭、地质等行业	地质封存、矿物碳化封存、海洋封存、工业用途
CO_2 利用阶段	石油、煤炭、饮料、化工等行业	CO_2-EOR、CO_2-ECBM、饮料、化肥生产、二氧化碳降解塑料等

常见的 CO_2 封存技术分为四类：第一类是地质封存，即把二氧化碳注入没有利用价值的深部咸水层、枯竭的油气田和不可开采的煤层等深部地质体，利用这些地质体中的孔隙空间对 CO_2 进行封存；第二类是海洋封存，海洋封存因其技术不够成熟、不确

定性及对海洋生态系统可能造成的潜在威胁等特点使其备受争议；第三类是矿物碳化封存；第四类是将 CO_2 用于工业用途，如食品饮料业等。目前，在海洋封存、矿物碳化封存、工业用途封存方式的大规模商业化应用方面技术还不够成熟。

有些 CO_2 的封存利用地点与 CO_2 捕集（大型油田、电力、钢铁企业）相距不远，如，中国石化对 3 项二氧化碳管道输送封存工程进行了前期研究设计，具体为：

①齐鲁石化至胜利油区 50 万 t/a 二氧化碳管道工程。该工程管输距离 72km，二氧化碳气源来自齐鲁石化第二化肥厂煤制气装置的低温甲醇洗单元，二氧化碳质量分数为 91%，设计输量 62.1 万 t/a（折合质量分数为 99% 的二氧化碳 50 万 t/a）。对于该工程，三种输送相态的建设投资差距不大；考虑到工程所经区域人口密集，对安全性要求较高，而气相输送压力低、密度低；因此选择气相输送，管径 *DN* 400，设计压力 4MPa。

②胜利电厂至胜利油区 100 万 t/a 二氧化碳管道工程。该工程管输距离 80km，二氧化碳气源来自胜利燃煤发电厂新建 600MW 机组烟气，二氧化碳质量分数为 14%，设计输量为 100 万 t/a。通过不同输送状态的经济性比选和适应性分析，管道工程采用超临界输送方式，管径 *DN* 250，设计压力为 12MPa。

③华东油气田二氧化碳驱工业化应用输送管道工程。该工程管输距离 69km，二氧化碳气源（液态）来自黄桥二氧化碳气田，二氧化碳质量分数 99.5%，利用二氧化碳井口压力非增压外输，设计输量 68 万 t/a。采用液相输送（密相），管径 *DN* 250，设计压力 10MPa。

9.2 现有管道输送 CO_2 可行性探讨

在 CCUS 过程中，很少有 CO_2 捕集地与封存地、使用地之间距离较近，　般都存在数千米到数百千米不等的距离，因此，

将 CO_2 从捕集地安全高效地输送到目标地，是该技术发展的关键环节。

二氧化碳管道输送与油气管道输送技术相似，包括耐压管道、中间加压站 (压缩机) 以及各种辅助设备。主要差别在于二氧化碳输送管道对运行操作和材料防腐等方面有特殊要求。尽管国外已有大量的工程实践，但二氧化碳输送过程的技术问题还有待深入研究。主要有：

①二氧化碳流体的物理性质与压力、温度以及杂质组分与含量的关系。由于二氧化碳在输送中容易发生相变，为保证稳定运行，在输送过程中需严格控制输送压力、温度以及杂质限值。

②二氧化碳定量分析和管道风险评估。尽管二氧化碳管道事故发生的频率较低，但其危害性与泄漏扩散情况仍需进一步深入研究。工业规模的二氧化碳管道泄放试验数据对建立二氧化碳管道泄漏扩散模型非常关键。目前，国际上仅有几家单位开展过该类试验，BP 公司和 Shell 公司分别于 2006 年和 2010 年与挪威船级社联合开展相关研究；在国内，大连理工大学在辽河油田也开展了一些研究。

③二氧化碳管输低温工况与减压波影响对材料性能的要求。超临界二氧化碳管道在快速泄压的工况下，物料可能暴露在温度低于三相点（-56.6℃）情况下，对管材、设备以及密封材料的低温性能提出更高的要求。此外，超临界二氧化碳管道更容易出现快速传播的韧性断裂，对管材的断裂性能也提出了额外的要求。

若用现有的输油管道改为输气管道，首先，要掌握原管道的基本情况，查看该管道的竣工资料，检查施工是否符合标准，是否存在缺陷和隐患，掌握各种管材的具体分布情况，了解管道的阴极保护参数和防腐层的破损情况，确认输油管道工艺能否改为输气。其次，对管材进行适用性分析，对输油管道的各种管材取样，进行常规理化试验评价，以确定管材的适用性能是否满足输气的技术要求，控制管道脆性、检验管道止裂性，评价管道剩余强度。

CO_2 输送管路过程中还应充分考虑地质条件、位置和公共安全等，CO_2 输送管路埋地敷设，对于埋地管，在保温措施一定的情况下，管道周围土壤的温度直接影响着管道运输温度，由于土壤具有一定的导热性，相对于地表温度，地下温度更为稳定。如在阳光直射条件下，当大气温度达到 36.5℃时，土壤地表温度将高达 65℃，而土壤表层下 1m 处的温度将保持在 30℃左右[5]。

9.3 CO_2 管网源汇匹配优化技术

中国为实施碳减排，现共有 CCUS 示范项目 49 个，已投运项目有 38 个，具备 296 万 t/a 的捕集能力和 121 万 t/a 的注入能力。其中，中国能源投资公司的燃烧后碳捕集设施于 2021 年初投产，并于 2021 年 6 月完成了 68h 的测试运行，该设施每年可捕获 CO_2 达 15 万 t。中国石化胜利油田 CCUS 全流程示范项目于 2022 年投运，可实现年捕集封存 CO_2 百万吨以上；国家能源集团泰州电厂“CO_2 捕集与资源化能源化利用技术研究及示范”项目，计划建设 50 万 t 级燃煤电厂碳捕集装置，拟于 2023 年建成投产；中国石油新疆 CCUS 产业促进中心作为全球首批 5 个产业促进中心入选“CCUS 撬动者计划”，预计 2023 年建设完成百万吨级项目，2030 年项目规模将提升至千万吨级。

参考文献

[1] 杜磊，湛哲，徐发龙，等 . 大规模管道长输 CO_2 技术发展现状 [J]. 油气储运，2010, 29(02): 86-89, 92, 73.

[2] 陈思锭，张哲，王春燕，等 . 浅谈 CCS/CCUS 中 CO_2 管道输送对气质的要求 [J]. 油气与新能源，2022, 34(02): 71-81.

[3] 王全德 . 长距离超临界 CO_2 管道输送仿真应用研究 [D]. 西安：西安石油大学，2020.

[4] 胡其会, 李玉星, 张建, 等. “双碳”战略下中国 CCUS 技术现状及发展建议 [J]. 油气储运, 2022, 41(4): 361-371.

[5] 汪蝶. CO_2 液化、输送与储存技术研究 [D]. 荆州: 长江大学, 2017.

[6] 郑建坡, 史建公, 刘志坚, 等. 二氧化碳管道输送技术研究进展 [J]. 中外能源, 2018, 23(6): 87-94.

[7] 陈霖. 中石化二氧化碳管道输送技术及实践 [J]. 石油工程建设, 2016, 42(4): 7-10.